高职高专医药院校课程改革创新教材

供高职高专护理、助产、临床医学及医学相关专业使用

生物化学

（第3版）

主　编　晁相蓉
副主编　邵世滨　周　青
编　者　（按姓氏汉语拼音排序）
白冬琴　咸阳职业技术学院
晁相蓉　山东医学高等专科学校（济南）
韩　霞　山东医学高等专科学校（济南）
李朝红　嘉应学院医学院
刘　毅　韶关学院医学院
刘文全　攀枝花学院康养学院
彭姝彬　岳阳职业技术学院
邵世滨　山东医学高等专科学校（临沂）
王伟才　雅安职业技术学院
杨文君　雅安职业技术学院
周　青　铜陵职业技术学院

科学出版社
北　京

内 容 简 介

本教材是高职高专医药院校课程改革创新教材中的一本，主要包括四大模块：生物分子的结构与功能，基因信息传递，物质代谢与能量转换，实验基本知识与操作技术。每章还设有案例、链接、考点、自测题等，使学生能更早、更准确地了解临床实践需求。为使学生能更直观地学习，本教材中配入了动画，视频等数字化资源。

本教材可供高职高专护理、助产、临床医学及医学相关专业学生使用。

图书在版编目（CIP）数据

生物化学 / 晁相蓉主编 . —3 版 . —北京：科学出版社，2020.6

高职高专医药院校课程改革创新教材

ISBN 978-7-03-064917-1

Ⅰ. 生… Ⅱ. 晁… Ⅲ. 生物化学 - 高等职业教育 - 教材 Ⅳ. Q5

中国版本图书馆 CIP 数据核字（2020）第 068300 号

责任编辑：张映桥　池　静 / 责任校对：杨　赛

责任印制：赵　博 / 封面设计：涿州锦晖

科 学 出 版 社 出版

北京东黄城根北街16号

邮政编码:100717

http://www.sciencep.com

北京建宏印刷有限公司 印刷

科学出版社发行　各地新华书店经销

*

2010年 6 月第　一　版　开本：787 × 1092　1/16

2020年 6 月第　三　版　印张：12

2024年 1 月第三十四次印刷　字数：286 000

定价：48.00元

（如有印装质量问题，我社负责调换）

前　言

Preface

党的二十大报告指出："人民健康是民族昌盛和国家强盛的重要标志。把保障人民健康放在优先发展的战略位置，完善人民健康促进政策。"贯彻落实党的二十大决策部署，积极推动健康事业发展，离不开人才队伍建设。党的二十大报告指出："培养造就大批德才兼备的高素质人才，是国家和民族长远发展大计。"教材是教学内容的重要载体，是教学的重要依据、培养人才的重要保障。本次教材修订旨在贯彻党的二十大报告精神和党的教育方针，落实立德树人根本任务，坚持为党育人、为国育才。

为适应"互联网 + 职业教育"的发展要求，较好地体现生物化学的进展与我国医药现代化的发展趋势，编写了本教材。本教材主要包括四大模块：生物分子的结构与功能，基因信息传递，物质代谢与能量转换，生化实验基本知识与操作技术。

本教材沿袭了第二版简洁、实用、重点突出的特点，保留了案例、链接、考点、自测题等特色模块。在章节组织方式、编排顺序、内容等方面，做了部分调整，旨在使教材内容更契合师生教与学的规律，使教师易教，学生易学、爱学。

本教材根据课程内容的内在联系，将理论知识分成了三篇，使生物化学的知识体系一目了然。在编排顺序上，将基因信息传递相关知识前置，紧接在生物分子的结构与功能相关知识后面，学生在刚学习过核酸与蛋白质等大分子的组成及结构后，紧接着学习DNA 的复制、转录及翻译过程，知识脉络更顺畅。同时将最难的物质代谢相关内容放在学生们已经适应了生物化学的学习规律后再学，相对降低了学习的难度。

在代谢生化部分，编者对糖和脂质化合物的概念及分类作了更详细的介绍，关于消化、吸收的知识点的篇幅较第二版有所增加。在链接模块中，对在日常生活中和医学上有重要意义的生化相关知识作了科普性介绍，如反式脂肪酸与氢化油、转基因食品、膳食纤维、抗凝剂肝素等，这将明显提升学生的学习兴趣。本教材还配入了丰富的数字化资源，便于学生更直观地学习。

在此次编写过程中，各位编者倾力合作，精益求精，但编者水平有限，若有疏漏之处，请各位专家不吝批评指正。

编　者

2023 年 7 月

配 套 资 源

欢迎登录“中科云教育”平台，**免费**数字化课程等你来！

本教材配有图片、视频、音频、动画、题库、PPT 课件等数字化资源，持续更新，欢迎选用！

“中科云教育”平台数字化课程登录路径

电脑端

- 第一步：打开网址 http://www.coursegate.cn/short/R5BF1.action
- 第二步：注册、登录
- 第三步：点击上方导航栏“课程”，在右侧搜索栏搜索对应课程，开始学习

手机端

- 第一步：打开微信“扫一扫”，扫描下方二维码

- 第二步：注册、登录
- 第三步：用微信扫描上方二维码，进入课程，开始学习

PPT 课件，请在数字化课程中各章节里下载！

目　录

Contents

绪 论

生物化学（biochemistry）是研究生物体内物质的结构与功能，以及体内各种化学变化过程与生命活动之间关系的一门学科，也称生命的化学。

生物化学的研究对象为生物体，包括植物、动物、微生物及人体等。本书主要讲述的以人体作为研究对象的生物化学，称为医学生物化学。

一、医学生物化学的研究内容

（一）生物分子的结构和功能

人体的化学组成纷繁复杂，目前已经知道的组成物质包括无机物和有机物两大类。无机物指水和无机盐；主要的有机物包括糖类、脂质、蛋白质和核酸等，称为生物分子。体内还有游离存在的小分子有机化合物——维生素，它不参与细胞的构成。糖类、脂质、蛋白质和核酸等生物分子结构复杂，能水解成一些基本的小分子。例如，多糖水解生成单糖，脂肪水解生成甘油和脂肪酸，蛋白质和核酸分别水解得到它们的基本组成单位——氨基酸和核苷酸。单糖、甘油、脂肪酸、氨基酸和核苷酸等称为构件分子。

人体内的各种无机物和有机物都各自承担着多种重要的生理功能，又协调合作，共同维护人体整体的生命活动。

（二）物质代谢及调节

物质代谢是生物体内发生的各种化学变化过程的总和，也称中间代谢。人体不停地与外界环境进行着物质交换，摄入各种营养物质及水和无机盐，这些物质在体内经过一定化学变化之后，再以代谢废物形式排出体外。以一位 60 岁的人为例，其已从外界摄入的水大约为 60 000kg，糖类约为 10 000kg，蛋白质约 1600kg，脂类约 1000kg。这些物质在消化道内各种酶的催化下，分解成相应的构件分子后被人体吸收。这些构件分子既可以作为原料重新生成人体的生物分子，也可氧化分解产生能量用以维持体温、合成人体自身成分、肌肉收缩、物质主动转运、生动电传导等方面，即物质代谢的同时伴随着能量代谢。物质和能量代谢共同构成人体的新陈代谢，这是生命体最基本的特征之一。新陈代谢一旦停止，生命也就终结了。

物质代谢主要是由酶催化的酶促反应，故酶的结构、含量、区域化分布等对物质代谢有着重要的调节作用。

（三）基因信息传递

1953 年，Watson 和 Crick 提出的 DNA 分子双螺旋模型学说，确立了核酸在遗传学中的地位。继而提出遗传信息传递的中心法则，即遗传信息遵循 DNA → RNA →蛋白质的方向流动，并最终得到表达。

病毒的逆转录和 RNA 复制过程的发现，补充并丰富了中心法则的内涵。基因表达过程的异常和疾病的产生密切相关，故基因表达的调控也成为生物化学研究的重要课题。

二、生物化学发展简史

生物化学的研究起源于18世纪中叶，但至20世纪初才作为一门独立学科发展起来，1903年，德国化学家Carl Neuberg提出biochemistry一词，使生物化学成为一门独立的学科。

近70年是生物化学飞速发展的重要时期，取得了许多重大突破，生物化学成为生命科学的前沿学科，也被称为生命科学的“世界语”。

现在常将生物化学的发展分为三个阶段：叙述生物化学阶段、动态生物化学阶段和分子生物学阶段。

（一）叙述生物化学阶段

自18世纪中期到19世纪末，生物化学的主要研究内容为生物体的化学组成，这一阶段对糖类、脂类及氨基酸的结构及性质有了比较多的了解；发现了酶及其功能；分离了血红蛋白；发现了核酸等。

（二）动态生物化学阶段

从20世纪初到50年代，是生物化学蓬勃发展的阶段。此阶段以研究体内物质代谢为重心，多条物质分解代谢途径被发现并证实，包括糖代谢的各条途径、三羧酸循环、脂肪酸的β-氧化、鸟氨酸循环，提出了ATP生成的学说等。在这一时期，科学家们还发现了人类的必需氨基酸、维生素和多种激素，认识到绝大多数酶的化学本质是蛋白质等。

（三）分子生物学阶段

20世纪50年代至今，是生物化学迅猛发展的时期，衍生了一门以蛋白质和核酸的结构及基因信息传递为主要研究内容的学科——分子生物学（molecular biology）。

在这个阶段，一方面，对物质代谢途径的研究进一步深入，同时加强了对合成代谢及代谢调节的研究，确定了合成和分解代谢的网络，揭示了蛋白质合成的途径。

另一方面，分子生物学方面的研究成果日新月异。20世纪50年代，完成了胰岛素一级结构的测序，发现了蛋白质的二级结构——α-螺旋。1953年，Watson和Crick提出DNA分子双螺旋模型学说，具有里程碑式意义，使生物化学研究进入分子生物学时代。继而提出了中心法则，复制、转录、翻译过程被揭示，破译了遗传密码。1965年，在英国科学家Sanger对胰岛素测序的基础上，我们国家首先人工合成了结晶牛胰岛素。

20世纪70年代，RNA逆转录病毒被发现，同时还发现了病毒RNA的复制，补充了中心法则。更为重要的是重组DNA技术的建立，使得基因操作无所不能。转基因动物、基因剔除是重组DNA技术具体应用的成果。

20世纪80年代，核酶被发现，体外扩增DNA的PCR技术被发明；20世纪80年代末，人类基因组计划（HGP）启动。2003年4月，覆盖人常染色体基因组99%序列的基因组图谱绘制完成，我国科学家协助完成了1%的测序工作。2004年9月，DNA组件百科全书计划正式启动，目的在于鉴定人类基因组中所有的功能片段，包括蛋白质组学、转录组学、代谢组学及糖组学的研究等，并催生了一门具有广阔发展前景的学科——生物信息学。

三、生物化学与医学各学科的关系

（一）生物化学是重要的医学基础课

生物化学是以生物学、有机化学、分析化学等为基础的一门学科，同时，它又是医学生学习微生物学、免疫学、生理学、病理生理学、药理学、药物化学、分子生物学、临床医学概要、内科学、外科学、生物化学检验等课程的基础。生物化学还与遗传学、细胞生物学、生理学有着千丝万缕的联系。因此，生物化学是重要的桥梁课，是医学各专业学生学好专业课程的必经之路。

（二）生物化学的发展也将推动医学各学科的发展

随着生物化学的发展，一方面，各种疾病的发病机制不断被阐明，如各种代谢紊乱病、基因缺陷病、维生素缺乏症等；体液中各种成分的测定为临床诊断提供了越来越可靠的依据。另一方面，随着生物化学和分子生物学的迅猛发展，基因诊断和基因治疗成为可能，间接推动了临床各学科在疾病诊断和治疗技术方面的发展。人们关注的心脑血管疾病、恶性肿瘤、免疫性疾病、代谢疾病、神经系统疾病及遗传病等的诊断和治疗，都有望随着基因工程技术的进步和新的分子生物学技术的诞生而有新的突破。

自测题

一、名词解释

1. 生物分子　2. 构件分子

二、简答题

1. 医学生物化学的研究内容主要有哪几个方面？
2. 生物化学的发展主要分为哪几个阶段？

（晁相蓉）

第一篇

生物分子的结构与功能

生命是由各种化学物质构成的，其中蛋白质和核酸是生物体内主要的生物大分子物质，是生命活动的物质基础。核酸担负着生命信息的贮存和传递功能，是生物的遗传物质，在生物体的遗传、变异和蛋白质的生物合成中具有极其重要的作用。掌握核酸的结构与功能有助于后期遗传信息表达等内容的学习。蛋白质和核酸的密切联系，是机体生长、发育、遗传、繁殖、运动、物质代谢的基础。充分认识蛋白质和核酸的结构与功能，有助于人们从分子水平了解和揭示生命现象的本质。

酶是生物体内重要的生物催化剂，生物体内几乎所有的化学反应都是在极为温和的条件下由特异性的酶来催化的，这为生物体能进行复杂而周密的新陈代谢和调节提供了基本保证。酶是生命活动中不可缺少的生物分子，酶的异常是体内某些疾病发生的根本原因，同时酶活性的改变可作为疾病诊断的指标，这使其成为医学研究中非常重要的领域。

维生素是人和动物为维持正常的生理功能而必须从食物中获得的一类微量有机化合物，也是保持机体健康的重要活性物质。

本篇主要介绍了生物体内重要生物分子的结构与功能，包括蛋白质、核酸、酶和维生素。学习本篇时，重点在生物分子的组成及物质的结构特点和理化性质，理解结构和功能的关系，特别是空间结构的变化对其生理功能的影响，体会组成生命的物质在生命活动中所起的作用。

第1章
蛋白质的结构与功能

第1节　概　　述

蛋白质（protein）是由氨基酸通过肽键缩合而成的一类生物大分子。自然界中蛋白质分布广泛、种类繁多，占人体干重的45%左右。

一、蛋白质的生理功能

蛋白质在生命活动中发挥着极为重要的作用，不仅是细胞重要组成成分，而且在机体生理活动中起着关键作用，是生命活动的物质基础。例如，酶蛋白的催化功能，胰岛素、垂体激素等蛋白质类或多肽类激素的调节功能，血红蛋白的运输功能，肌动蛋白和肌球蛋白参与的收缩功能，免疫球蛋白的防御功能，受体、膜蛋白的细胞信号传导功能，胶原蛋白的保护和支持功能等。基因的表达、调控和人类的神经活动等也都与蛋白质密切相关。蛋白质也是机体能量来源之一。总之，一切生命活动都离不开蛋白质。

二、蛋白质的分类

由于蛋白质结构复杂、种类繁多，其分类方法也有很多种，目前常根据蛋白质的组成成分、分子形状和生理功能进行分类。

1. 根据蛋白质的组成成分分类　可将蛋白质分为单纯蛋白质和结合蛋白质。凡水解后仅产生氨基酸的蛋白质，称为单纯蛋白质，如清蛋白、球蛋白、精蛋白、组蛋白等。结合蛋白质是由蛋白质部分和非蛋白质部分（辅基）构成。结合蛋白质又可按其非蛋白质部分的不同分为核蛋白（含核酸）、糖蛋白（含多糖）、脂蛋白（含脂类）、磷蛋白（含磷酸）、金属蛋白（含金属离子）及色蛋白（含色素）等。

2. 根据蛋白分子的形状分类　可将蛋白质分为球状蛋白质和纤维蛋白质。球状蛋白质分子中肽链往往盘曲、折叠呈球形或椭球形，多数可溶于水，许多具有生理功能的蛋白质如血红蛋白、酶、激素蛋白、抗体蛋白等都属于球状蛋白质。纤维蛋白质分子呈纤维状或棒状，其分子长轴的长度在短轴的10倍以上，多为结构蛋白，较难溶于水，如结缔组织中的胶原蛋白和弹性蛋白，毛发、指甲中的角蛋白等。

3. 根据蛋白质的生理功能分类　可将其分为活性蛋白质和非活性蛋白质两大类。属于活性蛋白质的有酶、蛋白质类激素、运输蛋白、运动蛋白和受体蛋白等；属于非活性蛋白质的有角蛋白、胶原蛋白等。

第2节　蛋白质的分子组成

一、蛋白质的元素组成

组成蛋白质的化学元素主要有碳（50%～55%）、氢（6%～7%）、氧（19%～24%）、

考点
蛋白质元素组成特点及应用

氮（13% ～ 19%）和硫（0 ～ 4%），有些蛋白质还含有少量磷、铁、锌、铜、钼等，个别蛋白质还含有碘。

尽管生物界蛋白质种类繁多，但各种蛋白质的含氮量很接近，平均为 16%。由于蛋白质是生物体内的主要含氮物质，因此，一般可通过测定样品中氮的含量，粗略地计算出其蛋白质的含量。即：

每克样品中蛋白质的含量（g）= 每克样品中氮的含量（g）×6.25（100/16）

二、蛋白质的基本组成单位——氨基酸

考点
氨基酸的结构通式和种类

蛋白质经酸、碱或酶水解生成氨基酸（amino acid）。自然界中的氨基酸有 300 余种，但组成人体蛋白质的氨基酸仅有 20 种，它们都具有特异的遗传密码，故又称为编码氨基酸。

此 20 种氨基酸的名称、结构及分类等，见表 1-1。

表 1-1　20 种氨基酸名称、结构及分类等

分类	结构式	中文名	英文名	三字符号	等电点pI
非极性疏水性侧链氨基酸					
	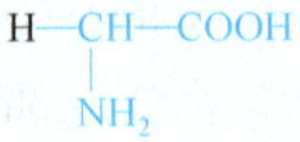	甘氨酸	glycine	Gly	5. 97
	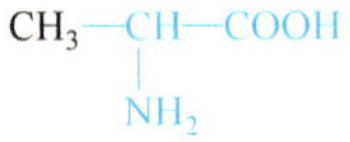	丙氨酸	alanine	Ala	6. 00
	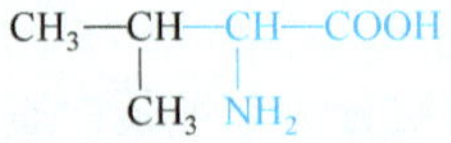	缬氨酸	valine	Val	5. 96
	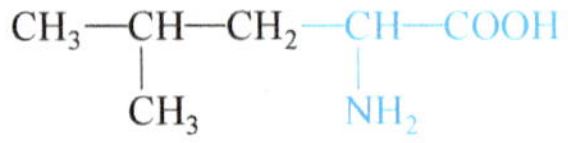	亮氨酸	leucine	Leu	5. 98
	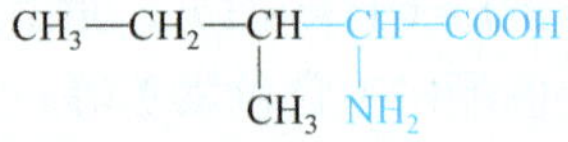	异亮氨酸	isoleucine	Ile	6. 02
	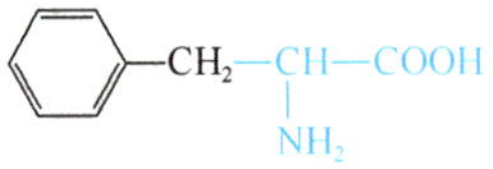	苯丙氨酸	phenylalanin	Phe	5. 48
	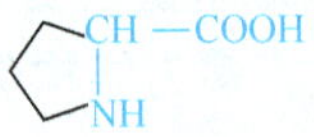	脯氨酸	proline	Pro	6. 30
极性中性侧链氨基酸					
	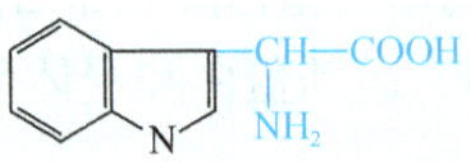	色氨酸	tryptophan	Trp	5. 89
	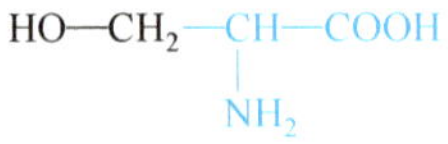	丝氨酸	serine	Ser	5. 68
	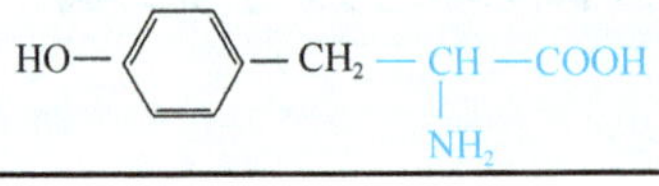	酪氨酸	tyrosine	Tyr	5. 66

续表

分类	结构式	中文名	英文名	三字符号	等电点pI
	$HS—CH_2—CH(NH_2)—COOH$	半胱氨酸	cysteine	Cys	5. 07
	$CH_3—S—CH_2—CH_2—CH(NH_2)—COOH$	甲硫氨酸	methionine	Met	5. 74
	$H_2N—C(=O)—CH_2—CH(NH_2)—COOH$	天冬酰胺	asparagine	Asn	5. 41
	$H_2N—C(=O)—CH_2—CH_2—CH(NH_2)—COOH$	谷氨酰胺	glutamine	Gln	5. 65
	$HO—CH(CH_3)—CH(NH_2)—COOH$	苏氨酸	threonine	Thr	5. 60
酸性侧链氨基酸					
	$HOOC—CH_2—CH(NH_2)—COOH$	天冬氨酸	aspartic acid	Asp	2. 97
	$HOOC—CH_2—CH_2—CH(NH_2)—COOH$	谷氨酸	glutamic acid	Glu	3. 22
碱性侧链氨基酸					
	$H_2N—CH_2—CH_2—CH_2—CH_2—CH(NH_2)—COOH$	赖氨酸	lysine	Lys	9. 74
	$H_2N—C(=NH)—NH—CH_2—CH_2—CH_2—CH(NH_2)—COOH$	精氨酸	arginine	Arg	10. 76
	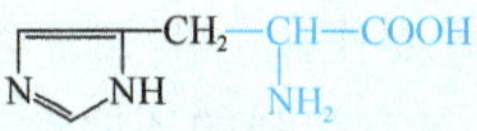	组氨酸	histidine	His	7. 59

（一）氨基酸的结构特点——L-α- 氨基酸

各种氨基酸的结构各不相同，除脯氨酸属于 L-α- 亚氨基酸，甘氨酸无 D、L 型之外，其余均为 L-α- 氨基酸。氨基酸的结构通式如下。

$$R—C(H)(NH_2)—COOH$$

由结构通式可见氨基酸中的 α- 碳原子上分别连接一个碱性的氨基（$—NH_2$）、一个酸性的羧基（—COOH）、一个氢原子（H）和一个侧链基团（R）。不同的氨基酸其侧链基团不同。除 20 种基本的氨基酸外，近年发现硒代半胱氨酸和吡咯赖氨酸在某些情况下也可参与蛋白质合成。

（二）氨基酸的分类

根据氨基酸侧链的结构和性质不同，可将 20 种氨基酸分为 4 类。

1. 非极性疏水性侧链氨基酸　此类氨基酸在水溶液中的溶解度小。侧链含有烃基、芳香烃基、杂环等非极性疏水基团。

2. 极性中性侧链氨基酸　此类氨基酸比非极性疏水性侧链氨基酸易溶于水，但在水溶液中不电离。侧链含有羟基、巯基、酰胺基等极性亲水基团。

3. 酸性侧链氨基酸　此类氨基酸有天冬氨酸和谷氨酸两种。侧链上有羧基，在水溶液中可释放 H^+ 而带负电荷。

4. 碱性侧链氨基酸　此类氨基酸有精氨酸、组氨酸和赖氨酸 3 种。侧链上有氨基、胍基和咪唑基，在水溶液中可结合 H^+ 而带正电荷。

（三）氨基酸的连接方式

考点
肽键及多肽链

1. 肽键　一个氨基酸分子中的 α- 羧基和另一个氨基酸分子中的 α- 氨基脱水缩合形成的酰胺键（—CO—NH—）称为肽键（peptide bond）。

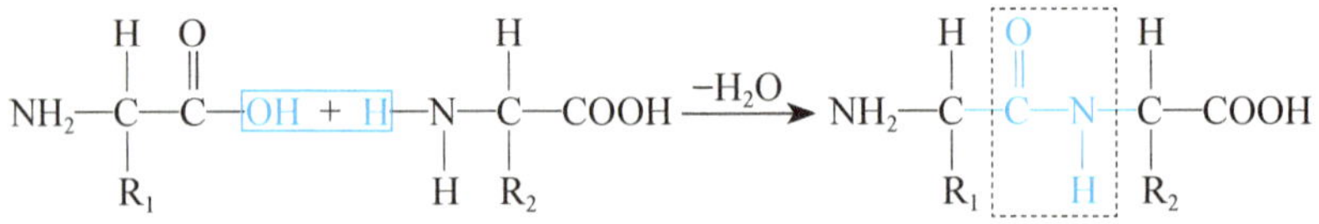

2. 肽　氨基酸通过肽键连接形成的化合物称为肽。由 2 个氨基酸缩合而成的为二肽，3 个氨基酸缩合而成的为三肽，以此类推。通常将 20 个氨基酸以下形成的肽称为寡肽，≥ 20 个氨基酸的肽称为多肽（polypeptide）。多肽分子呈链状，称为多肽链。多肽链中的氨基酸因形成肽键时结构都不完整，称为氨基酸残基。

由肽键连接各氨基酸残基形成的长链骨架结构，即—C_α—CO—NH—称为主链，每个氨基酸残基 C_α 上连接的 R 基团称为侧链。一条多肽链有两个游离末端，含有游离氨基的一端称为氨基末端或 N 端；含有游离羧基的一端称为羧基末端或 C 端。多肽链的书写方向从 N 端到 C 端。

3. 体内重要的生物活性肽　生物体内存在许多具有生物活性的小分子多肽，称为生物活性肽，其在神经传导、代谢调节等方面起着重要作用。例如，谷胱甘肽（G–SH），是由谷氨酸、半胱氨酸、甘氨酸组成的三肽，具有很强的还原性，主要功能是保护蛋白质和酶内的巯基（—SH）不被氧化，G–SH 还可还原细胞内产生的 H_2O_2 生成 H_2O。此外，G–SH 还有解毒功能，临床常用它作为解毒、抗辐射和治疗肝病的药物；促甲状腺素释放激素（TRH）是一个三肽，主要作用是促进垂体分泌促甲状腺素；在体内调控新陈代谢的肽类激素还有缩宫素（催产素）、生长激素、胸腺素等。

通常 50 个以下的氨基酸残基构成的多聚物仍称为多肽，多于 50 个氨基酸残基的则称为蛋白质，蛋白质常具有复杂的空间结构。例如，含有 39 个氨基酸残基的促肾上腺皮质激素属于多肽，而含有 51 个氨基酸残基的胰岛素则为蛋白质。

第 3 节　蛋白质的分子结构

蛋白质分子结构包括一级结构、二级结构、三级结构和四级结构 4 个层次，其中一级结构是蛋白质的基本结构，后三者统称为空间结构。

一、蛋白质的一级结构

蛋白质分子中氨基酸残基的排列顺序称为蛋白质的一级结构（primary structure）。维持蛋白质一级结构的主要化学键是肽键，有的蛋白质还包括二硫键。

> **考点**
> 蛋白质一级结构的概念及主要化学键

牛胰岛素是世界上第一个被确定一级结构的蛋白质（图 1-1），由英国化学家 F.Sanger 于 1953 年完成。它由一条 A 链（21 肽）和一条 B 链（30 肽）组成，分子中有 3 个二硫键，1 个位于 A 链内，2 个存在于两链之间。1965 年我国科学家成功合成具有生物活性的结晶牛胰岛素，开创了人工合成具有生物活性蛋白质的新纪元。

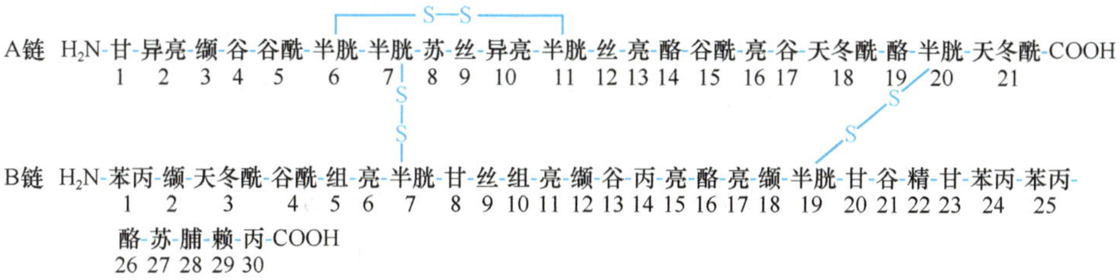

图 1-1　牛胰岛素的一级结构

一级结构是蛋白质空间结构的基础，但随着对蛋白质一级结构的深入研究，人们发现一级结构不是决定蛋白质空间结构的唯一因素。蛋白质一级结构的阐明，对揭示遗传性疾病的发病机制，指导疾病治疗有重要意义。

二、蛋白质的空间结构

蛋白质多肽链盘曲、折叠形成特定的空间结构，即构象。它决定蛋白质的分子形状、理化性质和生物学功能。蛋白质的空间结构包括蛋白质的二级结构、三级结构和四级结构。

（一）蛋白质的二级结构

蛋白质的二级结构是指多肽链中主链原子的局部空间排布，不涉及氨基酸残基侧链的构象。

> **考点**
> 蛋白质二级结构形式及维持蛋白质各级结构稳定的作用力

1. 肽单元　20 世纪 30 年代末，L.Pauling 和 R.B.Corey 用 X 射线衍射技术分析了氨基酸和寡肽的晶体结构，他们发现构成肽键的 C、H、O、N 四个原子和与它相邻的两个 α- 碳原子位于同一个平面上，称为肽单元（图 1-2）。由于肽键（C—N）的键长介于 C_α—N 单键和 C=N 双键的键长之间，说明肽键具有部分双键的性质，不能自由旋转，但与 C_α 相连的键都是单键，可以自由旋转，其旋转角度决定了两个相邻肽键平面的空间位置。因此肽键平面是多肽链折叠、盘曲的结构基础。

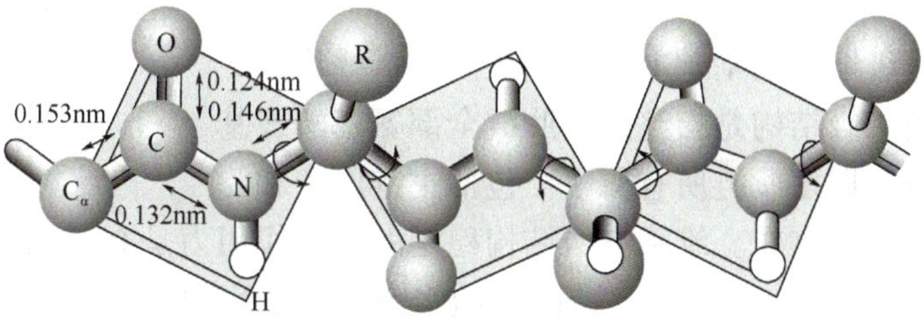

图 1-2　肽单元

考点
蛋白质二级结构基本形式及α-螺旋的特点

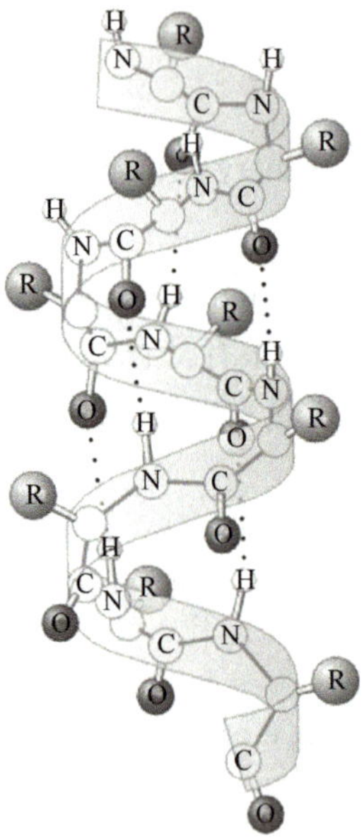

图 1-3 α-螺旋

2. 基本形式 蛋白质二级结构的类型主要有α-螺旋、β-折叠、β-转角和无规则卷曲等。维持蛋白质二级结构的主要作用力是氢键。

（1）α-螺旋：指多肽链以肽单元为单位，围绕中心轴按顺时针方向螺旋旋转形成右手螺旋结构。螺旋每上升一圈含 3.6 个氨基酸残基，螺距为 0.54nm；每个肽键的亚氨基氢（N—H）与第四个肽键的羰基氧（C═O）在螺旋中相互靠近形成链内氢键，维系α-螺旋结构的稳定（图 1-3）。

α-螺旋结构是球状蛋白质构象中最常见的形式，如肌红蛋白质和血红蛋白分子中有许多肽段呈α-螺旋，毛发中的角蛋白、肌肉中的肌球蛋白及血凝块中的纤维蛋白几乎全都卷曲成α-螺旋。

（2）β-折叠：是一种较为伸展的二级结构，肽单元之间折叠成锯齿状；侧链 R 基团交错伸向锯齿状结构上下方；肽链间形成链间氢键维系结构稳定。若两条肽链走向相同，称为顺向平行，反之称为反向平行（图 1-4）。

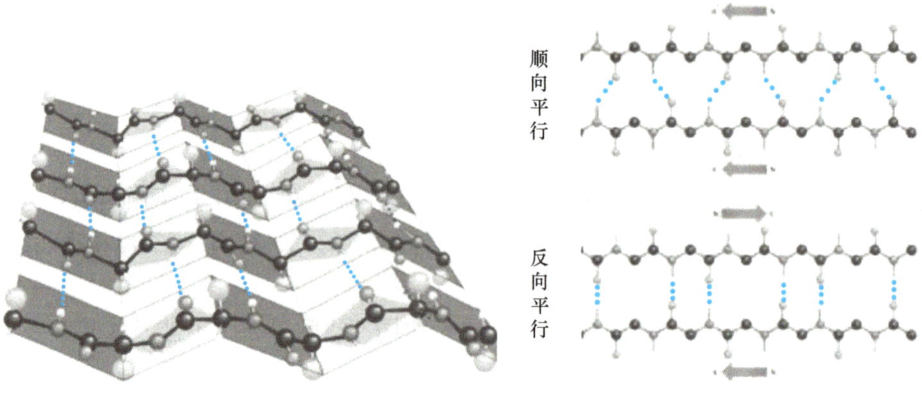

图 1-4 β-折叠

（3）β-转角：常出现于球状蛋白多肽链进行 180° 回折时的转角上。由 4 个氨基酸残基构成，即第一个氨基酸残基的—C═O 与第四个氨基酸残基的—NH—形成氢键，以维系β-转角结构的稳定（图 1-5）。

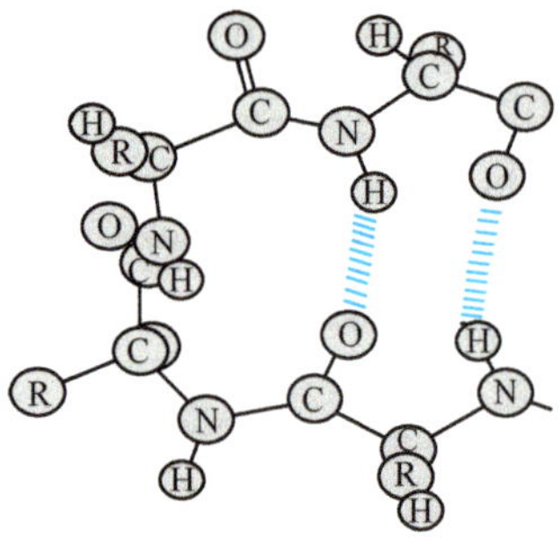

图 1-5 β-转角

（4）无规则卷曲：指没有确定规律性的松散肽链结构。

（二）蛋白质的三级结构

多肽链在二级结构的基础上进一步盘曲、折叠形成三级结构。蛋白质三级结构是指整条多肽链全部氨基酸残基的相对空间位置，即多肽链所有原子（包括主链原子和侧链原子）的三维空间排布。维系三级结构稳定的主要作用力是 R 基团之间相互形成的各种次级键，包括氢键、离子键（盐键）、疏水键、范德瓦耳斯力和二硫键等（图 1-6），其中疏水键起主要作用。

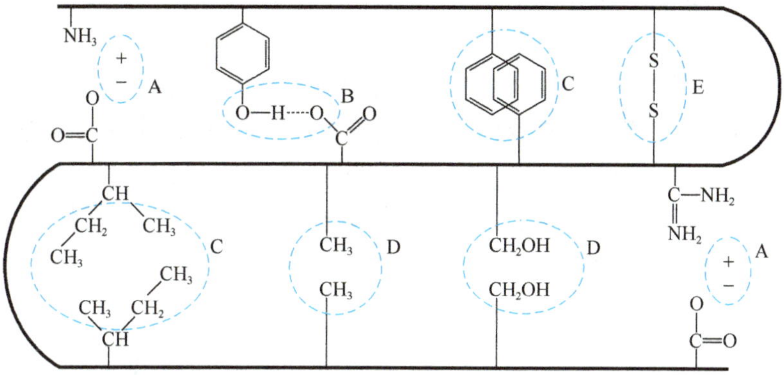

图 1-6 维持蛋白质三级结构稳定的化学键

A. 离子键；B. 氢键；C. 疏水键；D. 范德瓦耳斯力；E. 二硫键

由一条多肽链构成的蛋白质，只有在形成特定三级结构后才能发挥其特定的生物学活性。例如，肌红蛋白就是由一条多肽链构成的具有三级结构的蛋白质分子。

分子量较大的蛋白质可折叠成多个结构较为紧密、稳定且具有特定生物学功能的区域，称为结构域（domain）。一般每个结构域由 100 ～ 200 个氨基酸残基组成，各有独特的空间结构，并承担不同的生物学功能。

链 接 分子伴侣

蛋白质空间构象的正确形成，除一级结构为决定因素外，还需要一类称为分子伴侣的蛋白质参与。分子伴侣是细胞内一类保守蛋白质，能介导其他蛋白质的正确装配，但自身不成为最后功能结构中的组成成分。分子伴侣能识别肽链的非天然构象，通过与疏水肽段反复“结合和释放”，防止错误的聚集发生，使肽链正确折叠，简化正确折叠途径或提供折叠的微环境。

（三）蛋白质的四级结构

两条或两条以上具有独立三级结构的多肽链，通过非共价键连接而形成的空间结构称为蛋白质的四级结构。维持蛋白质四级结构稳定的作用力是非共价键，包括氢键、盐键、疏水键等。

四级结构中每一条有独立三级结构的多肽链称为亚基。亚基可以相同，也可以不同，如过氧化氢酶由 4 个相同的亚基组成，而血红蛋白是由 2 个 α- 亚基、2 个 β- 亚基组成的四聚体（图 1-7）。具有四级结构的蛋白质有生物学功能，但亚基单独存在时一般没有生物学活性。

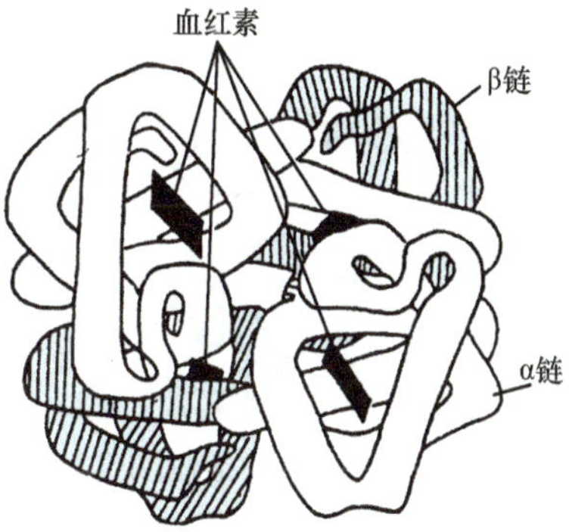

图 1-7 血红蛋白的四级结构

考点 一级结构和功能的关系

三、蛋白质结构与功能的关系

（一）蛋白质一级结构和功能的关系

1. 蛋白质一级结构是空间结构的基础 某些蛋白质因空间结构破坏失去活性，但在一定条件下，有完整一级结构的多肽链可自行恢复原有的空间结构和生物学功能。例如，核糖核酸酶含 124 个氨基酸残基，有 4 对二硫键，在尿素和 β- 巯基乙醇作用下，分别破坏其次级键和二硫键，该酶失去活性，但用透析法去除上述影响因素后，又可自动形成 4 对二硫键，盘曲成天然的三级结构，该酶活性重新恢复（图 1-8）。

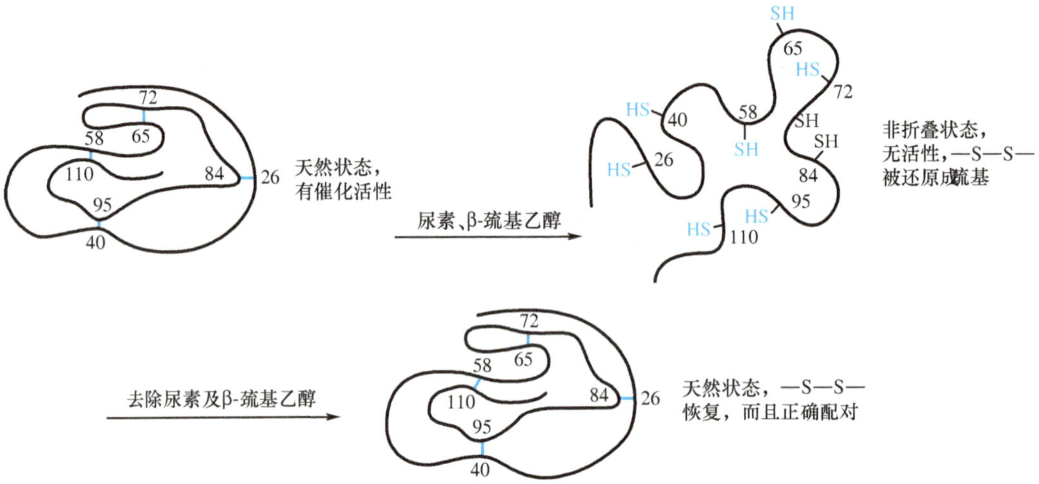

图 1-8　牛核糖核酸酶一级结构与空间结构的关系

2. 蛋白质一级结构相似的多肽或蛋白质 一级结构相似的多肽或蛋白质，其空间结构和功能也相似。研究发现，非关键部位氨基酸残基的改变或缺失，不影响蛋白质的生物活性。例如，不同哺乳类动物来源的胰岛素分子 A 链中 5、6、10 位和 B 链 30 位的氨基酸残基各不相同，但并不影响它们降低血糖浓度的生理功能。

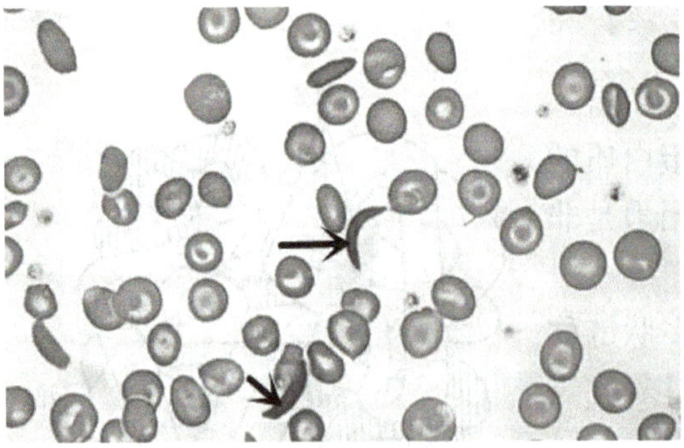

图 1-9　镰状细胞贫血

3. 蛋白质一级结构中起关键作用的氨基酸残基缺失或被替代 蛋白质一级结构中起关键作用的氨基酸残基缺失或被替代，可改变其空间结构进而影响其生理功能，例如，正常人血红蛋白 β- 亚基第 6 位氨基酸是谷氨酸，而镰状细胞贫血患者的血红蛋白中谷氨酸被缬氨酸取代，仅仅一个氨基酸的改变，使得在缺氧时血红蛋白聚集成丝，相互黏着，导致红细胞变成镰刀状（图 1-9），与氧结合功能丧失且极易破碎，发生贫血。

考点 空间结构和功能的关系

（二）蛋白质空间结构与功能的关系

蛋白质的空间结构决定蛋白质的功能，当空间结构发生改变时其生物学功能也随之改变。例如，血红蛋白（Hb）在体内运输氧的功能是通过其构象的微妙变化而实现的。

Hb 有紧张态（T 态）和松弛态（R 态）两种能够互变的天然构象。在组织中，Hb 呈 T 态，此时与 O_2 的亲和力小，使血红蛋白快速脱氧，供组织利用。在 O_2 丰富的肺，Hb 呈 R 态，此时与 O_2 的亲和力大，有利于 Hb 迅速充分与 O_2 结合。

生物体内若蛋白质发生了错误盘曲折叠导致其空间构象改变，尽管其一级结构不变，但仍可影响其功能，严重时可导致病症发生，称为蛋白质构象疾病。如阿尔茨海默病、人纹状体脊髓变性病、疯牛病等。

第 4 节　蛋白质的理化性质

一、蛋白质的两性电离

考点　等电点、蛋白质在不同 pH 溶液中的存在形式、电泳

蛋白质分子中除多肽链两端的 α- 氨基和 α- 羧基外，侧链 R 中还有一些可解离的基团，如谷氨酸及天冬氨酸残基上的羧基、赖氨酸残基上的氨基、精氨酸残基上的胍基、组氨酸残基上的咪唑基等，在一定 pH 溶液中可以解离成带负电荷或带正电荷的基团。由于蛋白质分子中既含有能解离出 H^+ 的酸性基团，又含有能结合 H^+ 的碱性基团，因此蛋白质分子是两性电解质。当蛋白质溶液处于某一 pH 时，蛋白质分子解离成阳离子和阴离子的趋势相等，即净电荷为零，呈兼性离子状态，此时溶液的 pH 称为该蛋白质的等电点（pI）。蛋白质分子的解离状态可用下式表示：

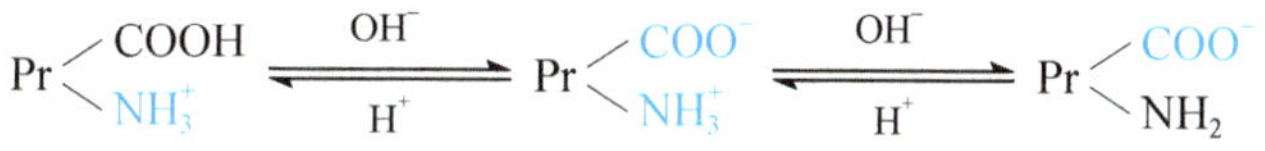

阳离子　　兼性离子　　阴离子

pH < pI　　pH=pI　　pH > pI

当溶液 pH=pI 时，蛋白质在溶液中以兼性离子存在；pH > pI 时，蛋白质带负电荷；当溶液 pH < pI 时，蛋白质带正电荷。不同的蛋白质其等电点不同，含碱性氨基酸较多的蛋白质其等电点偏碱，如组蛋白、鱼精蛋白等；相反，含酸性氨基酸较多的蛋白质其等电点偏酸，如酪蛋白、胃蛋白酶等。人体内各种蛋白质的等电点绝大多数接近于 pH5.0，在体液（pH7.35 ～ 7.45）的环境中，大部分蛋白质可解离为阴离子。

电泳是指带电粒子在电场中向电性相反的电极移动的现象。在同一 pH 溶液中，由于各种蛋白质所带电荷的性质、数量和分子大小、形状不同，因此，它们在电场中移动的方向和速度不同，所以通过电泳可以对蛋白质进行分离、纯化。例如，用醋酸纤维素薄膜电泳可将血清蛋白质分为清蛋白、α_1- 球蛋白、α_2- 球蛋白、β- 球蛋白和 γ- 球蛋白五种成分，临床上用于疾病的辅助诊断和病情观察。

二、蛋白质的胶体性质

考点　维持蛋白质胶体溶液稳定的因素

蛋白质颗粒直径为 1 ～ 100nm，属于胶体颗粒的范围，不易通过半透膜。当蛋白质溶液中混杂有小分子物质时，可将此溶液放入半透膜做成的袋内，将袋子置于蒸馏水或适宜缓冲液中，小分子杂质即从袋内逸出，蛋白质留于袋内得以纯化，这种用半透膜来分离纯化蛋白质的方法称为透析。人体的细胞膜、线粒体膜、微血管壁等都具有半透膜性质，使各种蛋白质分子分布于细胞内外的不同部位。因此，蛋白质对维持血浆胶体渗

透压、体液平衡等起着重要作用。

大多数蛋白质可溶于水和稀盐溶液，其颗粒表面大多是亲水基团，能与周围水分子产生水合作用而形成稳定的水化膜，从而阻止蛋白质颗粒相互聚集。同时亲水基团大多能解离，使蛋白质颗粒表面带有相同电荷而相互排斥，防止蛋白质颗粒聚集沉淀（图 1-10）。因此，水化膜和同种电荷是维持蛋白质胶体溶液稳定的两个重要因素。如果破坏水化膜，中和电荷，蛋白质就会从溶液中沉淀析出。可利用此原理来提取蛋白质而不引起蛋白质变性，如盐析。

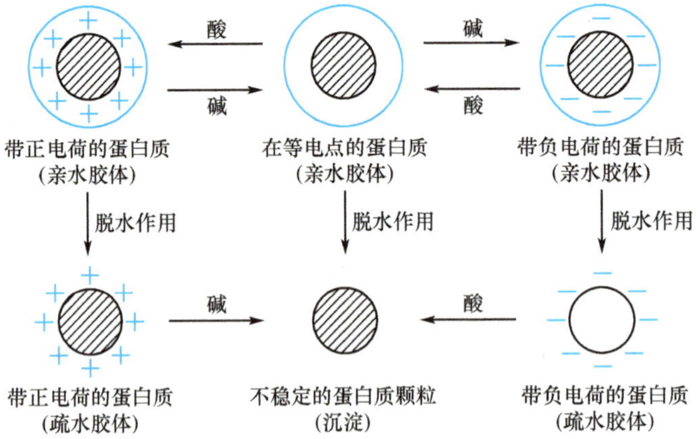

图 1-10　蛋白质胶体颗粒的沉淀

蛋白质胶体的颗粒很大，蛋白质溶液在高速离心时，由于离心力的作用，蛋白质会下沉，这就是蛋白质的沉降现象。蛋白质分子在单位（厘米）离心场的沉降速度称沉降系数（S）。通常情况下，分子越大，沉降系数越高。因此，可以用高速离心的方法来分离蛋白质混合溶液中的不同蛋白质。

三、蛋白质的沉淀作用

考点
蛋白质沉淀的方法

蛋白质分子相互聚集从溶液中析出的现象称为蛋白质的沉淀。沉淀蛋白质的方法主要有以下几种。

（一）盐析

在蛋白质溶液中加入硫酸铵、硫酸钠、氯化钠等中性盐，破坏维持蛋白质胶体溶液稳定的因素，使蛋白质从水溶液中沉淀析出，这种方法称为盐析（salt precipitation）。盐析时，不同蛋白质所需盐的浓度不同，因此调节盐浓度，可使混合蛋白质溶液中的几种蛋白质分段沉淀，这种方法称为分段盐析。例如，血浆清蛋白在饱和硫酸铵溶液中沉淀，而球蛋白在半饱和硫酸铵溶液中沉淀。盐析是初步分离蛋白质常用的方法。

（二）有机溶剂沉淀

由于一些有机溶剂能够与水混溶，因此在蛋白质溶液中加入乙醇、丙酮等有机溶剂可破坏蛋白质颗粒表面的水化膜，使蛋白质产生沉淀。在等电点时沉淀效果更好。此法沉淀的蛋白质易发生变性。但在低温条件（0～4℃）下快速操作，仍可保留蛋白质原有的活性。

（三）重金属盐沉淀

蛋白质在 pH 大于等电点的溶液中带负电荷，可与带正电荷的重金属离子如 Cu^{2+}、Hg^{2+}、Pb^{2+}、Ag^{+} 等结合生成不溶性的蛋白质盐而沉淀。用重金属盐沉淀常引起蛋白质变性。

（四）生物碱试剂沉淀

蛋白质在 pH 小于等电点的溶液中带正电荷，可与苦味酸、鞣酸、三氯乙酸等酸根生成不溶性的蛋白质盐而沉淀。此法沉淀的蛋白质常发生变性。

四、蛋白质的变性、复性和凝固

考点
变性的概念、本质及变性的特点

蛋白质在某些理化因素作用下，其空间结构被破坏，导致理化性质改变和生物学活性丧失，称为蛋白质的变性（denaturation）。

引起蛋白质变性的因素很多，常见的物理因素有高温、高压、剧烈振荡或搅拌、紫外线及 X 射线照射、超声波等；化学因素有强酸、强碱、重金属盐、有机溶剂等。

蛋白质变性的实质是二硫键和次级键断裂，空间结构破坏，但其一级结构并未破坏。蛋白质变性后，肽链呈松散状态，疏水基团显露，使蛋白质的溶解度降低，黏度增加，生物学活性丧失，易被蛋白酶水解。在医学上，常采用高温、高压、紫外线和乙醇等措施来消毒和灭菌。相反，利用低温来保存血清、疫苗、抗体等生物制品，防止蛋白质变性失活。

大多数蛋白质变性后不能再恢复其天然状态。少数变性蛋白质在去掉变性因素后可自发恢复原有空间结构和生物学活性，称为蛋白质复性（renaturation）。例如，在核糖核酸酶溶液中加入尿素和 β- 巯基乙醇可使其变性，用透析法去掉尿素和 β- 巯基乙醇后其活性又逐渐恢复。变性的蛋白质是否能复性，主要取决于其变性程度。

变性的蛋白质易于沉淀，有时蛋白质发生沉淀，但并不变性，如盐析。

蛋白质经强酸、强碱作用发生变性后，若将 pH 调至 pI，则蛋白质立即结成絮状的不溶解物，但此絮状物仍能溶于强酸或强碱中。若再加热则絮状物可变为较坚固的凝块且不再溶解在强酸或强碱中，这种现象称为蛋白质的凝固作用（coagulation）。实际上凝固是蛋白质变性后进一步发展的不可逆的结果。

链 接 蛋白质的变性与凝固的应用

临床分析化验血清中非蛋白质成分时，常用三氯乙酸或钨酸使血液中蛋白质变性沉淀而从血液中去除。鉴定尿中是否有蛋白质常用加热法来检验。在急救重金属盐中毒（如氯化汞）时，可给患者吃大量乳品或蛋清，其目的就是使乳品或蛋清中的蛋白质在消化道中与重金属离子结合成不溶解的变性蛋白质，从而阻止重金属离子被吸收进入体内，最后设法将沉淀物从肠胃中洗出。

五、蛋白质的紫外吸收性质

考点
蛋白质紫外线吸收波长

蛋白质分子中常含酪氨酸、色氨酸，因其侧链上有共轭双键，对紫外线有吸收能力，在 280nm 波长处有特征性的最大吸收峰。此性质常用于蛋白质的定量测定。

六、蛋白质的呈色反应——双缩脲反应

在加热的条件下，蛋白质及多肽等含有两个以上双键的化合物能与碱性硫酸铜（双缩脲试剂）发生反应生成紫红色化合物，称为双缩脲反应。此反应可用于蛋白质和多肽的定性、定量测定。

自测题

一、名词解释

1. 肽键 2. 蛋白质的一级结构 3. 蛋白质等电点 4. 电泳 5. 蛋白质变性

二、单项选择题

1. 测得某一蛋白质样品的含氮量为 2.4g，该样品约含蛋白质
   A. 11g B. 12g C. 13g D. 14g E. 15g
2. 组成蛋白质的基本单位是
   A. 核苷酸 B. β- 氨基酸 C. γ- 氨基酸 D. α- 氨基酸 E. ε- 氨基酸
3. 蛋白质一级结构的主要化学键是
   A. 肽键 B. 二硫键 C. 氢键 D. 离子键 E. 次级键
4. 维持蛋白质分子二级结构稳定的化学键是
   A. 二硫键 B. 盐键 C. 肽键 D. 氢键 E. 疏水键
5. 下列结构不属于蛋白质二级结构的是
   A. α- 螺旋 B. α- 双螺旋 C. β- 折叠 D. β- 转角 E. 无规则卷曲
6. 血清白蛋白（pI 为 4.7）在下列哪种 pH 溶液中带正电荷
   A. pH4.0 B. pH5.0 C. pH6.0 D. pH7.0 E. pH8.0
7. 蛋白质溶液稳定存在的因素是
   A. 布朗运动
   B. 丁达尔现象
   C. 蛋白质溶液黏度大
   D. 蛋白质颗粒表面有水化膜和同种电荷
   E. 蛋白质不能透过半透膜
8. 在下列沉淀蛋白质的方法中，能保持蛋白质生物学活性而不变性的最好方法是
   A. 盐析 B. 有机溶剂沉淀 C. 重金属盐沉淀 D. 生物碱试剂沉淀 E. 加热使其凝固
9. 蛋白质的紫外光谱的最大吸收峰在
   A. 200nm B. 250nm C. 260nm D. 280nm E. 300nm
10. 镰状细胞贫血患者，其血红蛋白 β- 亚基 N 端第 6 个谷氨酸残基被下列哪种氨基酸代替
   A. 组氨酸 B. 苯丙氨酸 C. 赖氨酸 D. 丙氨酸 E. 缬氨酸

三、简答题

1. 沉淀蛋白质的常用方法有哪些？
2. 举例说明蛋白质一级结构和功能的关系。

（刘文全）

第2章 核酸的结构与功能

第1节 概 述

核酸（nucleic acid）是生物体内由核苷酸聚合而成的生物大分子。因最初从脓细胞核中提取，呈酸性，故名核酸。

考点 核酸的分类

天然存在的核酸可分为脱氧核糖核酸（deoxyribonucleic acid，DNA）和核糖核酸（ribonucleic acid，RNA）两大类。真核细胞中，98% 以上 DNA 分布于细胞核的染色质中，少量存在于细胞器（如线粒体、叶绿体）中，有储存遗传信息的功能，是遗传的物质基础。

RNA 可分为信使核糖核酸（mRNA）、转运核糖核酸（tRNA）、核糖体核糖核酸（rRNA）和多种小 RNA，在基因表达和生命活动中均发挥着重要的作用。90% 的 RNA 分布在细胞质中，仅有 10% 在细胞核内。在某些病毒中，RNA 也可作为遗传信息的载体。

第2节 核酸的分子组成

一、核酸的元素组成

组成核酸的元素有 C、H、O、N、P 等，P 是核酸的特征元素，且含量比较恒定，占 9% ～ 10%。

二、核酸的基本组成成分

考点 核酸的基本组成成分

核酸在酸性或碱性溶液中水解得到三类成分：磷酸、戊糖和碱基（图 2-1）。

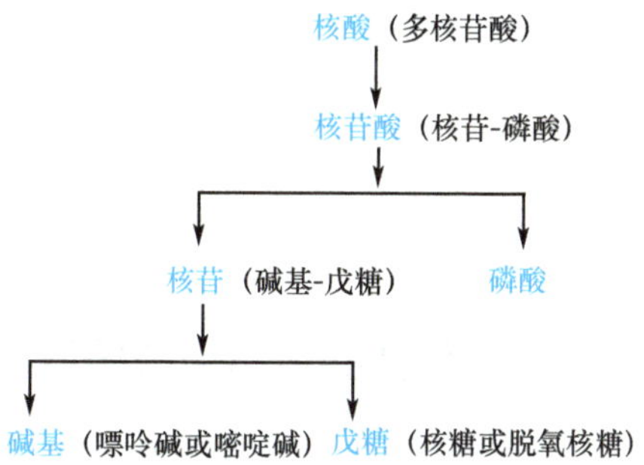

图 2-1 核酸的水解

（一）碱基

碱基可分为嘌呤（purine）和嘧啶（pyrimidine）两类。常见的嘌呤有 2 种：腺嘌呤（adenine，A）和鸟嘌呤（guanine，G）；常见的嘧啶有 3 种：尿嘧啶（uracil，U）、胞嘧啶（cytosine，C）和胸腺嘧啶（thymine，T），其结构见图 2-2。DNA 分子中一般含 A、G、C、T 4 种碱基；RNA 分子中一般含 A、G、C、U 4 种碱基。

除了上述碱基外，还有稀有碱基，如二氢尿嘧啶（DHU）、假尿嘧啶（Ψ）和次黄嘌呤（I）等（图 2-3），主要存在于 RNA 中。

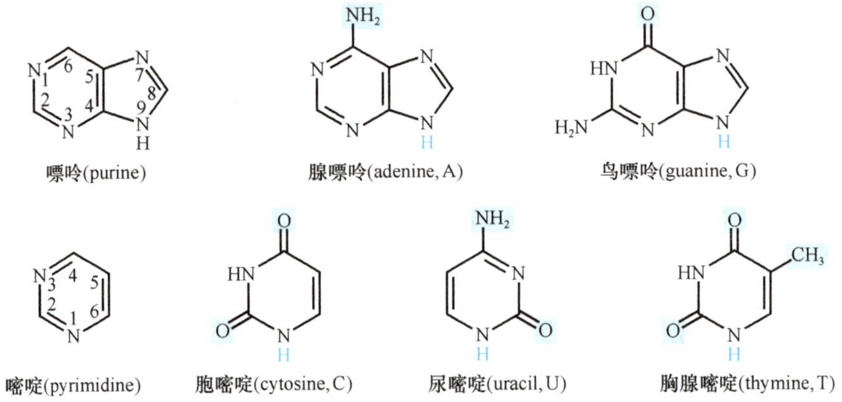

图 2-2 核酸中的两类主要碱基

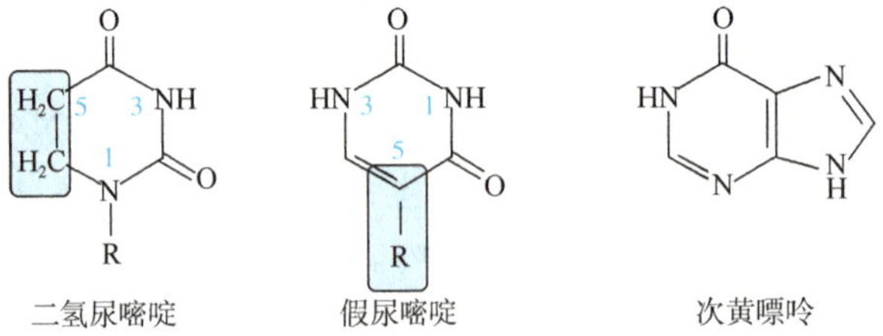

图 2-3 稀有碱基

（二）戊糖

核酸因所含戊糖的不同而分为两类：RNA 中含有核糖（ribose，R），DNA 中含脱氧核糖（deoxyribose，dR）。二者的区别在于核糖 C-2′ 为羟基，而脱氧核糖 C-2′ 连接着氢原子（图 2-4）。

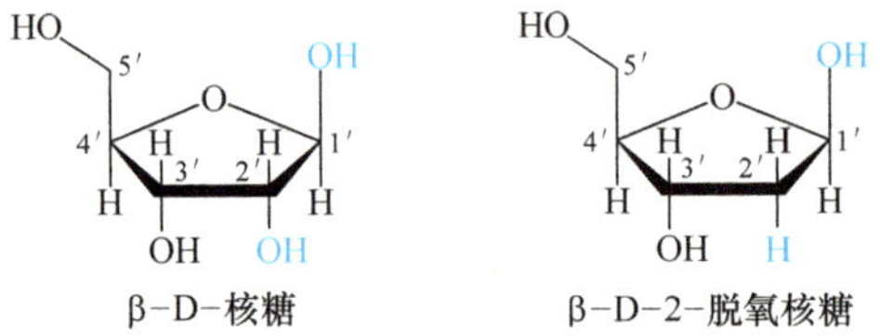

图 2-4 戊糖的结构

三、核酸的基本组成单位——核苷酸

考点
核酸的基本组成单位

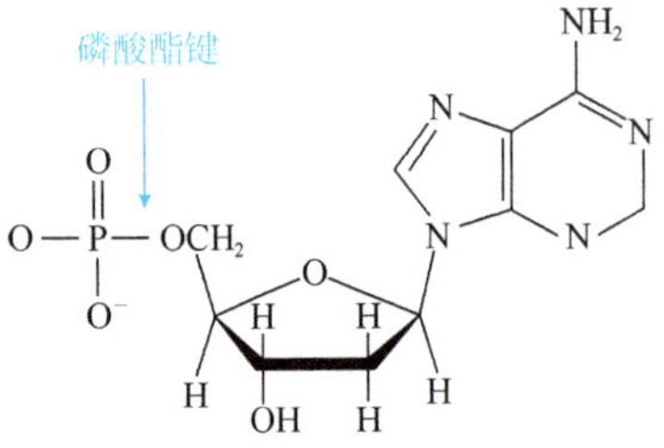

图 2-5 核苷酸（dAMP）的分子结构

（一）核苷

核苷是由戊糖与碱基通过糖苷键连接而成的，按戊糖的不同可分为核糖核苷和脱氧核糖核苷（图 2-5）。RNA 中常见的核糖核苷有 4 种：腺苷（腺嘌呤核苷，简称腺苷，依此类推）、鸟苷、胞苷和尿苷。DNA 中的脱氧核糖核苷也有 4 种：脱氧腺苷（腺嘌呤脱氧核苷，简称脱氧腺苷，依此类推）、脱氧鸟苷、脱氧胞苷和脱氧胸苷（表 2-1）。

（二）核苷酸

核苷酸是由核苷的戊糖羟基与磷酸通过磷酸酯键连接而成（图 2-5），分为核糖核苷酸与脱氧核糖核苷酸两大类。RNA 为核糖核苷一磷酸（NMP）的多聚体，N 代表 A、G、C、U。DNA 为脱氧核糖核苷一磷酸（dNMP）的多聚体，N 代表 A、G、C、T。两类核酸的分子组成，见表 2-1。

表 2-1　DNA 和 RNA 的分子组成

核酸	戊糖	碱基	核苷酸
RNA	核糖	腺嘌呤（A）	腺苷一磷酸（AMP）
		鸟嘌呤（G）	鸟苷一磷酸（GMP）
		胞嘧啶（C）	胞苷一磷酸（CMP）
		尿嘧啶（U）	尿苷一磷酸（UMP）
DNA	D-2- 脱氧核糖	腺嘌呤（A）	脱氧腺苷一磷酸（dAMP）
		鸟嘌呤（G）	脱氧鸟苷一磷酸（dGMP）
		胞嘧啶（C）	脱氧胞苷一磷酸（dCMP）
		胸腺嘧啶（T）	脱氧胸苷一磷酸（dTMP）

（三）体内重要的核苷酸

核苷酸在体内除构成核酸外，还存在多种游离的核苷酸及其衍生物，参与物质代谢调节和细胞信号转导。

1. 多磷酸核苷酸　多磷酸核苷酸是指戊糖上连接两个或三个磷酸基团的核苷酸。核苷一磷酸（NMP 或 dNMP）可以进一步磷酸化，形成核苷二磷酸（NDP 或 dNDP）和核苷三磷酸（NTP 或 dNTP）。

ATP 分子结构（图 2-6）中的 β- 磷酸基和 γ- 磷酸基水解时会释放大量能量，称为高能磷酸键，用～P 表示。ATP 是重要的能量载体。合成 RNA 和 DNA 时，分别以 NTP 和 dNTP 作为原料，在提供相应的组成单位（NMP 和 dNMP）的同时，又可提供生物合成所需的能量。

考点
ATP 的结构特点

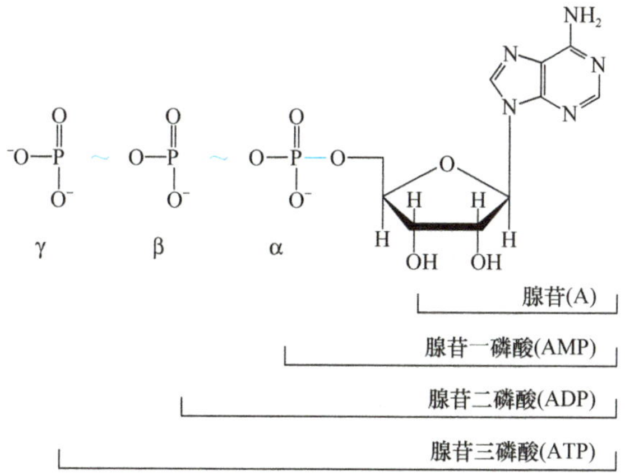

图 2-6　AMP、ADP 和 ATP 的结构

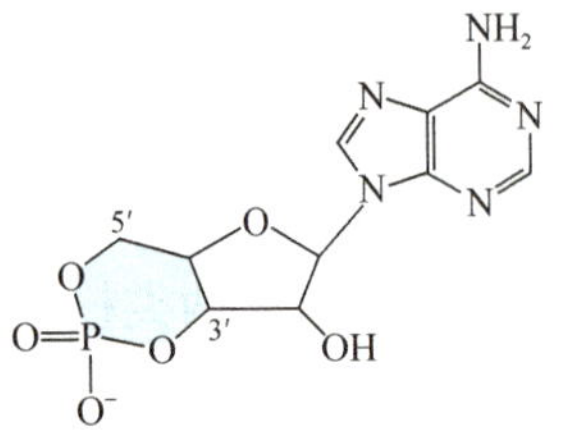

图 2-7 cAMP 的结构

2. 环化核苷酸 环化核苷酸是磷酸基团与戊糖的 3′- 羟基和 5′- 羟基同时结合而成的（图 2-7）。常见的有环腺苷酸（cAMP）和环鸟苷酸（cGMP），参与细胞信号传导，是传递细胞外激素作用的“第二信使”。

3. 辅酶类核苷酸 辅酶Ⅰ（NAD^+）和辅酶Ⅱ（$NADP^+$）是由腺苷酸与烟酰胺组成的化合物。黄素腺嘌呤二核苷酸（FAD）是由黄素单核苷酸（FMN）与腺苷酸组成的化合物。NAD^+、$NADP^+$、FMN、FAD 是多种脱氢酶的辅酶或辅基，在生物氧化过程中起着重要的递氢作用。

四、核酸分子中核苷酸的连接方式

考点
维持核酸一级结构的化学键

一个核苷酸戊糖的 3′- 羟基与另一个核苷酸的 5′- 磷酸基脱水缩合形成 3′, 5′- 磷酸二酯键，多个核苷酸通过 3′, 5′- 磷酸二酯键形成多聚核苷酸链。

每条多聚核苷酸链的游离 5′- 磷酸基末端称为 5′- 端，游离 3′- 羟基的末端称为 3′- 端。书写时，通常将核酸的 5′- 端写在左侧，3′- 端写在右侧（图 2-8）。

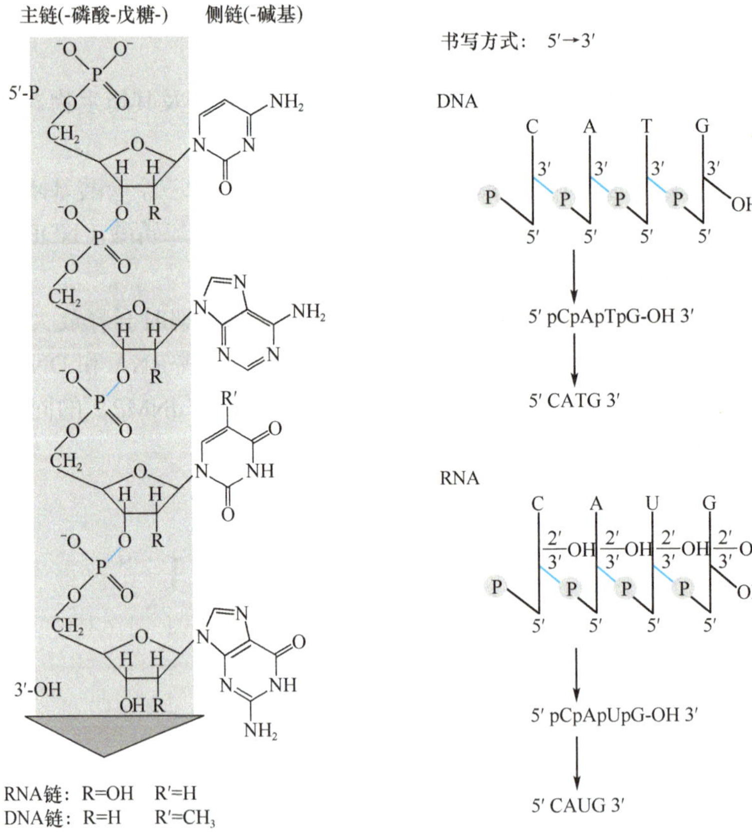

图 2-8 多聚核苷酸链的结构及书写方式

第 3 节　DNA 的结构与功能

一、DNA 的一级结构

DNA 的一级结构（primary structure）是指 DNA 分子中脱氧核苷酸的排列顺序，即核苷酸序列。由于核苷酸之间的差异主要是碱基的不同，因此也称为碱基序列（base sequence）。维持 DNA 一级结构稳定的化学键是 3′, 5′- 磷酸二酯键。

二、DNA 的二级结构

考点　DNA 二级结构及特点

1953 年，Watson 和 Crick 提出的 DNA 二级结构双螺旋结构模型的学说，现在称为 B 型双螺旋（图 2-9），要点如下。

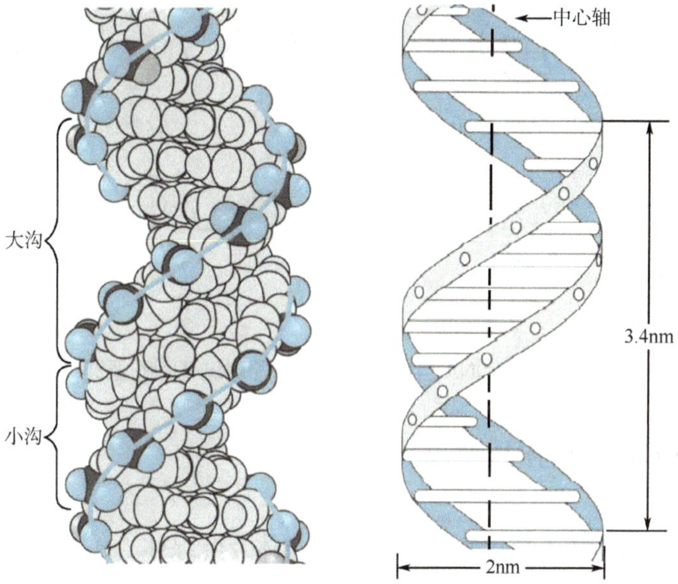

图 2-9　DNA 的二级结构——双螺旋结构模型

（1）DNA 分子由两条反向平行的多聚脱氧核苷酸链以右手螺旋方式围绕同一个中心轴形成双螺旋结构。两条链中一条链为 5′→3′ 走向，而另一条链是 3′→5′ 走向。双螺旋结构的直径为 2.37nm，螺距为 3.54nm。

（2）两条链之间形成严格的碱基互补配对。G 与 C 配对形成三个氢键，A 与 T 配对形成两个氢键（图 2-10）。碱基对平面与双螺旋结构的中心轴垂直。螺旋每一周平均约有 10.5 个碱基对，相邻碱基对平面之间的垂直距离为 0.34nm。

（3）双螺旋结构具有一定的形态特征。多聚脱氧核苷酸链中的脱氧核糖和磷酸基团交替相连形成了亲水性骨架，位于双螺旋结构的外侧。而碱基对堆积在双螺旋结构的内侧，双螺旋结构表面形成小沟及大沟。小沟较浅，大沟较深，是蛋白质与 DNA 之间相互作用的基础。

（4）氢键和碱基堆积力维系双螺旋结构的稳定。

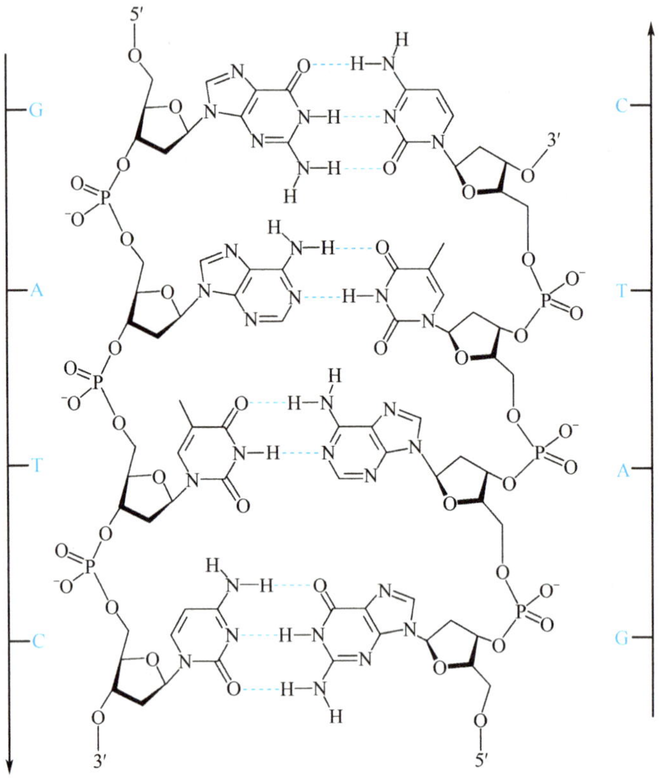

图 2-10 DNA 互补链的结构及配对碱基间的氢键

三、DNA 的高级结构

（一）超螺旋结构

原核生物的 DNA 和真核生物细胞中的线粒体及叶绿体 DNA 的二级结构大多是环状双螺旋结构，可进一步盘绕折叠而形成超螺旋结构，根据旋转的方向不同可有正超螺旋和负超螺旋（图 2-11）。

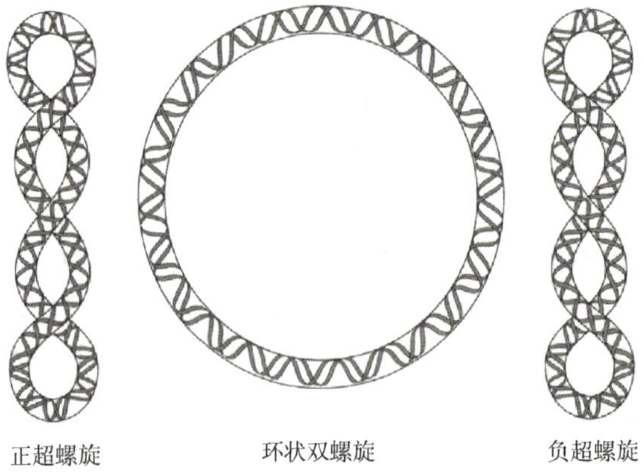

图 2-11 DNA 的超螺旋结构

（二）真核生物 DNA 最终形成染色体

真核生物细胞核 DNA 呈线状，常与组蛋白结合形成核小体（nucleosome）（图 2-12），多个核小体连接形成念珠状，然后再进一步盘绕折叠形成染色单体，在细胞核内组装成染色体。

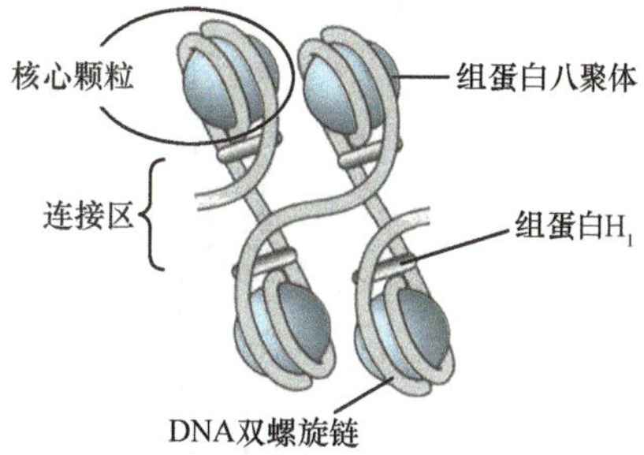

图 2-12　核小体结构示意图

第 4 节　RNA 的结构与功能

RNA 通常以单链形式存在，有些 RNA 分子可通过自身回折，形成局部双螺旋，非互补区则形成环状突起，这种结构称为茎环结构或发夹结构。

一、mRNA 的结构与功能

mRNA 占细胞 RNA 总质量的 2% ～ 5%，是细胞内最不稳定的一类 RNA。

真核生物成熟的 mRNA5′- 端具有特殊的"帽结构"，3′- 端具有多聚腺苷酸"尾结构"，中间是编码区（图 2-13）。编码区的核苷酸序列直接决定蛋白质的氨基酸序列，因此 mRNA 是蛋白质生物合成的模板。

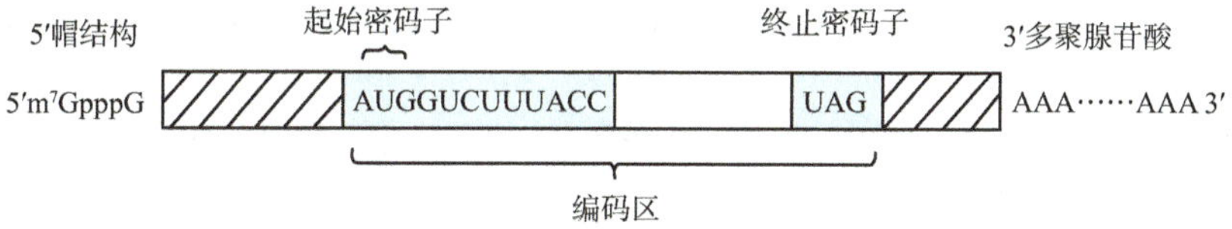

图 2-13　成熟的真核生物 mRNA 结构示意图

二、tRNA 的结构与功能

考点：tRNA 一级结构和二级结构特点

tRNA 约占细胞 RNA 总质量的 15%，是 3 种 RNA 分子中最小的一种。tRNA 结构特点为存在多种稀有碱基，如二氢尿嘧啶（DHU）、胸腺嘧啶（T）、假尿嘧啶（Ψ）和甲基化的嘌呤等，且 3′-OH 末端为—CCA。

tRNA 的二级结构呈三叶草形（图 2-14a），存在 4 个局部互补配对的双链区，称为臂；其中最长一个臂包含 5′- 端和 3′- 端，称为氨基酸臂，3′- 端可携带氨基酸。非互补区域形成环：分别称为 DHU 环和 TΨC 环、反密码环及可变环。反密码环底部由 3 个核苷酸组成反密码子，可通过碱基互补配对识别 mRNA 上的密码子。

tRNA 的三级结构是在"三叶草"的基础上折叠而成的三维结构，呈倒"L"形（图 2-14b）。

三、rRNA 的结构与功能

rRNA 在细胞内含量最多，约占 RNA 总质量的 80% 以上。rRNA 分子也是单链，局部形成双螺旋区域，具有复杂的空间结构。rRNA 的功能是与多种蛋白质组成核糖体，为蛋白质生物合成提供必需的场所，被称为"装配机"。

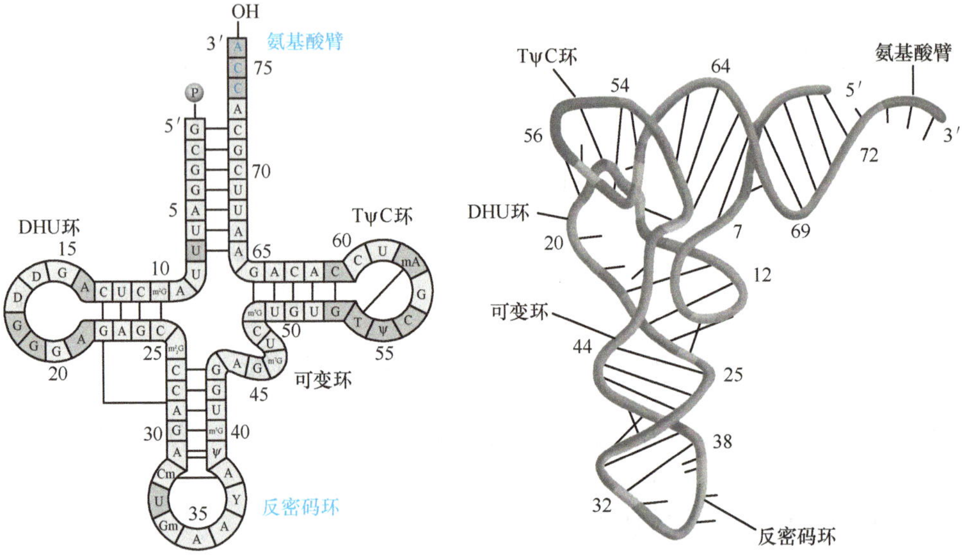

a b

图 2-14 tRNA 的分子结构

a. tRNA 的一级结构（酵母苯丙氨酸 tRNA 的碱基序列）与二级结构（二维三叶草形）；b. tRNA 的三级结构（三维倒“L”形）

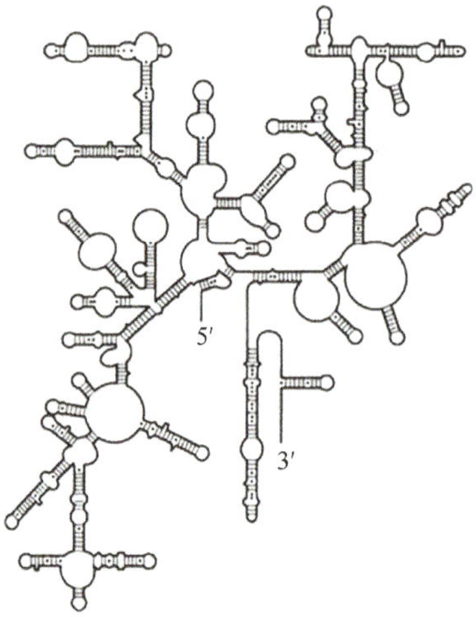

图 2-15 原核生物 16S rRNA 的二级结构示意图

rRNA 的二级结构有多个茎环结构（图 2-15），为核糖体蛋白的结合及组装成核糖体提供了结构基础。

第 5 节 核酸的理化性质

一、核酸的一般性质

核酸是线性大分子，黏度较大。RNA 分子比 DNA 分子小，因此黏度比 DNA 小得多。DNA 和 RNA 均属极性化合物，微溶于水，不溶于乙醇、乙醚、氯仿等有机溶剂。核酸是两性电解质，分子中含酸性的磷酸基和碱性的碱基，因磷酸基的酸性较强，常表现为酸性。

二、核酸的紫外吸收性质

考点
核酸的紫外吸收波长

嘌呤和嘧啶分子中含有共轭双键，因此碱基、核苷、核苷酸和核酸都具有紫外吸收的特征。在中性条件下，核酸的最大吸收峰波长为 260nm 附近。利用此特性，可采用紫外分光光度法进行核酸的定性、定量分析，也可借此鉴别核酸样品中的蛋白质杂质（蛋白质的最大吸收峰为 280nm）。

三、核酸的变性、复性与分子杂交

（一）DNA 的变性

在一定的理化因素作用下，DNA 双链互补碱基对之间的氢键断裂，使 DNA 双螺旋结构解离成两条单链的现象称为 DNA 变性（DNA denaturation）。引起 DNA 变性的因素很多（如温度、酸、碱、有机溶剂等），实验室常用加热的方法，称为热变性（图 2-16）。

考点
DNA 变性的概念、本质

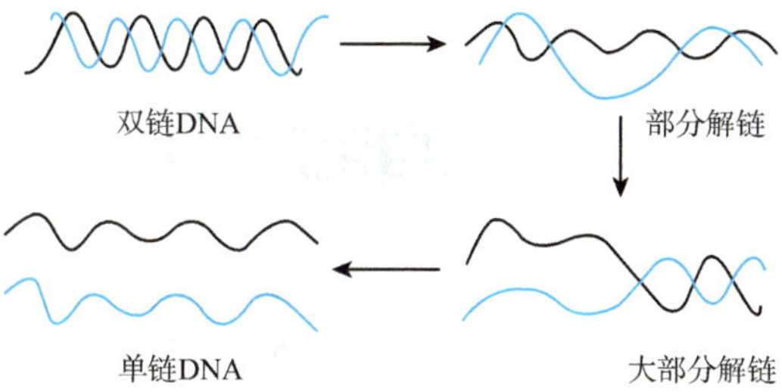

图 2-16　DNA 变性示意图

DNA 变性后，由于双螺旋分子内部的碱基暴露，其紫外吸光度（A_{260}）会大幅增加，称为增色效应。DNA 的增色效应与解链程度存在一定的关系，以温度对 A_{260} 相对值作图，可得到“S”形 DNA 解链曲线（图 2-17）。通常把热变性时 DNA 溶液 A_{260} 达到最大变化值一半时（即 50%DNA 从双链解离成单链）的温度称为该 DNA 的解链温度（melting temperature，T_m，或称熔解温度）。T_m 值与 DNA 分子大小及所含碱基的 G+C 比例有关，DNA 分子越大，G+C 比例越高，T_m 值也越高。

考点
T_m 的概念及影响因素

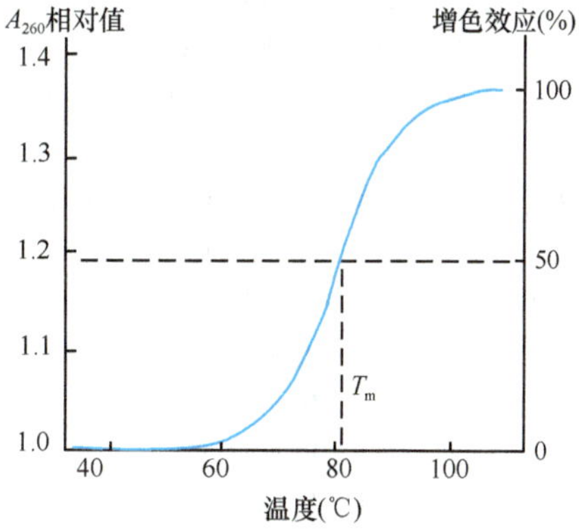

图 2-17　DNA 解链曲线

（二）DNA 的复性

当缓慢去除变性条件时，两条互补单链可重新结合并恢复天然的双螺旋结构，这一现象称为复性（renaturation）。热变性的 DNA 经缓慢冷却后可复性，又称为退火。若加热后迅速冷却至 4℃以下，则几乎不可能发生复性，可用这个方法保持 DNA 的变性状态。

（三）核酸分子杂交与探针技术

核酸分子杂交（hybridization）是指在核酸复性的过程中，将不同来源的单链核酸分子结合形成杂化双链的过程。杂交可发生在 DNA-DNA、RNA-RNA 和 DNA-RNA 之间。分子杂交技术的基础是利用核酸的变性与复性，具有互补序列的不同来源的核酸分子，按碱基配对原则可结合在一起。例如，探针技术，将一段带有放射标记或化学标记的寡核苷酸链作为探针（probe），与变性的待测 DNA 一起温浴，若二者存在互补序列，便会形成杂交双链，可通过标记被检测出（图 2-18）。

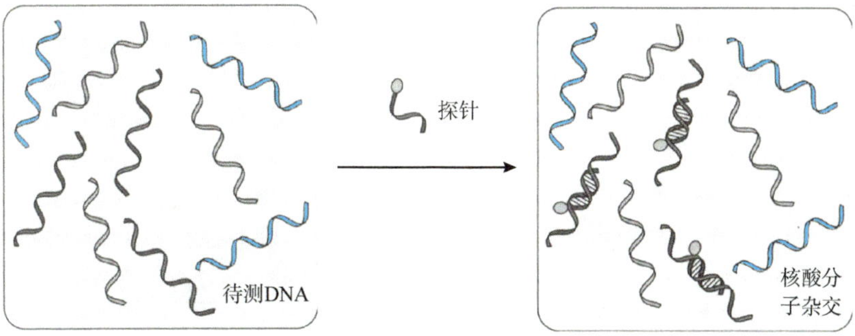

图 2-18　核酸分子杂交与探针技术

核酸分子杂交已被广泛应用于分子生物学和医学中，在临床疾病的基因诊断和基因治疗等方面有着广泛的用途。

自测题

一、名词解释

1. DNA 的变性 2. T_m

二、单项选择题

1. 组成核酸的基本成分是
   A. 碱基、磷酸、核糖 B. 核苷
   C. 单核苷酸 D. 多核苷酸
   E. 氨基酸
2. 下列哪种碱基只存在于 RNA 而不存在于 DNA
   A. 腺嘌呤 B. 尿嘧啶 C. 胸腺嘧啶
   D. 胞嘧啶 E. 鸟嘌呤
3. 下列与碱基序列 CAGT 互补的 DNA 片段是
   A. GUCA B. GTCA C. ACTG
   D. ACUG E. CAGT
4. DNA 的热变性时，会发生
   A. 磷酸二酯键发生断裂
   B. 形成三股螺旋
   C. 在波长 260nm 处吸光度值减少
   D. 解链温度随 A-T 的含量增加而降低
   E. 解链温度随 A-T 的含量增加而增加
5. tRNA 在发挥其“对号入座”功能时的两个重要部位是
   A. 反密码子臂和反密码子环
   B. 氨基酸臂和 DHU 环
   C. TΨC 环与可变环
   D. TΨC 环与反密码子环
   E. 氨基酸臂和反密码子环
6. 单链 DNA 5′-CGGTA-3′ 能与下列哪种 RNA 单链分子进行杂交
   A. 5′-GCCAT-3′ B. 5′-GCCAU-3′
   C. 5′-UACCG-3′ D. 5′-TACCG-3′
   E. 5′-CGGUA-3′

三、简答题

1. 请比较 DNA 与 RNA 的分子组成、分子结构的特点。
2. 简述 DNA 双螺旋结构的特点。
3. 简述 tRNA 的结构特点及其与功能的关系。

（刘 毅）

第3章
酶

新陈代谢是生命活动最基本的特征之一，包含着各种错综复杂的化学反应。这些化学反应能有条不紊地进行主要依赖于生物催化剂的催化作用。迄今为止，人们已发现的生物催化剂，包括化学本质是蛋白质的酶及化学本质是核酸的核酶（具有催化作用的RNA）和脱氧核酶（具有催化作用的DNA）。本章提到的酶是指化学本质为蛋白质的酶，是生物体内催化各种代谢反应最主要的催化剂。

第1节 概　　述

一、酶的概念

酶（enzyme，E），是由活细胞合成的、对其特异底物具有高效催化功能的蛋白质。酶所催化的化学反应叫酶促反应；在酶促反应中被酶催化的物质叫底物（substrate，S）；酶促反应所生成的物质叫产物（product，P）；酶所具有的催化能力称为酶活性，酶失去催化能力称为酶失活。

考点
酶的概念

链 接　酶的发现

1773年，意大利科学家斯巴兰札尼首先发现鹰的黄色胃液中有一种能分解食物的物质。1836年，德国科学家施旺从胃液中提取了消化蛋白质的物质，解开了胃的消化之谜。1926年，美国科学家萨姆纳从刀豆中提取出脲酶结晶，并通过化学实验证实脲酶是一种蛋白质。1930～1936年Northrop等科学家得到了胃蛋白酶、胰蛋白酶等的结晶，指出酶是一类具有生物催化作用的蛋白质。20世纪80年代以来，美国科学家切赫和奥特曼发现少数RNA也具有生物催化作用，称为核酶，两人因此于1989年共同获得诺贝尔化学奖。

二、酶的分类与命名

（一）酶的分类

2018年8月，国际生物化学与分子生物学联盟的命名委员会根据酶促反应的性质，将酶分为七大类。

1. 氧化还原酶类　催化底物进行氧化还原反应的酶，如乳酸脱氢酶、细胞色素氧化酶等。

2. 转移酶类　催化底物分子之间基团转移或交换的酶，如转甲基酶、氨基转移酶等。

3. 水解酶类　催化底物发生水解反应的酶，如淀粉酶、脂肪酶、蛋白酶等。

4. 裂合酶类　催化一种底物分裂成两种产物或由两种底物合成一种产物的酶，如醛缩酶、碳酸酐酶等。

5. 异构酶类　催化各种同分异构体之间相互转变的酶，如磷酸葡萄糖异构酶等。

6. 合成酶类　催化两个底物分子合成一种物质，此过程需要消耗 ATP 才能完成，如谷氨酰胺合成酶、谷胱甘肽合成酶。

7. 易位酶　催化离子或分子跨膜转运或在膜内移动的酶。这里将易位定义为催化细胞膜内的离子或分子从“面 1”到“面 2”（side 1 to side 2）。例如，抗坏血酸铁还原酶（跨膜），ABC 型脂肪酰 CoA 转运体等。

（二）酶的命名

1. 习惯命名法　①依据底物命名，如水解淀粉的酶称淀粉酶、催化蛋白水解的酶称蛋白酶；②依据化学反应类型命名，如催化脱氢反应的酶称为脱氢酶、催化氨基转移的酶称氨基转移酶；③综合上述两原则及酶的来源和特点命名，如乳酸脱氢酶、唾液淀粉酶等。

2. 系统命名法　国际酶学委员会于 1961 年提出了酶的系统命名法。规定每一个酶都有一个系统名称，它标明酶的所有底物与反应性质。底物名称之间用“：”隔开。每种酶的分类编号都由四个数字组成，数字前冠以 EC，如葡萄糖激酶的系统命名为 ATP：葡萄糖磷酸基转移酶，分类编号为 EC 2.7.1.1，表示该酶催化从 ATP 转移一个磷酸基到葡萄糖分子上的化学反应。系统命名法虽然科学、系统，但烦琐、难记，所以常用的是习惯命名法。

三、酶促反应的特点

酶具有一般催化剂的共性，但又具有其特点。

（一）高度的催化效率

考点
酶促反应的特点

酶的催化效率比无催化剂时高 $10^8 \sim 10^{20}$ 倍，比一般催化剂高 $10^7 \sim 10^{13}$ 倍。酶之所以能高效催化，是通过降低反应所需活化能实现的，随着活化能降低，酶促反应速度大幅度提高。例如，蔗糖酶催化蔗糖水解的速率是 H^+ 催化作用的 2.5×10^{12} 倍。

（二）高度的特异性

酶对其催化的底物具有严格的选择性，称为酶的特异性。即一种酶只能催化一种或一类底物或一定的化学键发生化学反应生成产物。根据酶对底物选择的严格程度，可将酶的特异性分为绝对特异性、相对特异性、立体异构特异性 3 种类型。

1. 绝对特异性　一种酶只催化一种底物进行反应，称为酶的绝对特异性。例如，脲酶只能催化尿素水解为 CO_2 和 NH_3，而对尿素的衍生物则无作用。

2. 相对特异性　一种酶可作用于一类底物或一种化学键发生一定的化学反应。这种不太严格的选择性称为酶的相对特异性。例如，磷酸酶对一般的磷酸酯都能水解但其水解速度有差异。

3. 立体异构特异性　当底物具有立体异构现象时，一种酶只能催化其中的一种立体异构体，称为立体异构特异性。例如，L- 乳酸脱氢酶只催化 L- 乳酸生成丙酮酸，而不作用于 D- 乳酸。

（三）不稳定性

酶的本质是蛋白质，必须在一定的 pH、温度和压力等条件下才能正常发挥作用。

强酸、强碱、有机溶剂、重金属盐、高温、高压、紫外线等任何使蛋白质变性的理化因素都可以使酶蛋白变性，影响酶的催化作用，甚至使酶失活。

（四）可调节性

酶的可调节性是指物质代谢中的关键酶的活性可以被调节。关键酶是代谢途径中决定代谢速度和方向的酶，又称为限速酶。酶可调节性机制是机体通过别构调节与共价修饰调节改变关键酶构象，使酶的活性受到精确调控。

第2节 酶的分子组成与功能

一、单纯酶与结合酶

酶的化学本质是蛋白质，按其化学组成分为两类。

（一）单纯酶

单纯酶是指单纯由氨基酸构成的酶。大多数水解酶都属于单纯酶，如蛋白酶、淀粉酶、脂肪酶、核糖核酸酶、脲酶等。

（二）结合酶

考点 结合酶的组成及各部分的作用

生物体内多数酶是结合酶。结合酶由蛋白质和非蛋白质两部分组成，前者称为酶蛋白，后者称为辅助因子。酶蛋白和辅助因子结合形成全酶，才有催化活性。酶蛋白或辅助因子单独存在时都不具有活性。在全酶中，酶蛋白决定反应的特异性，辅助因子决定反应的类型和性质。

全酶＝ 酶蛋白＋辅助因子
（有催化活性）（无催化活性）（无催化活性）

酶的辅助因子有两类：一类是金属离子，常见的有K^+、Na^+、Mg^{2+}、Zn^{2+}、Fe^{2+}、Cu^{2+}等。另一类是小分子有机化合物，大多数是B族维生素及其衍生物。辅助因子依据其与酶蛋白结合的紧密程度不同可分为辅酶和辅基。辅酶与酶蛋白结合疏松，特点是以非共价键连接，用透析或超滤的方法易于除去（如NAD^+、$NADP^+$等）。辅基与酶蛋白结合紧密，特点是以共价键连接，不能用透析或超滤的方法将其除去（如FAD、FMN）。

一种酶蛋白一般只能与一种辅助因子结合成一种特异酶，而一种辅助因子可以与多种酶蛋白结合成不同的特异酶。

二、酶的活性中心

考点 酶的活性中心、必需基团的概念

酶蛋白中存在许多化学基团，其中与酶的活性密切相关的基团称为酶的必需基团。这些必需基团在一级结构上可能相距甚远，但肽链经过盘绕、折叠形成空间结构后，可彼此靠近，形成具有特定空间结构的区域，即酶的活性中心（active center）。通常呈现裂缝或凹陷状（图3-1）。

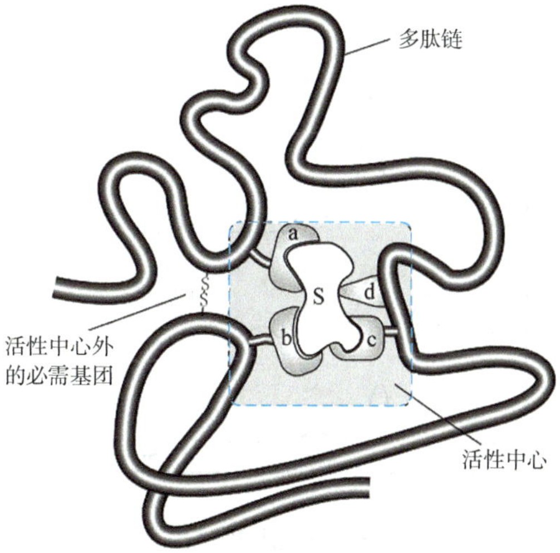

图3-1 酶的活性中心

酶的活性中心是酶分子中能特异性地与底物分子结合并发挥催化作用的部位，只有当酶的活性中心形成并暴露时，酶才有活性。对结合酶来说，辅酶或辅基可参与活性中心的组成。

酶的必需基团绝大部分位于酶的活性中心，称为活性中心内必需基团。活性中心内必需基团按其功能又分为两类：能与底物直接结合，使之与酶形成复合物的必需基团称为结合基团；催化底物转变为产物的必需基团称为催化基团。丝氨酸和苏氨酸残基的羟基（—OH）、半胱氨酸残基的巯基（—SH）及谷氨酸残基的γ- 羧基（—COOH）等都是常见的必需基团。

还有一些必需基团不参加活性中心的组成，存在于活性中心之外，称为酶活性中心外的必需基团，功能是维持酶活性中心空间构象的稳定。

三、同工酶

考点
同工酶的概念；同工酶测定在临床上的应用

同工酶（isoenzyme）是指催化的化学反应相同，但酶蛋白的分子结构、理化性质和免疫学性质不同的一组酶。同工酶存在于同一种属或同一机体的不同组织中，甚至同一细胞的不同亚细胞结构中，为疾病的鉴别诊断提供了依据。

目前已发现有百余种同工酶，如乳酸脱氢酶（LDH）、肌酸激酶（CK）、已糖激酶（HK）等。其中发现最早、研究最多的是乳酸脱氢酶。它是由 H 型（心肌型）亚基和 M 型（骨骼肌型）亚基组成的四聚体。这两种亚基以不同的比例组成 5 种同工酶：LDH_1（H_4）、LDH_2（H_3M）、LDH_3（H_2M_2）、LDH_4（HM_3）、LDH_5（M_4）（图 3-2）。由于分子结构的差异，5 种同工酶具有不同的电泳速度，电泳时它们移向正极的速度由 LDH_1 至 LDH_5 依次递减。

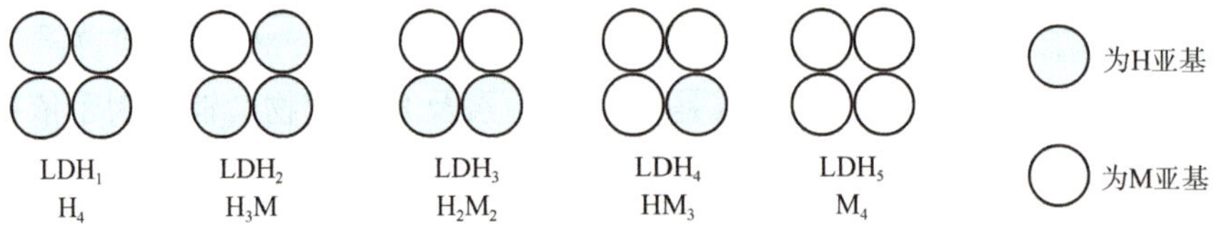

图 3-2　乳酸脱氢酶同工酶的组成

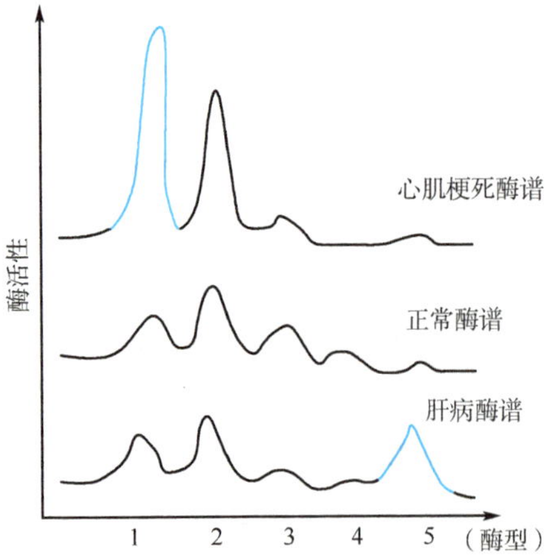

图 3-3　心肌梗死与肝病患者 LDH 同工酶谱的变化

乳酸脱氢酶同工酶在不同的组织器官中分布不同，其中心肌中以 LDH_1 较为丰富，肝和骨骼肌中含 LDH_5 较多。当发生病变时，细胞膜破裂或通透性增强，导致同工酶释放入血。临床上检测血清中同工酶活性、分析同工酶谱可用于疾病的诊断和判断预后。例如，肝疾病血清 LDH_5 活性升高；心肌梗死血清 LDH_1 活性升高（图 3-3）；肺梗死血清 LDH_3 活性升高。

四、酶原及激活

考点
酶原及酶原激活的概念；酶原激活的实质；酶原存在的生理意义

某些酶在细胞内合成或初分泌时，并无催化活性，这种无活性的酶前体称为酶原。在一定的条件下，酶原分子结构发生改变，活性中心形成或暴露，转变成具有活性的酶，这一过程称为酶原的激活。

胰蛋白酶、胃蛋白酶等在初分泌时均以酶原形式存在，在一定的条件下才能转化成具有催化活性的酶。例如，胰腺细胞内合成和初分泌的胰蛋白酶原随胰液进入小肠后，在 Ca^{2+} 及肠激酶作用下，切断肽链 N 端一段六肽，致使酶分子空间构象发生改变，形成活性中心，转变成有活性的胰蛋白酶（图 3-4）。

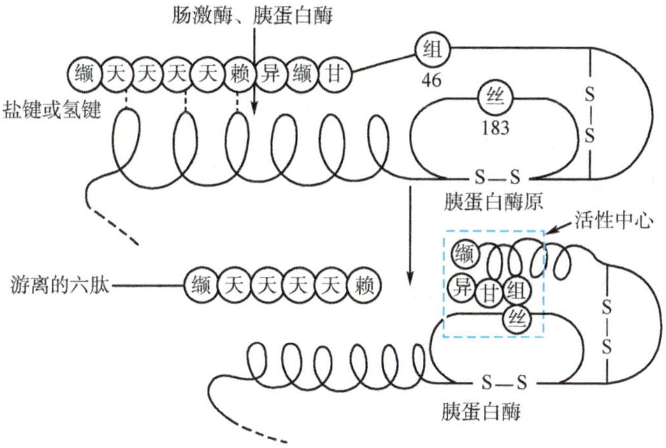

图 3-4 胰蛋白酶原激活示意图

酶原存在的意义在于既可避免细胞产生的蛋白酶对细胞进行自身消化，防止组织自溶，又可使酶原到达特定部位后或在特定环境下发挥作用，保证体内代谢过程正常进行。例如，凝血酶原保证了血液循环的畅通；胰蛋白酶原避免了胰腺细胞的自身消化。

链 接 酶原激活与疾病

临床上有些疾病属于自身消化性疾病，如急性胰腺炎。正常胰腺能分泌十几种酶，主要是胰蛋白酶、胰淀粉酶、脂肪酶等，这些酶在胰腺内以酶原的形式存在。胰腺还分泌胰蛋白酶抑制物质，抑制胰蛋白酶的活性。当胆管阻塞，胆汁逆流进入胰腺，激活胰酶，引起自身消化，胰腺组织水肿、细胞坏死。临床出现急性腹痛、恶心、呕吐、腹膜炎和休克表现。

案例 3-1

患者，女，30 岁。上腹疼痛伴恶心呕吐 5 日。5 日前出现中上腹持续性隐痛，向腰背部放射，伴呕吐两次，呕吐物为胃内容物。测体温 38℃；血生化检查，淀粉酶为 500U/L，尿淀粉酶 748U/L。血常规示白细胞计数 13.6×10^9/L，中性粒细胞 0.762×10^9/L。临床诊断为急性胰腺炎。

问题：请说出急性胰腺炎的病因；简述正常情况下胰蛋白酶原的激活过程。

五、酶催化作用的机制

考点
酶加快反应速度的原理

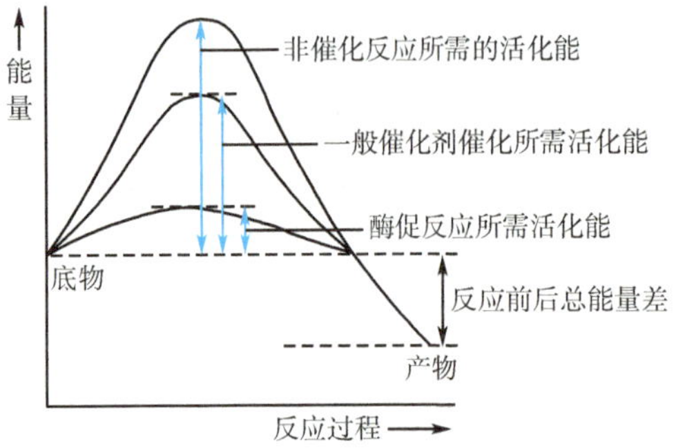

图 3-5　酶与一般化学催化剂降低反应活化能示意图

（一）大幅度降低反应的活化能

酶与一般的催化剂一样，加快反应速度的机制都是降低反应的活化能。在反应体系中，底物分子（基态）所含能量的平均水平较低，在反应中，能量达到或超过一定能量水平时称活化分子（活化态）。活化分子才能发生化学反应。底物分子从基态转变为活化态所需的能量称为活化能。酶比一般催化剂能更大幅度地降低反应的活化能，反应速度成数量级增加（图 3-5）。

（二）中间产物学说

中间产物学说认为，酶（E）与底物（S）结合形成酶-底物复合物（ES），然后复合物分解，产生产物（P）并释放酶。通过形成酶-底物复合物，大幅度降低反应所需活化能，加快反应速度。

$$E+S \rightleftharpoons ES \longrightarrow E+P$$

（三）诱导契合学说

诱导契合学说认为，酶与底物的关系不是“锁钥关系”，它们的结构并不完全互补。当酶与底物相互接近时，彼此相互诱导，它们的构象都发生变化，使酶与底物结构互补，形成酶 - 底物复合物，最终使底物转变成产物并释放出酶（图 3-6）。

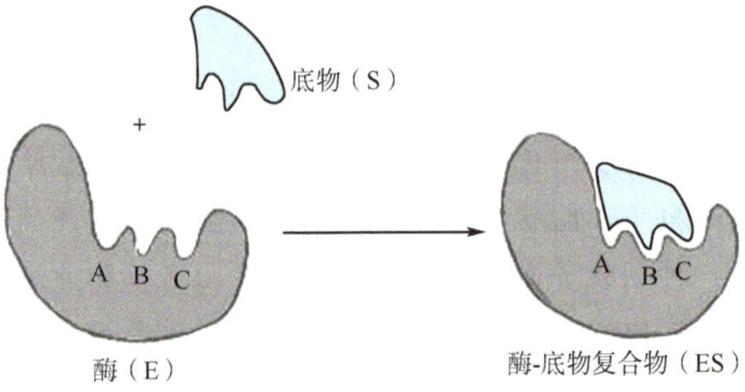

图 3-6　酶 - 底物结合的相互诱导契合学说

第 3 节　影响酶促反应速度的因素

酶促反应速度是指单位时间内底物的减少量或产物的生成量，酶促反应的速度代表了酶的活性。影响酶促反应速度的因素主要包括底物浓度、酶浓度、温度、pH、激活剂、抑制剂等。

考点
酶浓度对酶促反应速度的影响

一、酶浓度对酶促反应速度的影响

在最适条件及底物浓度足够大时，酶促反应速度与酶浓度成正比关系，即酶浓度越高，反应速度越快，其图像为一条过原点的直线（图 3-7）。

二、底物浓度对酶促反应速度的影响

在酶浓度与其他条件不变的情况下，底物浓度与反应速度的相互关系可用矩形双曲线表示（图 3-8）。

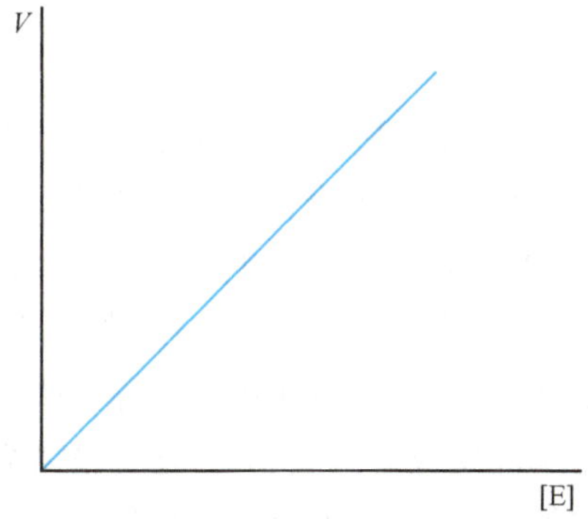

图 3-7　酶浓度对酶促反应速度的影响

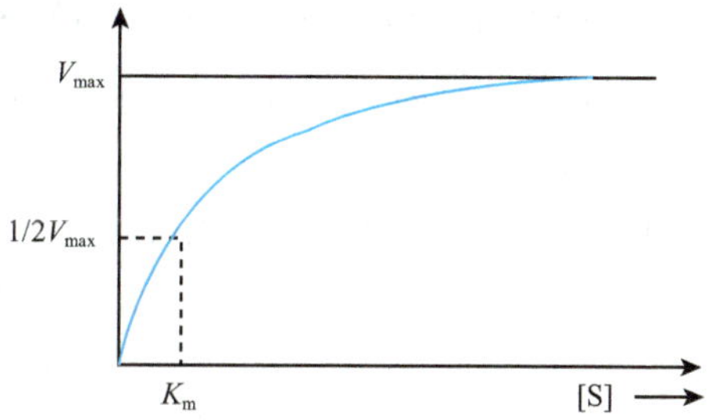

图 3-8　底物浓度对酶促反应速度的影响

在底物浓度较低时，反应速度随底物浓度的增加急剧上升，两者成正比关系；随着底物浓度进一步提高，酶促反应速度加快，但不成正比，增加的幅度逐渐下降；当底物浓度增大到某一值时，酶的活性中心已被底物饱和达到最大反应速度（V_{max}），继续增加底物浓度，反应速度不再增加，而是趋向恒定。

链 接　米氏方程

1913 年，L. Michaelis 和 M.L.Menten 提出酶促反应与底物浓度关系的数学方程，简称米氏方程，如下所示。

$$v=\frac{V_{max}[S]}{K_m+[S]}$$

其中 v 为酶促反应速度，[S] 为底物浓度，V_{max} 是最大反应速度，K_m 称为米氏常数。在数值上等于酶促反应速度为最大反应速度一半时的底物浓度，单位为 mol/L。K_m 在酶学研究中有重要意义。K_m 是酶的特征性常数，只与酶的结构、底物和反应环境（如温度、pH、离子强度）有关，与酶浓度无关。不同酶的 K_m 值不同，同一酶对不同底物也有不同的 K_m。K_m 可近似表示酶对底物的亲和力，K_m 越小，表示酶与底物的亲和力越大。

三、温度对酶促反应速度的影响

温度对酶促反应速度具有双重影响，酶促反应速度与温度升高呈钟形曲线的关系（图 3-9）。

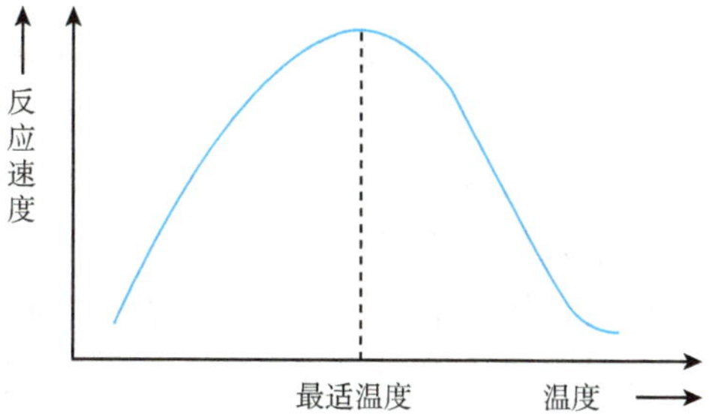

图 3-9　温度对酶促反应速度的影响

一方面，在较低的温度范围内，酶促反应速度随温度升高而增大；另一方面，随温度升高可引起酶蛋白变性，酶活性会逐渐下降甚至失活，导致酶促反应速度反而下降。酶促反应

考点
温度对酶促反应速度的影响及临床应用

速度达到最大时反应体系的温度称为酶促反应的最适温度，也是酶的最适温度。人体酶的最适温度多在37℃左右。低温可降低酶的活性，但不破坏酶的活性，温度回升后，酶又恢复其活性。临床上低温麻醉、低温保存生物制品、保存离体组织和器官也是基于这一特性。

四、pH对酶促反应速度的影响

酶分子中的许多极性基团，在不同的pH条件下解离状态不同，酶活性中心的某些必需基团只在某一解离状态时，才最容易同底物结合或具有最大催化活性。此外，许多底物与辅酶（如NAD^+、辅酶A等）也具有解离性质，pH的改变也可影响它们的解离状态，从而影响酶与它们的结合力。pH还可通过影响酶活性中心的空间构象而影响酶的催化活性。

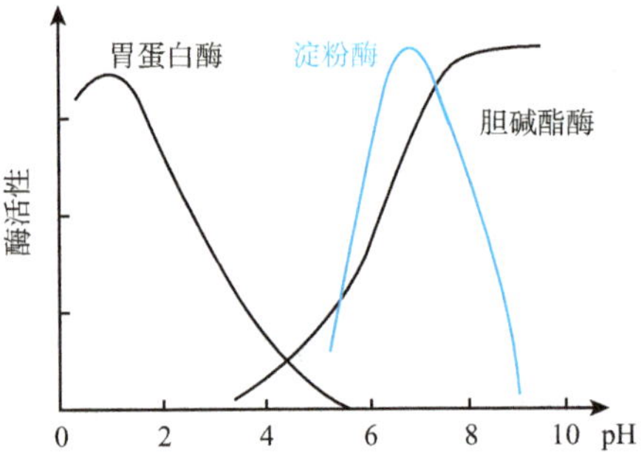

图3-10 pH对酶活性的影响

酶促反应速度最大时的环境pH称为酶的最适pH，也称为酶促反应的最适pH。它受底物浓度、缓冲液的种类与浓度、酶的纯度等因素的影响。每一种酶都有一个最适pH，高于或低于最适pH酶活性就下降，偏离最适pH越远，酶活性降低越明显。例如，唾液淀粉酶的最适pH为6.8；胃蛋白酶最适pH约为1.8，肝精氨酸酶的最适pH约为9.8。生物体内多数酶的最适pH接近中性，同一种酶催化不同的底物最适pH也稍有不同（图3-10）。

五、激活剂对酶促反应速度的影响

使酶原激活或使酶活性增强的物质称为酶的激活剂。激活剂包括无机离子或小分子有机化合物，如K^+、Mg^{2+}、Mn^{2+}、Ca^{2+}、Cl^-及胆汁酸盐等。例如，Mg^{2+}是己糖激酶的激活剂；Cl^-是淀粉酶的激活剂等。

激活剂分为必需激活剂和非必需激活剂。必需激活剂对酶促反应是不可缺少的，大多是金属离子。非必需激活剂可使酶活性升高，但没有时，酶仍有较低催化活性。例如，Cl^-是唾液淀粉酶的非必需激活剂。

六、抑制剂对酶促反应速度的影响

凡能使酶的活性降低而不引起酶蛋白变性的物质统称酶的抑制剂（inhibitor，I）。根据抑制剂与酶蛋白结合的方式不同，将抑制作用分为两大类：不可逆性抑制与可逆性抑制。

（一）不可逆性抑制

抑制剂与酶活性中心的必需基团以共价键结合，使酶失去活性，不能用透析、超滤等法去除，这种抑制称为不可逆性抑制。

考点
不可逆性抑制的概念及举例，解释有机磷农药中毒机制

1. 有机磷中毒 临床上有机磷农药（敌敌畏、敌百虫、对硫磷等）作为羟基酶抑制剂能特异地与胆碱酯酶活性中心丝氨酸残基上的羟基不可逆结合，使胆碱酯酶活性被抑制。结果是乙酰胆碱水解受阻，在局部浓度升高，胆碱能神经过度兴奋而出现一系列中毒症状，如心率变慢、呼吸困难、恶心、呕吐、多汗、抽搐、口吐白沫、流涎等。临床上常采用解磷定治疗有机磷农药中毒，解磷定可以解除有机磷农药对羟基酶的抑制作用。有机磷农药中毒与解毒机制如以下反应式所示。

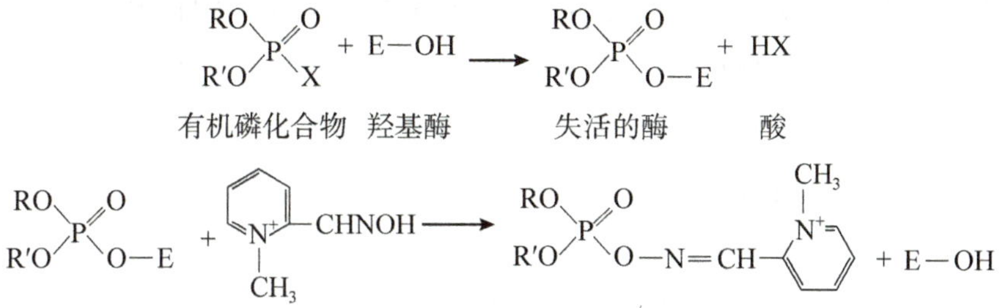

有机磷化合物 羟基酶 失活的酶 酸

磷酰化酶（失活） 解磷定 羟基酶

案例 3-2

患者，男，48岁。因失恋自服农药后出现头晕、恶心，并伴有呕吐而入院。呕吐物有刺鼻的农药味。诊断为有机磷农药中毒，立即进行洗胃催吐、硫酸镁导泻，随后给予解磷定、阿托品静脉注射等治疗措施，病情逐渐痊愈而出院。

问题：试分析有机磷农药中毒机制。如何选择解毒剂？

2. 巯基酶抑制　一些重金属离子，如 Hg^{2+}、Ag^{+}、Pb^{2+}、As^{3+} 等是巯基酶的不可逆抑制剂，前者可与酶分子上的巯基（—SH）结合而使酶失活。化学毒气路易士气是一种含砷的化合物，它能抑制体内巯基酶使人畜中毒。

路易士气 巯基酶 失活的酶

临床上常用富含—SH的二巯丙醇或二巯丁二钠作为解毒剂，以恢复巯基酶的活性。

（二）可逆性抑制

抑制剂以非共价键与酶或酶-底物复合物可逆性结合，使酶活性降低或丧失，可用透析或超滤等方法除去抑制剂，恢复酶的活性，这种抑制称为可逆性抑制。可逆性抑制又可分为竞争性抑制和非竞争性抑制。

1. 竞争性抑制　抑制剂与底物结构相似，能竞争性地与酶的活性中心结合，使底物与酶结合的概率减少，酶促反应速度降低，这种抑制作用称为竞争性抑制作用。反应式表示如下。

$$\begin{array}{l} E + S \rightleftharpoons ES \longrightarrow E + P \\ + \\ I \\ \updownarrow \\ EI \end{array}$$

考点
两种可逆性抑制的比较

竞争性抑制作用的强弱取决于抑制剂和底物浓度的相对比例。在抑制剂浓度不变时，增加底物浓度可以减弱甚至解除抑制剂对酶的抑制作用。在底物浓度不变时，抑制剂只有达到一定浓度才起抑制作用。

例如，丙二酸和草酰乙酸都是琥珀酸脱氢酶的竞争性抑制剂，它们与琥珀酸结构相似，都能与琥珀酸脱氢酶的活性中心结合而对琥珀酸脱氢酶产生抑制作用。

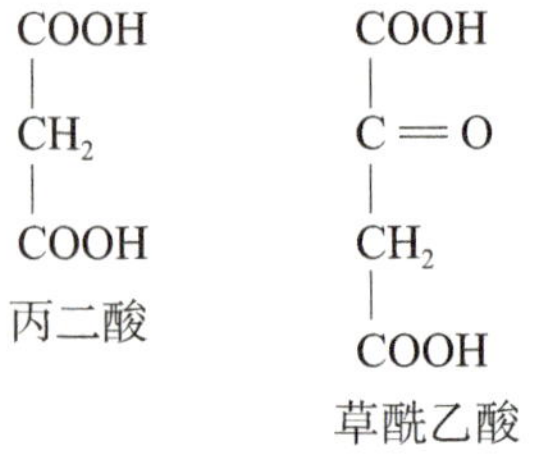

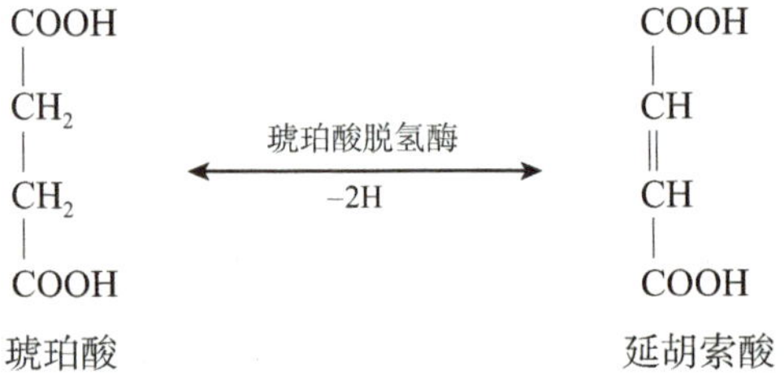

临床上很多药物，如磺胺类药物和磺胺增效剂（MTX）的作用机制就是利用了竞争性抑制的原理。

考点
磺胺类药物的抑菌机制

对磺胺类药物敏感的细菌在生长繁殖时，不能直接利用环境中的叶酸，而是在菌体内二氢叶酸合成酶的催化下，由对氨基苯甲酸（PABA）、二氢蝶呤、谷氨酸合成二氢叶酸（FH_2），进而在二氢叶酸还原酶的催化下合成四氢叶酸（FH_4）。四氢叶酸是一碳单位的载体，是细菌合成核苷酸不可缺少的辅酶。

磺胺类药物与对氨基苯甲酸结构相似，是二氢叶酸合成酶的竞争性抑制剂，可抑制二氢叶酸的合成，进而影响四氢叶酸的合成，抑制细菌的生长繁殖。磺胺增效剂化学结构与二氢叶酸相似，是二氢叶酸还原酶的竞争性抑制剂，使细菌体内四氢叶酸合成减少，导致细菌生长繁殖被抑制（图 3-11）。

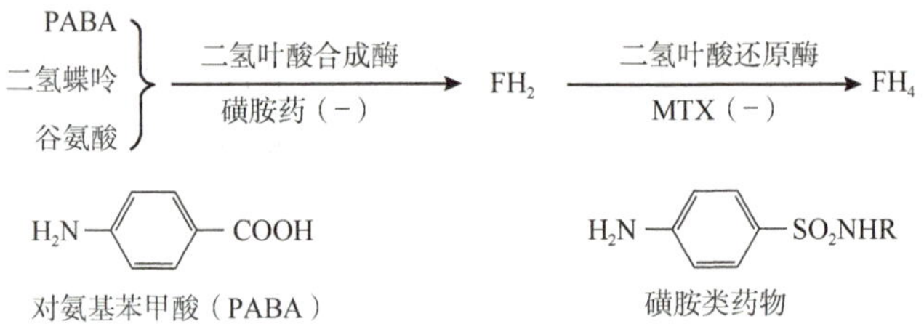

图 3-11　磺胺类药物抑菌机制

人体能直接利用食物中的叶酸，所以不受磺胺类药物干扰。根据竞争性抑制特点，在使用磺胺类药物时，必须保持血液中药物的有效浓度，才能发挥抑菌作用。

许多抗代谢类抗癌药物，如甲氨蝶呤、氟尿嘧啶、6- 巯基嘌呤等也是利用了竞争性抑制作用的机制，达到抑制肿瘤细胞增殖的目的。

2. 非竞争性抑制　抑制剂与底物结构不相似，不能与底物竞争酶的活性中心，而是与活性中心外的部位结合，使酶活性降低，这种抑制作用称为非竞争性抑制。这种抑制作用中，抑制剂与酶结合后，还可以与底物结合：EI+S → ESI；抑制剂可与酶底物复合物结合：ES+I → ESI。中间的三元复合物不能进一步分解为产物，酶活性降低。其反应过程可用下式表示。

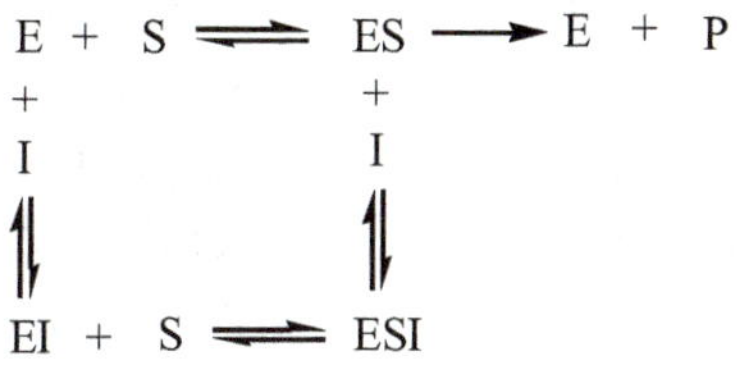

因抑制剂与底物间没有竞争关系，所以非竞争性抑制作用的强弱取决于抑制剂的浓度，不能用增加底物浓度的方法减弱或消除抑制作用。竞争性抑制剂与非竞争性抑制剂的作用机制，见图 3-12。

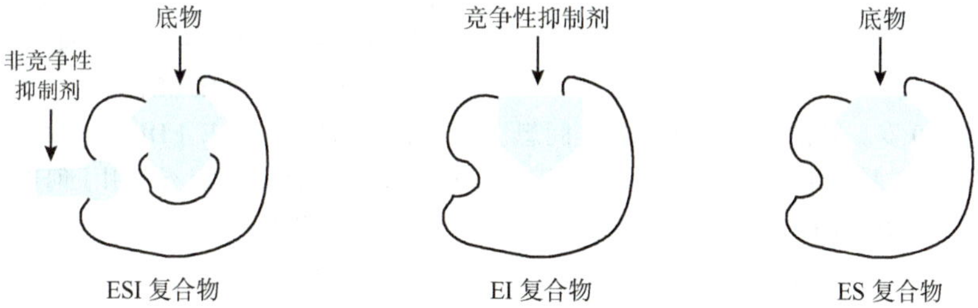

图 3-12 竞争性抑制剂与非竞争性抑制剂作用机制

自测题

一、名词解释

1. 酶的活性中心 2. 酶原 3. 竞争性抑制
4. 必需基团 5. 同工酶

二、单项选择题

1. 关于酶的叙述下列哪项是正确的
   A. 所有的酶都含有辅基或辅酶
   B. 只能在体内起催化作用
   C. 酶的化学本质是蛋白质
   D. 能改变化学反应的平衡点加速反应的进行
   E. 都具有立体异构专一性（特异性）
2. 酶原之所以没有活性是因为
   A. 酶蛋白肽链合成不完全
   B. 活性中心未形成或未暴露
   C. 酶原是普通的蛋白质
   D. 缺乏辅酶或辅基
   E. 是已经变性的蛋白质
3. 磺胺类药物的类似物是
   A. 四氢叶酸 B. 二氢叶酸
   C. 对氨基苯甲酸 D. 叶酸
   E. 嘧啶
4. 关于酶活性中心的叙述，下列哪项不正确
   A. 酶与底物接触只限于酶分子上与酶活性密切相关的较小区域
   B. 必需基团可位于活性中心之内，也可位于活性中心之外
   C. 酶的活性中心一般是由一级结构上相邻的几个氨基酸的残基彼此靠近而形成的
   D. 酶原激活实际上就是完整的活性中心形成的过程
   E. 当底物分子与酶分子相接触时，可引起酶活性中心的构象改变
5. 辅酶 $NADP^+$ 分子中含有的 B 族维生素为
   A. 磷酸吡哆醛 B. 维生素 B_2
   C. 叶酸 D. 烟酰胺
   E. 硫胺素
6. 酶能加速化学反应的进行是由于哪一种效应的结果
   A. 向反应体系提供能量
   B. 降低反应的活化能
   C. 降低底物的能量水平
   D. 提高底物的能量水平
   E. 提高产物的能量水平
7. 丙二酸对于琥珀酸脱氢酶的影响属于

A. 反馈抑制　B. 底物抑制
C. 竞争性抑制　D. 非竞争性抑制
E. 变构调节

8. K_m 值是指酶促反应速度为 $1/2V_{max}$ 时的
A. 酶浓度　B. 底物浓度
C. 抑制剂浓度　D. 激活剂浓度
E. 产物浓度

9. 关于酶活性中心的叙述，错误的是
A. 必需基团存在的唯一部位
B. 结合底物的部位
C. 存在催化基团
D. 催化底物转变为产物的部位
E. 存在结合基团

10. 患者，女，40岁。被诊断为心肌梗死。问患者血清哪项乳酸脱氢酶活性升高
A. LDH_1　B. LDH_2　C. LDH_3
D. LDH_4　E. LDH_5

11. 患者，男，50岁。被诊断为有机磷农药中毒。有机磷农药是胆碱酯酶的何种抑制剂
A. 不可逆抑制剂　B. 非竞争性抑制剂
C. 竞争性抑制剂　D. 可逆抑制剂
E. 均不是

12. 下列是抑制剂在临床上的运用。请问哪项属于竞争性抑制作用
A. 农药对胆碱酯酶的抑制
B. 磺胺类药物对二氢叶酸合成酶的抑制
C. 重金属对巯基酶的抑制
D. 氰化物对细胞色素氧化酶的抑制
E. 均不是

13. 患者，男，30岁。被诊断为急性胰腺炎。请问该病的发生机制是
A. 胰淀粉酶原异常激活
B. 胰脂肪酶异常激活
C. 胰蛋白酶原异常激活
D. 胰蛋白酶原活性中心被暴露
E. 胃蛋白酶原异常激活

14. 患者，女，25岁。被诊断为急性肝炎。请问肝脏含量最多的LDH同工酶是
A. LDH_1　B. LDH_2　C. LDH_3
D. LDH_4　E. LDH_5

15. 临床上使用解磷定药物用于何项中毒治疗
A. 重金属中毒　B. 氰化物中毒
C. CO中毒　D. 有机磷农药中毒
E. 均可

三、简答题

1. 什么是酶？酶促反应有哪些特点？
2. 酶原的存在有何生物学意义？
3. 影响酶促反应速度的因素有哪些？
4. 磺胺类药物抑菌的机制是什么？
5. 简述有机磷农药中毒的机制。

（白冬琴）

第4章
维 生 素

第1节 概　　述

维生素（vitamin）是维持机体正常生命活动所必需的一类小分子有机化合物。其在人体内不能合成或合成量甚少，不能满足机体需要，必须依靠食物供给。

维生素既不是机体组织细胞的组成成分，也不是供能物质，而是在调节机体物质代谢和维持细胞正常生理功能方面起着重要的作用。

一、维生素的分类

根据维生素的溶解性质可将其分为脂溶性维生素和水溶性维生素两类。

脂溶性维生素包括维生素 A、维生素 D、维生素 E、维生素 K。水溶性维生素包括维生素 C 和 B 族维生素。B 族维生素主要有维生素 B_1、维生素 B_2、维生素 B_6、维生素 B_{12}、维生素 PP、叶酸、生物素等。

二、维生素缺乏症产生的原因

机体长期缺乏某种维生素时，可引起物质代谢障碍，出现相应的缺乏症，称为维生素缺乏症。维生素缺乏症出现的常见原因如下。

考点
维生素缺乏症产生的原因

1. 摄入量不足　膳食构成不合理、储存和烹饪方式不当、严重挑食都会导致维生素摄入量不足。

2. 吸收障碍　长期腹泻、消化道或胆道梗阻、胃酸分泌减少等消化道疾病患者容易出现维生素吸收障碍。

3. 需要量增加而没有及时补充　不同生理状况下的人群，维生素的需要量不同。处于生长发育期的儿童、孕妇、重体力劳动者、长期高热和慢性消耗性疾病患者对维生素的需求量会增加，应及时补充。

4. 药物等其他因素影响　有些药物能抑制机体对维生素的吸收利用，或抑制体内维生素的生成。例如，长期服用抗生素会影响维生素 K 和某些 B 族维生素的合成。长期日照不足，可引起维生素 D 缺乏。

第2节 脂溶性维生素

考点
各维生素的主要生理功能及缺乏时所引起的缺乏症

脂溶性维生素是疏水性化合物，可溶于脂类及大多数有机溶剂，在食物中常随脂类被一同吸收。脂溶性维生素在体内大部分储存在肝及脂肪组织，可通过胆汁代谢并排出体外。但若长期摄入过多，可引起中毒。

一、维生素 A

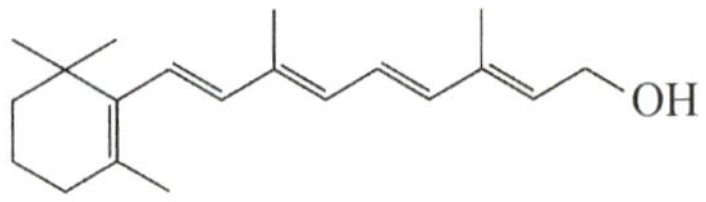

维生素A_1（视黄醇）

（一）化学性质及来源

维生素 A 又称抗干眼病维生素，是一种多烯化合物。视黄醇、视黄醛和视黄酸是维生素 A 的活性形式。天然维生素 A 有维生素 A_1 和维生素 A_2 两种形式。

动物性食品如肝、肉类、蛋黄、乳制品、鱼肝油是维生素 A 的丰富来源。植物中不存在维生素 A，但胡萝卜、西红柿、南瓜等都含有 β- 胡萝卜素，人体吸收后可在酶的作用下生成视黄醇，因此 β- 胡萝卜素也被称为维生素 A 原。

维生素 A 遇热或遇碱均稳定，一般烹调加工不会使其被破坏，但易因被氧化而失去活性。

（二）生理功能及缺乏症

1. 参与视紫红质的合成 在人眼的视网膜中有视杆细胞，人类依靠它所含有的视紫红质来辨别光线的明暗。维生素 A 参与视紫红质的合成。当维生素 A 缺乏时，视紫红质合成受阻，暗适应时间延长；严重缺乏时，则会引起夜盲症。

2. 维持上皮组织结构的完整与功能的健全 糖蛋白是细胞膜的重要组成成分，上皮组织的糖蛋白合成需要维生素 A 的衍生物视黄醇磷酸酯。

当维生素 A 缺乏时，糖蛋白合成减少，分泌黏液的功能降低，可导致皮肤、眼、呼吸道等的上皮组织干燥、增生及过度角化等，表现为皮肤干燥粗糙，眼部角膜和结膜表皮细胞退变，泪液分泌减少，称为干眼病。

3. 促进生长发育 维生素 A 参与类固醇激素的合成，当维生素 A 缺乏时，类固醇激素合成减少，影响细胞分化，从而影响生长发育。孩童缺乏维生素 A 会造成生长发育缓慢、生殖功能减退。

4. 其他 维生素 A 还具有抑癌、抗氧化、维持正常免疫功能等作用。

二、维生素 D

（一）化学性质及来源

维生素 D 又称抗佝偻病维生素，是类固醇衍生物，主要形式有维生素 D_2（麦角钙化醇）和维生素 D_3（胆钙化醇）。维生素 D_2 在酵母中含量高，维生素 D_3 在动物性食物如鱼油、蛋黄、肝、奶制品中含量高。

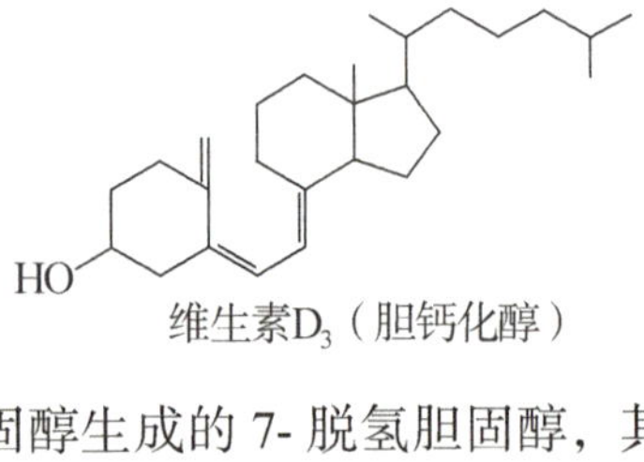

维生素D_3（胆钙化醇）

人体皮下组织中含由胆固醇生成的 7- 脱氢胆固醇，其可在紫外线的照射下转变为维生素 D_3。维生素 D_3 在体内的活性形式是 1, 25- 二羟维生素 D_3[1, 25-（OH）$_2$-D_3]。

维生素D对光比较敏感，化学性质较稳定，不易被氧化破坏。

（二）生理功能及缺乏症

1, 25-(OH)$_2$-D_3 主要功能是促进小肠对钙、磷的吸收，促进肾小管对钙、磷的重吸收，促进骨的更新，升高血钙和血磷。

当维生素D缺乏时，儿童成骨作用出现障碍，可患佝偻病；成人则可发生软骨病。因此，建议处于骨骼发育时期的青少年，除适当补充维生素D外，还应增加户外活动时间。

链 接 维生素D缺乏性佝偻病

维生素D缺乏性佝偻病是机体为维持血钙水平而对骨骼造成的损害。骨骼是重要的、易被利用的钙源。当维生素D缺乏造成肠道吸收钙、磷减少，血钙水平降低，以致骨钙释出使血钙浓度维持在正常或接近正常水平。最终形成临床所见的胸部"肋骨串珠""鸡胸"，下肢"O"形或"X"形畸形，"方颅"等症状。

三、维生素E

（一）化学性质及来源

维生素E又称生育酚，包括生育酚和三烯生育酚两类，每类又有α、β、γ、δ 4种，其中以α-生育酚分布最广，活性最高。维生素E主要存在于植物油中，绿色蔬菜和豆类中含量也较多。

维生素E是微带黏性的淡黄色油状物，对氧十分敏感，易于发生自身氧化。

（二）生理功能及缺乏症

1. 抗氧化作用 维生素E易于发生自身氧化，因此可以保护其他易被氧化的物质，是重要的天然抗氧化剂。维生素E可保护生物膜的结构与功能，以及细胞内巯基化合物的正常功能。

2. 与生殖功能关系密切 实验表明，雄鼠缺乏维生素E表现为不产生精子，雌鼠表现为易引起流产。人类尚未发现因维生素E缺乏造成的不育，临床上常用维生素E治疗女性的习惯性流产和先兆流产。

维生素E还有促进血红素生成、调节某些基因表达、维持正常免疫功能、抑制细胞增殖等作用，在预防和治疗冠状动脉粥样硬化性心脏病、肿瘤和延缓衰老等方面具有一定的作用。

四、维生素K

（一）化学性质及来源

维生素K又称凝血维生素，是2-甲基-1，4-萘醌的衍生物。维生素K包括维生素K_1、维生素K_2、维生素K_3和维生素K_4。维生素K_1在绿叶植物（菠菜、菜花）及动物肝脏中含量较多；维生素K_2多由人体肠道细菌产生；维生素K_3和维生素K_4是人工合成的，具有水溶性，可口服及注射。

（二）生理功能及缺乏症

维生素K的主要生理功能是促进凝血因子Ⅱ、Ⅶ、Ⅸ、Ⅹ在肝细胞中合成。当维生素 K 缺乏时，凝血因子合成障碍，凝血时间延长，严重时可发生皮下、肌肉和胃肠出血。

维生素 K 来源广泛，且体内肠菌也能合成，一般不易缺乏。膳食中缺乏绿色蔬菜或长期应用广谱抗生素者，可出现维生素 K 缺乏。因维生素 K 不能通过胎盘，新生儿又无肠道细菌，所以新生儿易缺乏维生素 K。

第 3 节 水溶性维生素

水溶性维生素包括维生素 C 和 B 族维生素。水溶性维生素在体内的主要作用是构成酶的辅助因子，从而参与体内代谢。水溶性维生素摄入过多时，可随尿排出，体内很少储存。因此，一般不会发生中毒现象，但必须经常由食物补充供应。

一、维生素 B_1

（一）化学性质及来源

维生素 B_1 又称为抗脚气病维生素，由含氨基的嘧啶环和含硫的噻唑环组成，故又称硫胺素。维生素 B_1 主要存在于豆类和种子外皮、胚芽和瘦肉中。维生素 B_1 在体内磷酸化后转变成焦磷酸硫胺素（TPP^+），TPP^+ 是维生素 B_1 在体内的活性形式。

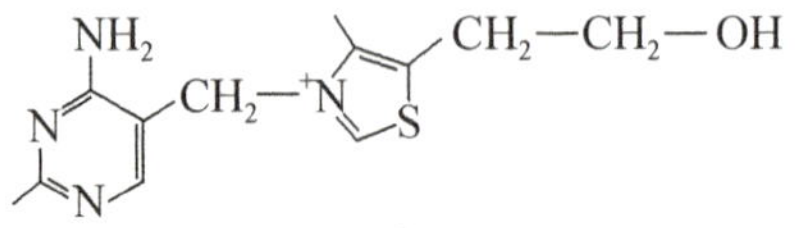

维生素B_1

维生素 B_1 在酸性溶液中耐热性强，在碱性溶液中加热易被破坏。

（二）生理功能及缺乏症

1. 作为 α- 酮酸氧化脱羧酶和转酮醇酶的辅酶 α- 酮酸氧化脱羧酶是糖有氧氧化的关键酶之一，转酮醇酶参与磷酸戊糖途径。当缺乏维生素 B_1 时，上述两条糖代谢途径受阻，神经组织供能不足及神经细胞膜髓鞘磷脂合成受阻，导致慢性末梢神经炎和其他神经肌肉变性病变，即维生素 B_1 缺乏病（脚气病）。主要症状表现为手足麻木、四肢无力，严重时甚至可发生水肿、心力衰竭。

2. 参与乙酰胆碱的合成与分解 维生素 B_1 缺乏时，乙酰胆碱合成减少，同时胆碱酯酶活性增强，乙酰胆碱分解加强，影响神经传导，胃肠蠕动减弱和腺体分泌减少，表现为食欲缺乏、消化不良等。

长期食用高度精细加工的米、面或高糖饮食者易出现维生素 B_1 缺乏病。临床上对高热、甲状腺功能亢进和大量输入葡萄糖溶液的患者需适当补充维生素 B_1。

链 接 脚气病与足癣的区别

脚气病是因食物中维生素 B_1 摄入不足引起的全身性疾病，临床主要累及消化、神经和循环系统，随病情加重可出现肌痛、上下楼梯困难、膝腱反射减退或消失、心率加速、肝脾增大、水肿等症状和体征。

足癣俗称“脚气”，是真菌感染所致，感染足趾间、足底、足跟、足侧缘。临床上分为水疱型、角化过度型、浸渍糜烂型。

二、维生素 B_2

（一）化学性质及来源

维生素 B_2 因呈黄色，故又称为核黄素。维生素 B_2 在食物中广泛存在，动物的肝、肾、心脏和乳制品、蛋黄还有豆类中含量较多。吸收后的维生素 B_2 在酶的催化下转变成黄素单核苷酸（FMN），FMN 可进一步生成黄素腺嘌呤二核苷酸（FAD），FMN 和 FAD 是维生素 B_2 的活性形式。

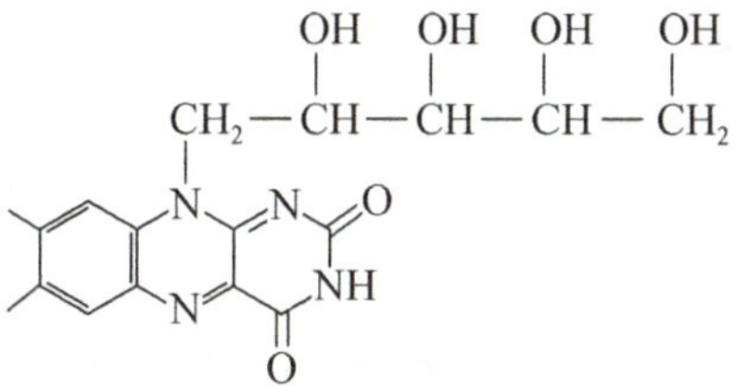

维生素B_2

维生素 B_2 在碱性溶液中不耐热，对光敏感，易被降解为无活性的产物。

（二）生理功能及缺乏症

FMN 和 FAD 是体内氧化还原酶的辅基，在生物氧化过程中起递氢体作用，广泛参与体内糖、脂肪、蛋白质等多种物质的代谢。

食物烹调不合理、食用脱水蔬菜等均可引起维生素 B_2 缺乏。用光照疗法治疗新生儿黄疸时，维生素 B_2 也会被破坏，引起新生儿维生素 B_2 缺乏。维生素 B_2 缺乏可导致舌炎、唇炎、口角炎、结膜炎等。

三、维生素 PP

（一）化学性质及来源

维生素 PP 又称抗癞皮病维生素，是吡啶的衍生物，包括烟酸（尼克酸）和烟酰胺（尼克酰胺）。维生素 PP 广泛存在于食物中，如肉类、全谷类、花生等。维生素 PP 在体内的活性形式是烟酰胺腺嘌呤二核苷酸（NAD^+）和烟酰胺腺嘌呤二核苷酸磷酸（$NADP^+$）。

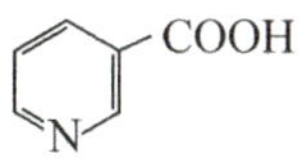

烟酸

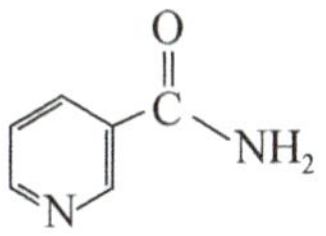

烟酰胺

维生素 PP 性质稳定，不易被酸、碱或加热破坏。

（二）生理功能及缺乏症

NAD^+ 和 $NADP^+$ 是人体内许多不需氧脱氢酶的辅酶，在能量转化和释放过程中起重要作用。当维生素 PP 缺乏时可出现癞皮病，主要症状有皮炎、腹泻及痴呆，皮炎常对称地出现于肢体暴露部位。

烟酸还能抑制脂肪动员，降低血浆胆固醇。近年来，烟酸已作为药物用于临床治疗高胆固醇血症。

人体内肝脏可以利用色氨酸合成烟酸，但含量不足以满足人体所需，因此维生素

PP 主要是通过食物摄取。在以玉米为主食的地区容易引发维生素 PP 缺乏，因为玉米中烟碱酸和色氨酸含量均低。另外抗结核药异烟肼与维生素 PP 结构十分相似，长期服用异烟肼应注意补充维生素 PP。

四、维生素 B_6

（一）化学性质及来源

维生素 B_6 是吡啶衍生物，包括吡多醇、吡多醛和吡多胺，其在体内参与代谢的活性形式是磷酸吡哆醛和磷酸吡哆胺，两者可相互转变。维生素 B_6 广泛存在于食物中，如蛋黄、鱼、肉、肝、豆类、谷类、种子外皮等。

维生素 B_6 对光和碱敏感，在酸性溶液中稳定，易溶于水和乙醇，微溶于脂类。

（二）生理功能及缺乏症

磷酸吡哆醛是体内多种酶的辅酶，参与体内氨基酸的分解、血红素的合成、糖原的分解等，在代谢中起着重要作用。缺乏维生素 B_6 时，血红素合成受阻，导致低色素小细胞性贫血和血清铁增高。临床上常用维生素 B_6 治疗小儿惊厥、妊娠呕吐和精神焦虑。

维生素 B_6 在日常饮食中基本能得到满足，接受异烟肼药物治疗者因磷酸吡哆醛易与异烟肼结合而使磷酸吡哆醛失去辅酶作用，应注意补充维生素 B_6。

五、泛酸

（一）化学性质及来源

泛酸又称遍多酸、维生素 B_5，因广泛存在于生物界而称为泛酸。辅酶 A（CoA）及酰基载体蛋白（ACP）是泛酸在体内的活性形式。

泛酸在酸、碱溶液中加热易被破坏，在中性溶液中对热稳定，对还原剂及氧化剂也较稳定。

（二）生理功能及缺乏症

CoA 和 ACP 是酰基转移酶的辅酶，广泛参与糖、脂类、蛋白质代谢及肝的生物转化作用。约有 70 多种酶需要 CoA 和 ACP。

膳食富含泛酸，人体肠道细菌也能合成，因此很少见泛酸缺乏症。严重缺乏泛酸可出现肢神经痛综合征，表现为脚趾麻木、周身酸痛、易怒、失眠等。

六、生物素

（一）化学性质及来源

生物素又称维生素 H、维生素 B_7、辅酶 R 等，为无色针状结晶体，耐酸，不耐碱，高温和氧化剂可使其失活。生物素在肝、牛奶、蛋黄和酵母等食品中含量丰富，人体肠道细菌可以合成。天然的生物素本身就具有生理活性。

（二）生理功能及缺乏症

生物素是体内羧化酶的辅基，参与体内羧化反应，与脂肪和糖类代谢密切相关。

生物素来源广泛，很少出现缺乏症。但是生鸡蛋中含有抗生物素蛋白，可紧密结合生物素，影响机体对生物素的吸收，经过高温烹饪后该蛋白可因变性而失去作用。

七、叶酸

（一）化学性质及来源

叶酸又称蝶酰谷氨酸，因绿叶中含量丰富而得名。绿叶蔬菜、肝、水果、酵母等富含叶酸。肠道细菌也能合成叶酸。四氢叶酸（FH_4）是叶酸在体内的活性形式。

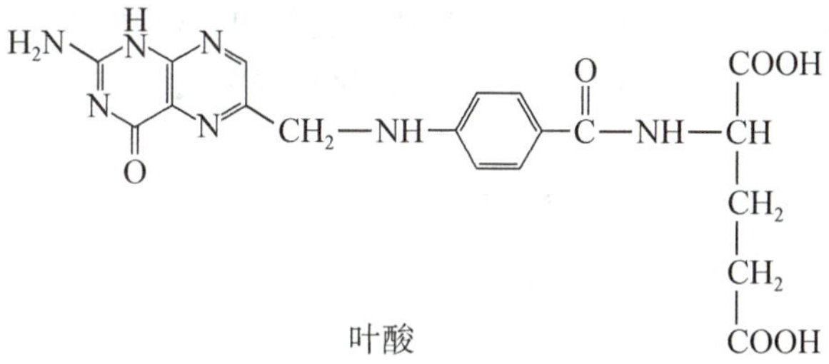

叶酸

叶酸微溶于水，为黄色粉末状结晶，在光照、加热及酸性条件下不稳定。

（二）生理功能及缺乏症

FH_4 是一碳单位的载体，参与体内嘌呤、嘧啶核苷酸的生物合成。因此，叶酸对核酸生物合成具有重要作用。当叶酸缺乏时，DNA 合成受阻，骨髓幼红细胞 DNA 合成减少，细胞分裂速度降低，细胞体积增大，造成巨幼红细胞性贫血。

叶酸还可降低胎儿出现神经管畸形的概率。实验表明，以前生产过患有神经管畸形孩子的妇女，当她再次怀孕前应给予大剂量叶酸，能有效预防下一胎发生神经管畸形。

链接 神经管畸形

神经管畸形的产生，是由于在胚胎时期，受到遗传和环境中诸多因素的影响，导致胚胎神经管闭合不全，从而形成无脑畸形、脊柱裂等。无脑畸形为大脑完全缺失，且头皮、颅盖骨也缺失，仅基底核等由纤维结缔组织覆盖。脊柱裂又称椎管闭合不全，是胚胎发育过程中椎管闭合不全而引起。孕前给予叶酸补充能进行有效干预，降低婴儿神经管畸形的发生风险。

八、维生素 B_{12}

（一）化学性质及来源

维生素 B_{12} 又称钴胺素，是唯一含金属元素的维生素，肝和酵母中含量最丰富，不存在于植物中。甲基钴胺素和 5′- 脱氧腺苷钴胺素是维生素 B_{12} 的活性形式。

维生素 B_{12} 是粉红色晶体，遇强酸、强碱易分解，光照、氧化剂及还原剂均可破坏维生素 B_{12}。

（二）生理功能及缺乏症

1. 甲硫氨酸合成酶的辅酶 当维生素 B_{12} 缺乏时，可引起甲硫氨酸合成减少，影响 FH_4 的再生，一碳单位代谢受阻，造成核酸合成障碍，阻止细胞分裂而导致巨幼红细胞性贫血。

2. L- 甲基丙二酰 CoA 变位酶的辅酶 当维生素 B_{12} 缺乏时，L- 甲基丙二酰 CoA 大量堆积，因其与脂肪酸合成的中间产物丙二酰 CoA 结构相似，因此会影响脂肪酸的正常合成，进而影响神经髓鞘的转换，导致髓鞘质变性退化，引发进行性脱髓鞘。

九、维生素 C

（一）化学性质及来源

维生素 C 又称为 L- 抗坏血酸，是六碳的多羟基酸。体内不能合成维生素 C，必须由食物供给。维生素 C 广泛存在于新鲜水果和蔬菜中。植物中含有抗坏血酸氧化酶，其可使维生素 C 氧化失活，因此蔬菜、水果储存时间过长会使维生素 C 大量减少。

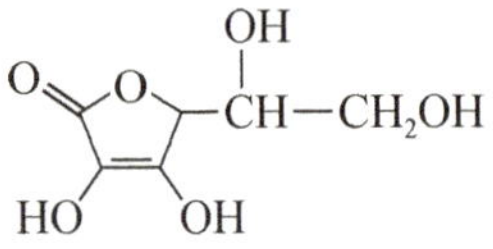

维生素C

维生素 C 有酸味，具有强还原性，易被氧化破坏，在酸性环境中对热稳定。维生素 C 极易经小肠吸收，还原型抗坏血酸是其在细胞内和血液中的主要存在形式。

（二）生理功能及缺乏症

1. 作为羟化酶的辅酶，参与体内羟化反应，促进胶原蛋白的形成 维生素 C 是胶原脯氨酸羟化酶和胶原赖氨酸羟化酶的辅助因子。胶原蛋白是结缔组织、骨及毛细血管的重要组成成分。

当维生素 C 严重缺乏时，胶原蛋白合成障碍，可引起维生素 C 缺乏症。表现为牙齿松动、牙龈腐烂、毛细血管脆性增强易破裂、创伤不易愈合等。由于机体在正常状态下可储存一定量的维生素 C，维生素 C 缺乏症的症状常在维生素 C 缺乏 3 ～ 4 个月后出现。

2. 作为抗氧化剂参与体内氧化还原反应

（1）保护巯基：体内许多酶的活性依赖巯基，维生素 C 能使巯基酶的巯基保持还原状态，保持酶活性，发挥抗氧化作用。

（2）其他作用：维生素 C 可将 Fe^{3+} 还原成 Fe^{2+}，有利于食物中铁的吸收；维生素 C 能使红细胞中高铁血红蛋白（MHb）还原为亚铁血红蛋白（Hb），使其恢复运氧功能。

3. 具有增强机体免疫力的作用 维生素 C 能促进淋巴细胞的增殖和趋化作用，提高吞噬细胞的吞噬能力，促进免疫球蛋白的合成，从而提高机体免疫力。

十、硫辛酸

硫辛酸又称 6，8- 二硫辛酸，兼具脂溶性与水溶性的特性。硫辛酸是硫辛酸乙酰转移酶的辅酶，参与糖代谢中 α- 酮酸的氧化脱羧作用。硫辛酸具有抗脂肪肝和降低血胆固醇的作用。此外，它很容易进行氧化还原反应，故可保护巯基酶免受金属离子的损害。

自测题

一、单项选择题

1. 维生素 E 具抗氧化作用是由于

A. 能使其他物质氧化

B. 易于自身氧化

C. 易被其他物质氧化

D. 易于被其他物质还原

E. 能与其他物质共同被氧化

2. 日光或紫外线照射可使

A. 7- 脱氢胆固醇转变成维生素 D_3

B. 7- 脱氢胆固醇转变成前维生素 D_2

C. 7- 脱氢胆固醇转变成维生素 D_2

D. 7- 脱氢胆固醇转变成前维生素 D_3

E. 7- 脱氢胆固醇转变成维生素 D_1

3. 长期服用下列哪种药物应补充维生素 PP

A. 阿司匹林 B. 异烟肼 C. 青霉素

D. 钙剂 E. 磺胺药

4. 维生素 B_1 缺乏时，能量供应首先受影响的是

A. 心肌 B. 肝 C. 肾

D. 神经组织 E. 皮肤

5. 人类缺乏维生素 B_2 时可引起

A. 癞皮病 B. 口角炎 C. 坏血病

D. 夜盲症 E. 白化病

二、简答题

1. 巨幼红细胞性贫血可能与哪些维生素的缺乏有关？

2. TPP^+、NAD^+、$NADP^+$、FAD、FMN、HSCoA 分别含哪种维生素？

（彭姝彬）

第二篇

基因信息传递

考点
基因的概念、中心法则

基因（gene）是指能编码 RNA 或蛋白质的承载遗传信息的基本单位。除了某些以 RNA 为基因组的病毒外，基因通常是基因组的一段 DNA 序列。基因组（genome）是一个生物体内所有遗传信息的总和，不同生物体的基因组大小不同。人类基因组包含了细胞核染色体 DNA 和线粒体 DNA 所携带的所有遗传信息，约有 3100Mb，约有 3 万个编码基因（包括编码蛋白质和 RNA 的基因），人的线粒体共编码 37 个基因。

20 世纪 50 年代末，克里克（F.Crick）提出了遗传信息传递方向的“中心法则”，用以表示生命遗传信息的流动方向或传递规律。大多数生物体的遗传信息储存在 DNA 分子的核苷酸序列中。通过 DNA 复制将遗传信息由亲代准确地传递给子代；通过转录将 DNA 的遗传信息传递给 RNA；以 mRNA 为模板合成蛋白质。遗传信息这种传递规律称为中心法则。20 世纪 70 年代，逆转录及 RNA 复制的发现，对中心法则进行了补充和完善，即遗传信息传递的中心法则，如下所示。

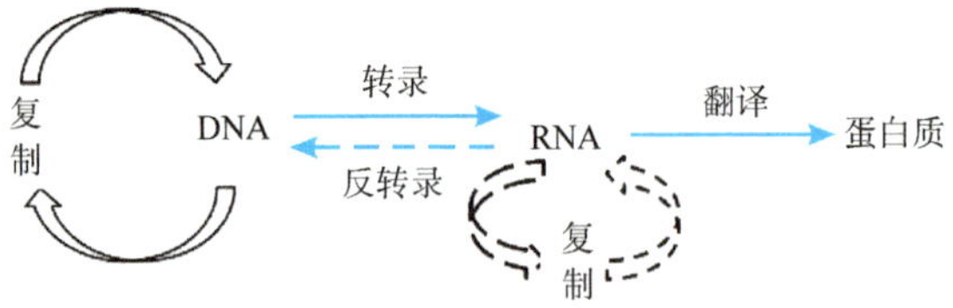

本篇主要介绍沿上述过程进行的遗传信息传递规律，大家在学习时重点掌握复制、转录、逆转录和翻译等相关的概念、遵循的基本规律、原料、产物及特点，并注意对比它们的区别与联系，了解其基本动态过程。

第5章
DNA的生物合成

DNA的生物合成主要是DNA的复制。某些RNA病毒可以通过逆转录的方式合成DNA，一些因素造成的DNA损伤也可以通过DNA的修复机制得以修复，以保证DNA结构和功能的完整、稳定。

第1节　DNA的复制

以亲代DNA作为模板合成相同子代DNA的过程，称为DNA复制（replication）。DNA稳定的自我复制能使DNA的量成倍增加，这是细胞分裂的物质基础。

一、DNA复制的体系

DNA的复制是一个复杂过程，需要模板、底物、引物、DNA聚合酶等多种酶类及蛋白因子参与。在此过程中，还需要ATP和GTP提供能量。

考点
DNA复制体系的组成

1. 模板　亲代DNA的两条链都可以作为DNA复制的模板。

2. 底物　4种脱氧核糖核苷酸（dNTP），包括dATP、dTTP、dCTP、dGTP。复制开始后，dNTP在DNA聚合酶的作用下，水解dNTP上的两个高能磷酸键，生成dNMP。

3. 酶类　DNA复制过程中，需要大量酶的参与。

（1）解（螺）旋酶：能够将DNA两条链解开成单链，每一条单链作为DNA复制的模板。

（2）拓扑异构酶：既能水解又能连接磷酸二酯键，使DNA超螺旋结构松弛，解除来源于解旋酶诱导的解链所产生的扭结现象。

（3）DNA单链结合蛋白（DNA single strand binding protion，SSB）：与解链后的模板单链结合，维持其结构稳定，阻止未成熟的单链DNA重新螺旋。同时也能保护DNA单链免受核酸酶水解。

（4）引物酶：以模板DNA链为模板，催化启动RNA引物的合成。

（5）DNA聚合酶（DNA polymerase，DDDP）：从3′-OH端起始，依照碱基互补配对原则，沿5′→3′方向延伸子代DNA链。原核生物中DNA聚合酶有3种，分别为DNA聚合酶Ⅰ、Ⅱ、Ⅲ；真核生物中DNA聚合酶有α、β、γ、δ和ε 5种。DNA聚合酶Ⅰ的作用是填补复制中的空隙；DNA聚合酶Ⅱ主要是在DNA的校正和修复方面起作用；DNA聚合酶Ⅲ是延长子链DNA的主要酶。

（6）DNA连接酶：催化子代DNA片段间磷酸二酯键的形成，连接生成一条完整的DNA长链。

真核生物细胞核中染色体DNA复制时，还需要端粒酶，以补全切除引物后3′-OH

端的空缺。

二、DNA 复制的过程

DNA 复制过程分为起始、延长和终止 3 个阶段（图 5-1）。

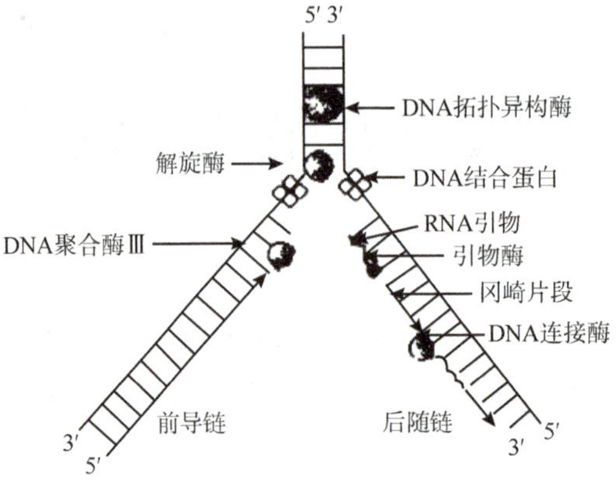

图 5-1 DNA 的复制过程

1. 起始 DNA 的复制是在特定的起始部位开始的，称为复制起始点。一般来说，原核生物 DNA 只有一个复制起始点，真核生物 DNA 有多个起始点。在复制起始点上，DNA 分子在解旋酶和拓扑异构酶的共同作用下，先解开一段双链，成为局部的两条单链 DNA，这种类似于叉子的结构，称为复制叉。解链至一定长度后，单链 DNA 结合蛋白与模板 DNA 单链结合，以稳定单链 DNA 分子结构。接着，引物酶结合在模板 DNA 单链上，催化合成短链 RNA 引物，形成解旋酶、拓扑异构酶、单链 DNA 结合蛋白等蛋白因子及蛋白质复制区域共同构成的“Y”形复合结构，称为引发体。

2. 延长 RNA 引物的 3′-OH 端是合成新 DNA 分子的起点，DNA 聚合酶Ⅲ将 dNTP 水解成 dNMP 并催化生成 3′, 5′- 磷酸二酯键，分别以亲代 DNA 分子的 2 条单链作为模板，合成 2 条 DNA 新链。

考点
前导链、后随链及冈崎片段的定义

由于 DNA 分子中的两条单链是反向平行的，而 DNA 聚合酶Ⅲ的催化合成方向是 5′→3′。因此，DNA 的 2 条链的复制过程不完全相同。以 3′→5′ 方向的母链为模板时，子链 DNA 是沿 5′→3′ 方向连续复制的，与双链 DNA 解链的方向一致，称为前导链；以 5′→3′ 方向的母链作为模板时，子链 DNA 的复制方向与双链 DNA 解链的方向相反，首先形成一些不连续的 DNA 片段，称为冈崎片段。

3. 终止 RNA 酶水解引物，DNA 聚合酶Ⅰ催化填补空隙，多个冈崎片段在 DNA 连接酶的作用下连接起来形成连续的子链——后随链。

链 接 聚合酶链反应

聚合酶链反应（polymerase chain reaction，PCR）技术是体外特异性扩增一段特定核酸序列的技术。其原理和过程与细胞内 DNA 复制相似，通过重复进行 DNA 复制过程，使 DNA 得以扩增。每一次复制包括 3 个步骤：变性、退火和延伸。这 3 个步骤构成了 PCR 的一个循环，每个循环产生的 DNA 片段作为下一个循环的模板，使反应产物量以指数形式增长。例如，一分子模板经过 30 个循环，可得约 2^{30} 个拷贝产物。目前 PCR 技术广泛用于医学分子检验、法医学、考古学等方面。

考点
DNA 复制的特点

三、DNA 复制的特点

1. 半保留复制 在新合成的子代 DNA 分子中，一条链是亲代 DNA 保留下来的，另一条链是新合成的。这种 DNA 的复制方式称为半保留复制（图 5-2）。

2. 半不连续复制 复制时，前导链连续合成，后随链不连续合成的方式称为半不连续复制（图 5-1）。

3. 双向复制　DNA 复制时在复制起点的两侧各形成一个复制叉，向两个方向延伸，随着复制叉的移动最终汇合相连，形成两条连续的 DNA 链（图 5-3）。

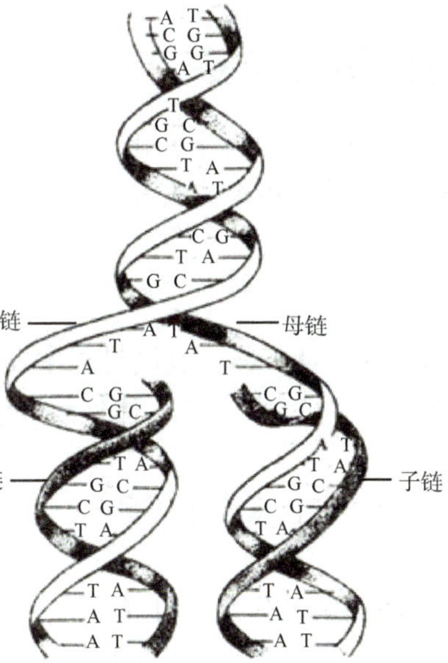

图 5-2　DNA 的半保留复制

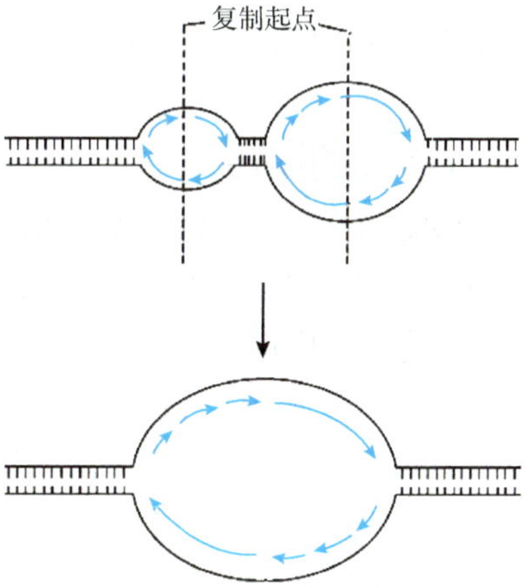

图 5-3　DNA 的双向复制

4. 高保真性　DNA 复制的高保真性是遗传信息稳定遗传的保证。DNA 复制中严格遵守碱基配对规律；复制出错时，DNA 聚合酶发挥外切酶活性可以切除错配的碱基。

第 2 节　逆　转　录

以 RNA 为模板合成 DNA 的过程称为逆转录（reverse　transcription）或反转录。这一过程主要见于逆转录病毒。

考点
逆转录的定义

催化逆转录的酶称为逆转录酶，是一种依赖于 RNA 的 DNA 聚合酶。首先，逆转录酶以病毒 RNA 为模板，dNTP 为原料，合成一条与模板 RNA 碱基互补的 DNA 单链（cDNA），形成 RNA-DNA 的杂交分子。随后，逆转录酶又将 RNA 链水解，再以 cDNA 为模板合成第二条 DNA 链，合成一条双链结构的 DNA 分子，最终将新合成的 DNA 分子整合到宿主细胞染色体中进行表达（图 5-4）。

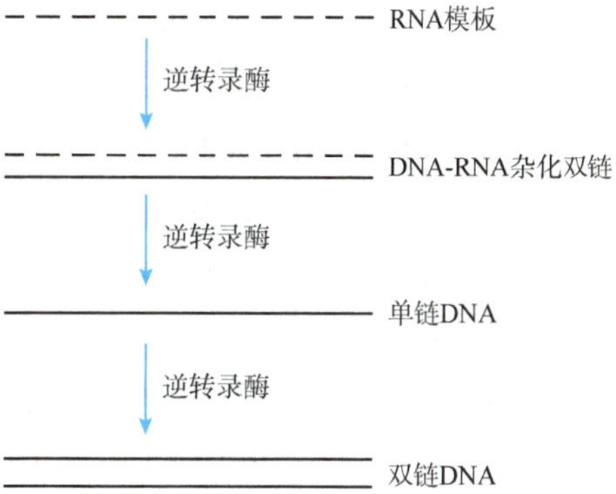

图 5-4　逆转录过程示意图

链 接　HIV 与艾滋病

人类免疫缺陷病毒（human immunodeficiency virus，HIV）是获得性免疫缺陷综合征（AIDS，艾滋病）的病原体，HIV是逆转录RNA病毒。HIV的遗传物质RNA通过逆转录生成携带HIV遗传信息的DNA，继而整合到人体淋巴细胞DNA中，最终引起人类免疫功能缺陷。

考点 DNA损伤与修复的定义

第3节 DNA的损伤与修复

在内外环境中某些因素的影响下，DNA的组成与结构可发生变化，称为DNA损伤。DNA损伤可导致遗传信息永久性改变，即突变，或是使DNA失去复制和（或）转录的模板能力。

考点 DNA损伤的类型

一、DNA的损伤

诱发DNA损伤的因素很多。体内因素包括某些代谢产物、复制过程中发生的碱基错配、DNA本身的热不稳定性等，从而诱发DNA的“自发”损伤；体外因素包括辐射、化学毒物、药物、病毒感染等。

DNA分子中的碱基、核糖、磷酸二酯键等都是上述因素作用的靶点。根据DNA分子结构改变的不同，将DNA损伤分为以下几种类型。

1. 碱基之间发生错配　碱基类似物的掺入、修饰剂的作用均可导致DNA序列中的错误配对。在DNA的正常复制过程中，存在U代替T的错配。需注意的是，由于密码子的简并性，碱基的错配置换不一定会发生氨基酸编码的改变。

2. 碱基的损伤　化学毒物可通过修饰碱基的某些基团而改变碱基的性质。例如，亚硝酸可导致碱基脱氨，在羟自由基的攻击性下碱基环可破裂等。

3. DNA链断裂　电离辐射和某些化学毒物可导致DNA链断裂。DNA链断裂可发生在单链或双链上，一般认为，双链断裂的DNA损伤与细胞致死性效应有直接联系。

4. DNA链交联　DNA双链中的两条单链上的碱基或同一条单链上的两个碱基可以共价键结合，DNA分子还可与蛋白质以共价键结合。例如，紫外线可引起DNA链上相邻的两个嘧啶碱基发生共价结合生成嘧啶二聚体，从而改变DNA分子的结构。

考点 DNA修复的类型

二、DNA损伤的修复

DNA的损伤是不可避免的，但损伤所引起的后果取决于DNA损伤的程度和细胞对损伤DNA的修复能力。DNA修复是机体维持DNA结构、保证生命的延续、稳定物种的重要环节。

DNA修复存在多种途径或系统，常见的有以下几种。

1. 光修复　可见光可激活光复活酶，使DNA分子中的嘧啶二聚体解开，恢复DNA稳定结构。

2. 切除修复　是细胞内最重要的修复机制，需要核酸内切酶、DNA聚合酶和DNA连接酶等参与。经过核酸内切酶切除突变序列、DNA聚合酶填补空缺、DNA连接酶连接缺口3个步骤恢复DNA分子结构。

3. 重组修复　当DNA损伤范围较大，亲代DNA来不及修复就进行复制，在子链上出现缺口时，采用重组修复。重组作用先将亲代DNA分子中完整母链与缺口部分进行交换，填补缺口，形成完整的子代 DNA。然后在 DNA 聚合酶和 DNA 连接酶的共同作用下，修复母链中的缺口。

DNA 修复过程在生物体内普遍存在，是正常的生理过程。若修复机制障碍，DNA 损伤不能及时修复，会导致衰老和某些疾病（如肿瘤、着色性干皮病、毛发低硫营养不良等）的发生。

链 接 着色性干皮病

着色性干皮病主要是由于皮肤细胞缺乏核酸内切酶，而使日光损伤的 DNA 不能正常修复。患者对阳光非常敏感，初起在暴露部如面、唇、结膜、颈部及小腿等处出现雀斑和皮肤发干，类似日光性皮炎，继而开始出现皮肤发红，以后出现持久性网状毛细血管扩张，严重者可导致皮肤癌、多发性黑色素瘤等。

自测题

一、名词解释

1. 半保留复制 2. 半不连续复制
3. 逆转录 4.DNA 损伤

二、单项选择题

1. 关于 DNA 聚合酶的叙述，错误的是
   A. 需模板 DNA B. 需引物 RNA
   C. 延伸方向为 5′→3′ D. 以 NTP 为原料
   E. 具有 3′→5′ 外切酶活性
2. 合成 DNA 的原料是
   A. dAMP、dGMP、dCMP、dTMP
   B. dADP、dGDP、dCDP、dTDP
   C. dATP、dGTP、dCTP、dTTP
   D. AMP、GMP、CMP、TMP
   E. ADP、GDP、CDP、TDP
3. 能以 RNA 为模板催化合成与 RNA 互补的 DNA（cDNA）的酶称为
   A. DNA 聚合酶Ⅰ B. DNA 聚合酶Ⅱ
   C. DNA 聚合酶Ⅲ D. RNA 聚合酶
   E. 逆转录酶
4. 紫外线照射对 DNA 分子的损伤主要是
   A. 碱基替换 B. 磷酸二酯键断裂
   C. 碱基丢失 D. DNA 链断裂
   E. 形成共价链接的嘧啶二聚体
5. 下列与 DNA 修复过程缺陷有关的疾病是
   A. 卟啉症 B. 黄疸
   C. 苯丙酮酸尿症 D. 痛风症
   E. 着色性干皮病

（彭姝彬）

第6章

基因表达

基因表达（gene expression）是指基因转录及翻译的过程，即遗传信息由 DNA → RNA →蛋白质的传递过程。基因表达的产物可以是蛋白质，也可以是各种 RNA。

第 1 节　RNA 的生物合成

考点
转录的概念及转录体系的主要组成成分

生物体内 RNA 的合成包括转录和 RNA 的复制两种方式，这里着重介绍转录。生物体以 DNA 作为模板合成 RNA 的过程称为转录（transcription），转录是基因表达的第一阶段。

基因组 DNA 中，只有一部分序列是基因，能被转录。能转录出 RNA 的 DNA 区段，称为结构基因。基因的转录具有高度的选择性，在不同的时间、空间条件下，转录不同的基因。一次转录所涉及的 DNA 区段，称为一个转录单位。真核生物中一次转录常是单个结构基因，而原核生物一次转录常含有多个连续的结构基因。

一、转录的体系

1. 转录的原料　转录需要 4 种核糖核苷三磷酸 NTP（ATP、UTP、CTP、GTP）作原料。

2. 转录的模板　转录的模板是双链 DNA 中的一条单链，称为模板链；与模板链互补的 DNA 另一条单链称为编码链。某一次转录时，双链 DNA 的两条链不同时作模板，称为转录的不对称性（图 6-1）。

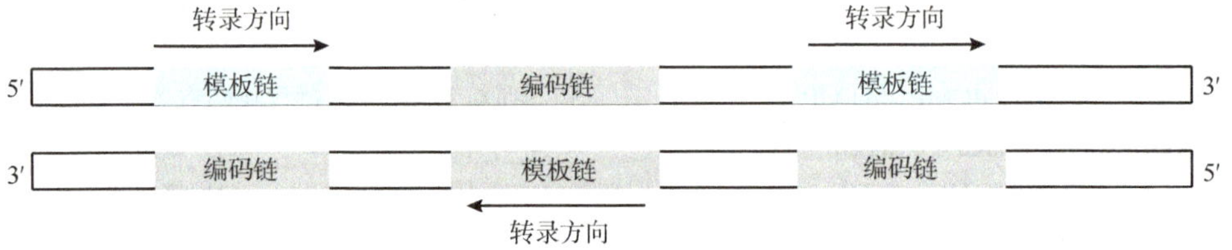

图 6-1　模板链与编码链

3. RNA 聚合酶　又称为依赖 DNA 的 RNA 聚合酶（DNA directed RNA polymerase，DDRP），原核生物只有一种 RNA 聚合酶，负责各种类型 RNA 的合成。全酶（$\alpha_2\beta\beta'\omega\sigma$）由 6 个亚基构成，由核心酶（$\alpha_2\beta\beta'\omega$）和 σ 因子构成。转录起始时需要全酶，σ 因子专一性识别启动子（promoter）后与核心酶分离，延长阶段只需要核心酶。利福霉素对原核生物 RNA 聚合酶有特异性抑制作用。

真核生物 RNA 聚合酶有 3 种，分别是 RNA 聚合酶 Ⅰ、Ⅱ、Ⅲ，它们位于细胞核中不同的位置，产生不同的转录产物（表 6-1）。其中，mRNA 的合成依靠 RNA 聚合酶 Ⅱ。

表 6-1 真核细胞中 3 种 RNA 聚合酶的比较

酶	细胞内定位	转录产物	对 α- 鹅膏蕈碱的敏感程度
RNA 聚合酶 I	核仁	rRNA 前体	不敏感
RNA 聚合酶 II	核质	hnRNA（mRNA 前体）	敏感
RNA 聚合酶 III	核质	tRNA 前体	存在物种差异

4. 蛋白质因子　转录有时还需要一些蛋白因子，如转录因子（transcription factors，TF）。真核生物 RNA 聚合酶启动转录时，不能直接结合 DNA，需要先结合一些蛋白质因子，才能辨认和结合转录上游区段的 DNA 并启动转录。有些原核生物转录终止时，需要一类蛋白质因子 ρ 的帮助。

二、转录的过程

无论是原核生物还是真核生物，转录基本过程都可以分为转录起始、转录延长和转录终止 3 个阶段。

（一）转录起始

转录是在 DNA 模板特定的部位开始的。位于结构基因上游，转录起始点前有一些特殊的核苷酸序列，称为启动子（promoter）或启动基因，其是 RNA 聚合酶识别、结合并启动转录的部位。

原核生物转录起始时，首先需要 RNA 聚合酶全酶参与，由其中的 σ 因子识别起始点并结合启动子形成闭合的起始复合体。在起点处，RNA 聚合酶发挥其解旋酶的功能，使 DNA 双螺旋结构发生局部变化而解链，双链解开大约 17 个碱基对，形成酶 - 启动子开链复合物（图 6-2A）。

（二）转录延长

在形成第一个磷酸二酯键后，σ 亚基脱离 DNA 模板和 RNA 聚合酶，核心酶沿着 DNA 单链模板由 3′→5′ 方向移动，并催化以 DNA 为模板，4 种 NTP 为原料，按照碱基互补配对规律（A-U、T-A、G-C），沿 5′→3′ 方向合成 RNA 链，直到转录终止（图 6-2B）。新合成的 RNA 链与 DNA 模板暂时形成杂化双链。随着核心酶沿模板不停移动，前方的 DNA 双螺旋不断解开为单链模板，核心酶后方打开的 DNA 双链则重新缔合形成双螺旋结构。随着 RNA 聚合酶的移动，转录泡也行进，贯穿于延长始终（图 6-3）。

（三）转录终止

当 RNA 聚合酶沿 5′→3′ 方向移动到 DNA 模板的转录终止部位——终止子（terminator）时，RNA 聚合酶在 DNA 模板链上不再继续前进，转录停止（图 6-2C）。

原核生物转录的终止常有两种方式：依赖 ρ 因子的转录终止和非依赖 ρ 因子的转录终止。

ρ 因子（rho factor）是由相同亚基组成的六聚体蛋白质，具有 ATP 酶和解螺旋酶的活性。它能帮助 RNA 聚合酶识别终止子，并依赖 ATP 提供的能量，使已转录完成的 RNA 链与模板 DNA 分离，利于产物从转录复合物中释放。

非依赖 ρ 因子的终止子结构中有明显的特征，常有 GC 或 AT 富集区，能阻止 RNA 聚合酶继续沿 DNA 模板移动，促进新生成的 RNA 链与模板 DNA 分离，终止转录。

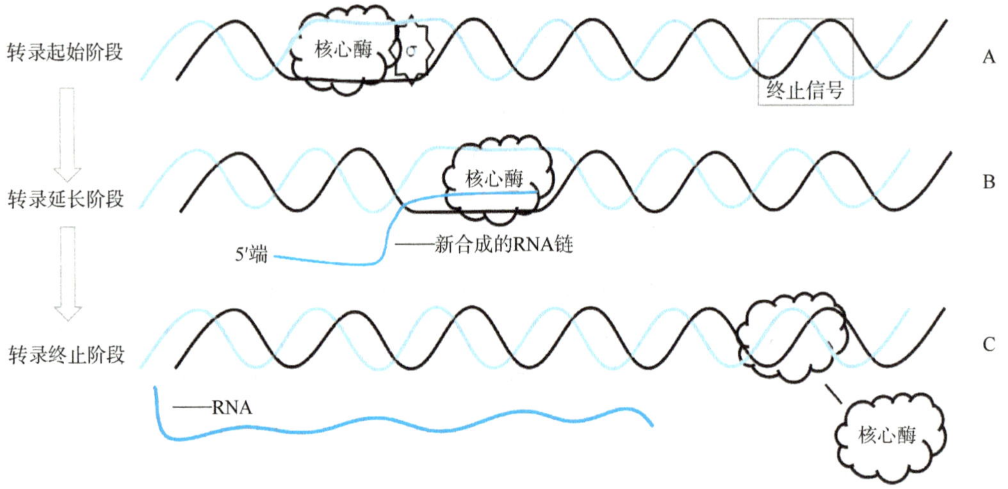

图 6-2　转录过程示意图

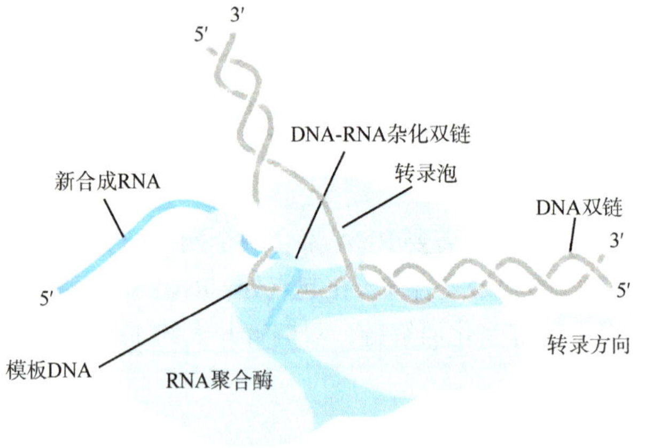

图 6-3　转录延长阶段形成的转录空泡

研究发现，原核生物的转录还未结束时，蛋白质的合成就已经开始，即存在转录与释放同步进行的现象。

考点
转录特点及复制与转录的比较

三、转录的特点

比较转录和复制，不对称转录是转录最显著的特征，另外转录的单向性、连续性和具有特定的起点和终点也是区别于复制的特征。DNA 复制和转录的比较，见表 6-2。

表 6-2　DNA 复制和转录的比较

	复制	转录
模板	DNA 两条链均作为模板	DNA 一条链作为模板
引物	RNA 引物	不需要引物
底物	dNTP	NTP
主要的酶	依赖 DNA 的 DNA 聚合酶	依赖 DNA 的 RNA 聚合酶

续表

	复制	转录
延伸方向	5′ →3′	5′ →3′
配对	A-T C-G	A-U T-A G-C
产物	子代双链 DNA	单链 RNA
方式	半保留复制	不对称转录

四、真核生物 RNA 转录后的加工修饰

真核生物转录后生成的 RNA 是无生物学活性的初级转录产物，称为 RNA 前体，需要经过进一步的加工修饰，才转变为具有生物学活性的成熟的 RNA 分子。这一过程称为转录后加工修饰，包括剪切、剪接、添加和化学修饰等。

（一）mRNA 转录后的加工

1. 5′- 端修饰——帽子结构的形成 转录完成后，在酶催化下于 5′- 端形成 7- 甲基鸟苷三磷酸的帽子结构，保护 mRNA 免受核酸外切酶的水解。

考点 真核生物 mRNA 的结构特点

2. 3′- 端修饰——多聚腺苷酸（polyA）尾的加入 3′- 端多聚腺苷酸（polyA）尾的加入与转录终止同时进行，polyA 是 mRNA 由细胞核进入细胞质所必需的结构，提高 mRNA 在细胞质中的稳定性。

3. hnRNA 的剪接 真核生物结构基因由若干编码区和非编码区互相间隔开但又连续镶嵌而成，这些基因称为割裂基因（split gene）。其中没有表达活性的非编码序列称为内含子（intron）；具有表达活性的编码序列称为外显子（exon）。在转录过程中，内含子和外显子均转录，形成转录初级产物 hnRNA。由特定的酶催化，内含子先弯曲成套索状，从而使外显子相互靠近，然后切断内含子并连接外显子，形成成熟的 mRNA（图 6-4）。

考点 割裂基因、内含子、外显子的概念

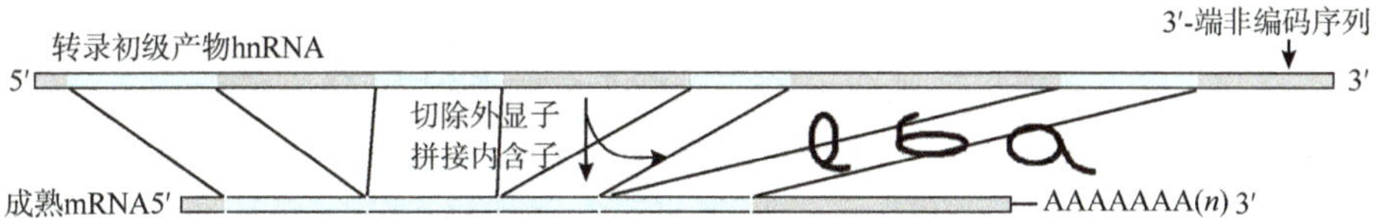

图 6-4 内含子的剪切和外显子的拼接

（二）tRNA 转录后的加工

原核生物与真核生物 tRNA 的转录后加工过程基本相同。转录后的初级 tRNA 需经过剪切、氨基酸臂 3′- 端添加 -CCA 和碱基的化学修饰等加工过程，成为成熟的具有特定生物活性的 tRNA，如图 6-5 所示。

1. 剪切 原核生物与真核生物转录后的 tRNA 前体存在插入序列，需要分别在 5′- 端和 3′- 端切去多余的核苷酸序列和 tRNA 反密码环的部分插入序列。

2. 碱基的化学修饰 tRNA 分子中稀有碱基的生成，是在转录后加工修饰过程中实现。①甲基化反应：A → ^{m}A，G → ^{m}G；②还原反应：尿嘧啶（U）还原为二氢尿嘧啶（DHU）；③脱氨基反应：腺嘌呤（A）→次黄嘌呤（I）；④碱基转位反应：尿嘧啶（U）

→假尿嘧啶核苷酸（Ψ）。

3. 氨基酸臂添加 CCA-OH 的 3′- 端　以 CTP、ATP 为供体，在核苷酸转移酶催化下，于 tRNA 前体的 3′- 端加上 CCA-OH，形成 tRNA 的氨基酸臂的结构，使其具有携带氨基酸的功能。

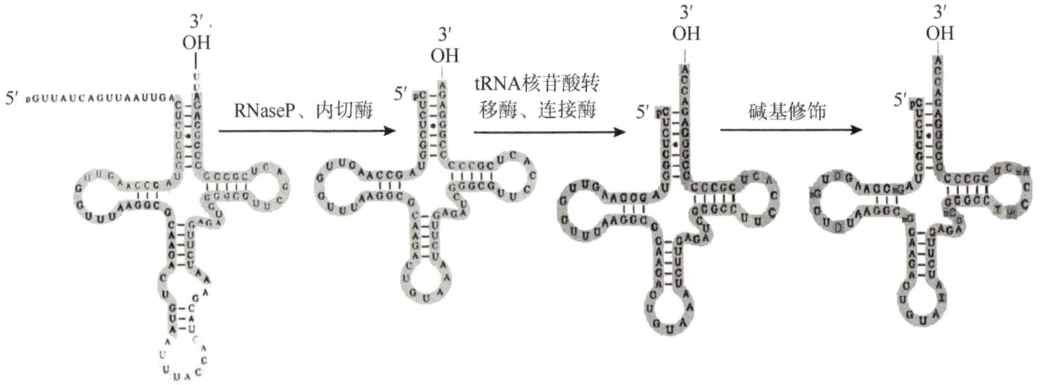

图 6-5　tRNA 转录后加工

（三）rRNA 的转录后加工

原核生物 rRNA 前体沉降系数为 30S，经各种核酸内切酶作用，切除约 28% 的核苷酸，最终产生成熟的 16S、23S 和 5S 3 种不同沉降系数的 rRNA。另外还有部分碱基和核糖的甲基化修饰发生。

真核生物 rRNA 前体为 45S rRNA，在细胞核酸酶的催化下经过一系列剪切，加工成为成熟的 28S、18S 与 5.8S rRNA。此外，在各种修饰酶催化下，完成 28S、18S 与 5.8S rRNA 分子中的甲基化修饰和尿嘧啶转化为假尿嘧啶。rRNA 中的甲基化修饰多发生在核糖上，较少发生在碱基上。

第 2 节　蛋白质的生物合成

生物体以 mRNA 为模板，20 种编码氨基酸为原料合成蛋白质多肽链的过程称为翻译（translation）。其本质是将 mRNA 分子中 4 种核苷酸序列编码的遗传信息，解读为蛋白质一级结构中 20 种编码氨基酸的排列顺序。

一、蛋白质生物合成的体系

蛋白质合成是一种由多种分子参与的复杂过程，除了需要 20 种编码氨基酸作为原料，mRNA、rRNA 和 tRNA 分别作为模板、“装配机”和“适配器”外，还需要多种蛋白因子、酶类、功能物质和某些无机离子等的参与。

（一）蛋白质生物合成的原料

蛋白质合成的基本原料是 20 种编码氨基酸。

（二）蛋白质的生物合成需要众多酶和蛋白因子

1. 酶　主要有 3 种酶，包括氨基酰 -tRNA 合成酶、转肽酶、转位酶。

（1）氨基酰 -tRNA 合成酶：该酶在 ATP 存在下，催化氨基酸活化并与对应的 tRNA

结合，形成氨基酰 -tRNA。该酶具有绝对特异性，是保证翻译准确性的关键因素。

（2）转肽酶：是核糖体大亚基的组成成分，催化核糖体“P位”上的肽酰基转移至“A位”氨基酰 -tRNA 的氨基上，使酰基和氨基缩合形成肽键。当其受释放因子作用后发生变构，表现出酯酶水解活性，将 P 位上的肽链与 tRNA 分离。

（3）转位酶：存在于延长因子 G 中，催化核糖体向 mRNA 的 3′- 端移动一个密码子的距离，下一个密码子进入“A位”。

2. 蛋白因子　包括起始因子、延长因子、释放因子等。

（1）起始因子（initiation factor，IF）是一些与多肽链合成起始有关的蛋白因子。

（2）延长因子（elongation factor，EF）主要促使氨基酰 -tRNA 进入核糖体的“A位”，促进转位过程。

（3）释放因子（releasing factor，RF）识别 mRNA 上的终止密码子，诱导转肽酶转变为酯酶，表现出酯酶水解活性，使肽链从核糖体上释放。

（三）供能物质及无机离子

蛋白质的生物合成需要 ATP 和 GTP 提供能量，还需要 Mg^{2+} 和 K^+ 参与。

考点
三类RNA在蛋白质合成中的作用；密码子的概念、种类、特点

（四）三类 RNA

1. mRNA　其为蛋白质多肽链生物合成的直接模板。原核生物 mRNA 常以多顺反子的形式存在，即几种功能相关的蛋白质编码信息常构成一个转录单位，指导多条多肽链的合成。真核生物 mRNA 一般以单顺反子的形式存在，每种 mRNA 一般只携带一种蛋白质的编码信息，指导一种多肽链的合成。mRNA 分子中沿着 5′→3′ 方向，每 3 个相邻核苷酸组成一组，构成三联体，称为遗传密码（genetic codon）或密码子（codon）。密码子代表一个氨基酸或蛋白质合成的起始、终止信号（表 6-3）。AUG 既编码肽链中的甲硫氨酸，同时又作为肽链合成的起始信号，称为起始密码子（initiation codon）。UAA、UGA、UAG 代表多肽链合成的终止信号，称为终止密码子（termination codon）。

表 6-3　遗传密码表

第一个核苷酸（5′）	第二个核苷酸 U	C	A	G	第三个核苷酸（3′）
U	UUU 苯丙氨酸	UCU 丝氨酸	UAU 酪氨酸	UGU 半胱氨酸	U
	UUC 苯丙氨酸	UCC 丝氨酸	UAC 酪氨酸	UGC 半胱氨酸	C
	UUA 亮氨酸	UCA 丝氨酸	UAA 终止密码子	UGA 终止密码子	A
	UUG 亮氨酸	UCG 丝氨酸	UAG 终止密码子	UGG 色氨酸	G
C	CUU 亮氨酸	CCU 脯氨酸	CAU 组氨酸	CGU 精氨酸	U
	CUC 亮氨酸	CCC 脯氨酸	CAC 组氨酸	CGC 精氨酸	C
	CUA 亮氨酸	CCA 脯氨酸	CAA 谷氨酰胺	CGA 精氨酸	A
	CUG 亮氨酸	CCG 脯氨酸	CAG 谷氨酰胺	CGG 精氨酸	G
A	AUU 异亮氨酸	ACU 苏氨酸	AAU 天冬酰胺	AGU 丝氨酸	U
	AUC 异亮氨酸	ACC 苏氨酸	AAC 天冬酰胺	AGC 丝氨酸	C
	AUA 异亮氨酸	ACA 苏氨酸	AAA 赖氨酸	AGA 精氨酸	A
	AUG 甲硫氨酸	ACG 苏氨酸	AAG 赖氨酸	AGG 精氨酸	G

续表

第一个核苷酸（5′）	第二个核苷酸 U	C	A	G	第三个核苷酸（3′）
G	GUU 缬氨酸	GCU 丙氨酸	GAU 天冬氨酸	GGU 甘氨酸	U
	GUC 缬氨酸	GCC 丙氨酸	GAC 天冬氨酸	GGC 甘氨酸	C
	GUA 缬氨酸	GCA 丙氨酸	GAA 谷氨酸	GGA 甘氨酸	A
	GUG 缬氨酸	GCG 丙氨酸	GAG 谷氨酸	GGG 甘氨酸	G

遗传密码具有以下重要特点。

（1）连续性：两个相邻密码子之间没有任何间隔，翻译时一般从起始密码子开始连续“阅读”，直到终止密码子为止。

（2）简并性：是指多种密码子编码一种氨基酸的现象。同一氨基酸的不同密码子互称为简并密码子或同义密码子。密码子的简并性对减少有害突变、保证遗传的稳定性具有一定的意义。

（3）方向性：mRNA 具有方向性，翻译时的阅读方向只能是 5′→3′，其 5′- 端是起始密码子，连续不断地向 3′- 端阅读，直至终止密码子出现。

（4）通用性：一般而言，生物界的所有物种几乎都使用一套遗传密码表，称为遗传密码的通用性。

（5）摆动性：翻译时，tRNA 反密码子的第 1 位碱基与 mRNA 上密码子的第 3 位碱基虽不严格互补，也能相互辨认的现象，称为密码子的摆动性。密码子的摆动性能使一种 tRNA 识别 mRNA 的多种简并性密码子。

链 接 遗传密码的破译

遗传密码的破译是 20 世纪 50 年代的一项严密论证。M. W. Nirenbreg（尼伦伯格）等推断出 64 个三联体密码子，并解读第一个“象形文字”——UUU 代表苯丙氨酸。其后，他们又证明 CCC、AAA 分别代表脯氨酸和赖氨酸。另外，H.G.Khorana 等确定了半胱氨酸、缬氨酸等密码子。tRNA 发现者之一的 R. W. Holley 成功地制备了一种纯的 tRNA，标志着有生物学活性的核酸的化学结构的确定。经过多位科学家将近 5 年的共同努力，于 1966 年确定了 64 个密码子的意义，在现代生物学研究史上写下了最激动人心的篇章。Nirenbreg、Khorana 和 Holley 这三位美国科学家因此获得 1968 年诺贝尔生理学或医学奖。

2. tRNA　是蛋白质生物合成的“适配器”兼转运工具。tRNA 结构中有两个关键部位：一个是反密码子环（mRNA 结合部位），另一个是氨基酸臂的 -CCA-OH-3′（氨基酸结合部位）。tRNA 氨基酸臂上 CCA-OH 通过酯键与氨基酸结合，从而特异地携带并转运氨基酸；反密码环上的反密码子，可决定该 tRNA 所携带的特定氨基酸并通过碱基配对识别 mRNA 上的密码子，使其所携带的氨基酸“对号入座”合成多肽链。

3. rRNA　其与蛋白质结合构成核糖体，作为多肽链生物合成的场所，起到“装配机”

的作用。rRNA 分子与多种蛋白质共同构成核糖体（ribosome），核糖体由大、小两个亚基组成，其中小亚基有容纳 mRNA 的通道，可以结合模板 mRNA。大亚基上有 3 个 tRNA 结合位点。第一个称为受位（acceptor site）或氨基酰位（aminoacyl site）简称 A 位，是氨基酰 -tRNA 进入核糖体后占据的位置；第二个是给位（donor site）或肽酰位（peptidyl site）简称 P 位，是肽酰 -tRNA 占据的位置；第三个是出位（exit site）简称 E 位，是空载 tRNA 的出口位。真核生物核糖体大亚基中没有 E 位，其他结合位点与原核生物核糖体大亚基相同。同时大亚基有转肽酶活性，能催化肽键的形成。核糖体大亚基还能结合参与蛋白质合成的多种可溶性蛋白因子，如 IF、EF、RF 等。

二、蛋白质生物合成的过程

原核生物的翻译过程包括起始、延长和终止三个阶段，这三个阶段都在核糖体上完成，又被称为广义的核糖体循环。核糖体循环实质是指活化的氨基酸通过氨基酰 -tRNA 的方式被携带到核糖体上，以 mRNA 为模板合成多肽链的过程，是蛋白质生物合成的中心环节。

（一）氨基酸的活化

氨基酸的活化是指由 ATP 提供能量，氨基酰 -tRNA 合成酶催化氨基酸与 tRNA 结合为氨基酰 -tRNA 的过程。氨基酰 -tRNA 合成酶的绝对特异性保证了翻译的忠实性，其反应如下。

$$\text{氨基酸} + \text{tRNA} + \text{ATP} \xrightarrow{\text{氨基酰-tRNA 合成酶}} \text{氨基酰-tRNA} + \text{AMP} + \text{PPi}$$

原核生物中，起始氨基酰 -tRNA 携带的甲硫氨酸需要甲基化，即形成甲酰甲硫氨酰 -tRNA；真核生物起始氨基酰 -tRNA 是甲硫氨酰 -tRNA。

（二）翻译起始

翻译起始阶段主要是实现模板 mRNA 和起始氨基酰 -tRNA 与核糖体结合，形成翻译起始复合物的过程（图 6-6）。这一程需要 mRNA、甲酰甲硫氨酰 -tRNA（fMet-tRNA）、核糖体大、小亚基，3 种起始因子及 GTP 与 Mg^{2+} 的参与。

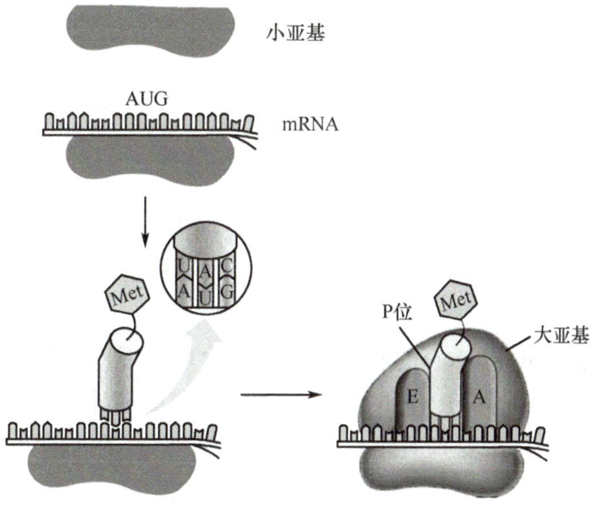

图 6-6 原核生物翻译起始复合物的形成

1. 核糖体大小亚基分离　在蛋白质翻译起始时，IF-1、IF-3 与核糖体小亚基结合，促进大、小两个亚基的分离。

2. mRNA 在小亚基上定位结合　mRNA 连接到核糖体的小亚基上，其 5′- 端的密码子恰好是起始密码 AUG。此处 AUG 除作为甲硫氨酸密码子外，又兼作启动信号，而下游的 AUG 只代表甲硫氨酸而无启动意义。

3. 起始氨基酰 -tRNA（$fMet\text{-}tRNA^{fMet}$）的结合　在 IF-2、GTP、Mg^{2+} 参与下，甲酰

甲硫氨酰-tRNA通过tRNA的反密码子以碱基互补配对关系与小亚基P位的mRNA序列上的起始密码子AUG识别并结合。

4. 核糖体大小亚基结合　核糖体小亚基与mRNA结合后，GTP水解释放能量，使起始因子脱落，加入核糖体的大亚基，形成完整的核糖体、mRNA、fMet-tRNA^{fMet}组成的翻译起始复合物。此时，fMet-tRNA^{fMet}占据大亚基的P位，A位空置，mRNA上的第二组密码恰好对应于A位，以便于第二个氨基酰-tRNA的进入。

（三）翻译延长

考点
延长阶段的3步反应

在翻译起始复合物的基础上，翻译延长因子参与，按照mRNA上密码子的顺序，各种氨基酰-tRNA依次进入核糖体上聚合成多肽链的过程，称为翻译延长。这一过程是3个连续步骤——进位（registration）、成肽（peptide bond formation）、转位（transposition）在核糖体上连续完成的，所以又称为核糖体循环（图6-7）。

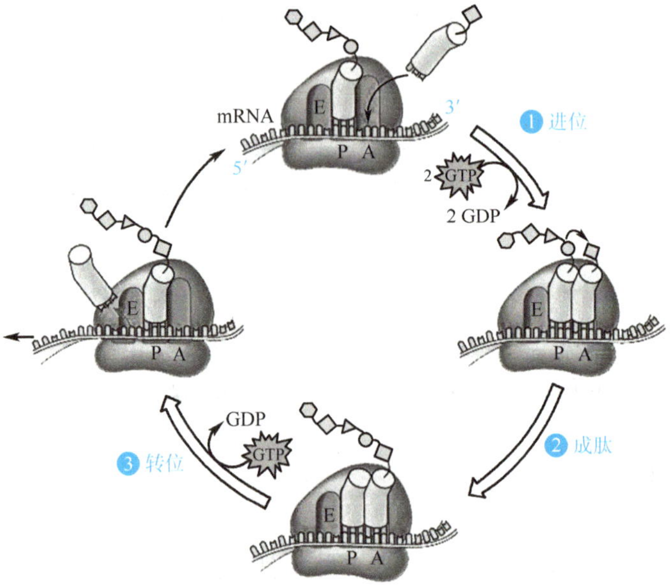

图6-7　核糖体循环

1. 进位（registration）　又称注册，是按照mRNA链上位于核糖体A位的密码子指导，相应的氨基酰-tRNA以其反密码子与密码子配对而进入A位的过程。

2. 成肽（peptide bond formation）　是在核糖体大亚基上转肽酶的催化下，P位上的肽酰-tRNA的肽酰基（第一次延长反应为甲酰甲硫氨酰基）转移到A位上，与A位上氨基酰-tRNA的氨基酰基团的氨基脱水缩合形成肽键的过程。此过程，使新生肽链延长一个氨基酸残基，而原来位于P位的肽酰-tRNA失去肽酰基，形成游离的tRNA。

3. 转位（transposition）　在转位酶（主要是EF-G）的催化下，核糖体沿mRNA的5′→3′方向移动一个密码子的距离，使原对应于A位上的密码子连同结合于其上的肽酰-tRNA一起移到P位。而与之相邻的下一个密码子对应于A位，A位空出，为另一个氨基酰-tRNA的进位做好准备。卸载了肽酰基的空载tRNA从E位脱落。

核糖体沿mRNA模板从5′→3′方向移动，连续进行进位、成肽、转位的循环过程，每循环一次，新生肽链由 N 端向 C 端增加一个氨基酸，直到终止密码子对应于核糖体的 A 位为止。

（四）翻译终止

当核糖体沿 mRNA 移动至终止密码（UAA、UAG、UGA）对应于 A 位时，任何氨基酰 -tRNA 均不能进位，释放因子（RF）结合于 A 位，GTP 供能，肽链从肽酰 -tRNA 中释放，mRNA、核糖体大、小亚基分离，翻译过程终止（图 6-8）。

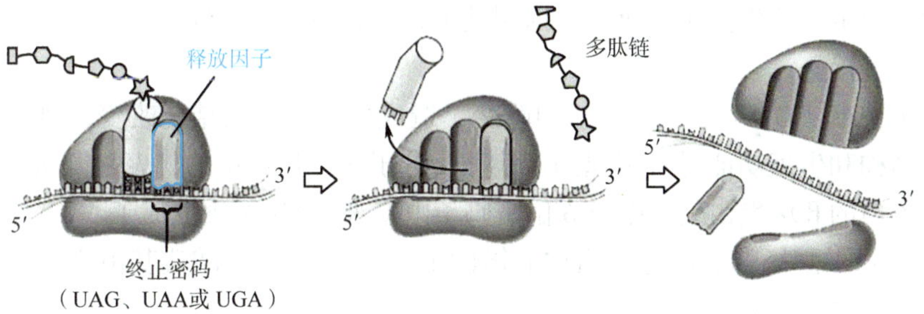

图 6-8 翻译终止阶段

三、蛋白质合成后的加工修饰

新合成的多肽链不具备生物学活性，必须经过复杂的加工和修饰过程才能转变成具有天然构象的功能蛋白质，这一过程称为翻译后的加工修饰。常见的蛋白质翻译后加工修饰方式主要包括以下几个方面。

（一）新生肽链的正确折叠

新生肽链在折叠酶（包括蛋白质二硫键异构酶和肽 - 脯氨酸顺反异构酶）和分子伴侣的作用下正确折叠为天然构象。

（二）一级结构的修饰

1. 肽链 N 端甲酰甲硫氨酸或甲硫氨酸的切除 由脱甲酰基酶或氨基肽酶催化水解切除新生多肽链 N 端第一个甲硫氨酸或甲酰甲硫氨酸残基，此过程可在肽链延伸过程中或合成后进行。

2. 个别氨基酸的化学修饰 包括二硫键的形成，氨基酸残基的羟基化、甲基化、磷酸化、乙酰化等。

3. 水解修饰 某些肽链合成后只是活性蛋白质的前体，需在特异性蛋白酶催化下，水解去除部分肽段或氨基酸残基，使分子构象发生改变，转变成有活性的蛋白质。例如，酶原的激活，分泌型蛋白质去除 N 端信号肽，某些肽类激素由无活性的前体转变为有活性的形式等，这些翻译后加工修饰方式都属于多肽链蛋白酶水解修饰的范畴。

（三）空间构象的修饰

1. 亚基聚合 具有多个亚基的蛋白质，在各亚基合成后，还需通过非共价键将亚基聚合成寡聚体，形成蛋白质的四级结构。例如，人血红蛋白分子的 $\alpha_2\beta_2$ 亚基聚合。

2. 辅基的连接 各结合蛋白质及带辅基的酶，在多肽链合成后还需和其他非蛋白质成分连接才能形成完整的活性蛋白质和全酶。例如，脂蛋白、糖蛋白、色蛋白和各种带辅基的酶。

3. 疏水脂链的共价连接 某些膜蛋白翻译后通过在肽链特定位点将脂链嵌入疏水膜脂双层，定位成为特殊质膜内在蛋白，才能成为有生物活性的蛋白质。

四、蛋白质的生物合成与医药学的关系

蛋白质的生物合成与医药学有密切的关系。蛋白质是构成生物体结构的物质基础，含量多，种类丰富，分布广泛，功能多样，是生物体内多种重要的生命现象和生理活动的直接体现者。当蛋白质合成出现障碍时，将严重影响生物的各项生命活动。同理，利用药物抑制微生物的蛋白质合成，可抑制其生长与繁殖，以达到治疗的目的。

（一）分子病

因基因突变（DNA 分子上碱基的改变）造成蛋白质一级结构改变，进而导致生物体内某些结构和生理功能异常引起的疾病称为分子病。最典型的代表是镰状细胞贫血，患者血红蛋白的 β 珠蛋白基因中第 6 位密码子由原来的 GAA 突变成了 GUA（A → U），突变后的密码子翻译合成的血红蛋白 β 链的 N 端第 6 位氨基酸残基由亲水的谷氨酸变成疏水的缬氨酸。

（二）抗生素和干扰素对蛋白质合成的影响

1. 抗生素 抗生素中有一类是通过抑制或干扰原核生物蛋白质合成的各个阶段而发挥抑菌作用的，也称为抗菌素。例如，临床常用的氯霉素和红霉素类均能作用于核糖体 50S 大亚基而影响细菌多肽链合成的成肽阶段；四环素、土霉素、链霉素等则作用于核糖体 30S 小亚基，干扰进位或导致读码错误而影响细菌蛋白质的合成，起到抑菌作用。

2. 干扰素（interferon，IFN） 它是真核细胞被病毒感染后分泌的一类具有抗病毒作用的蛋白质。干扰素能通过调节真核细胞内某些酶的活性，抑制病毒蛋白质合成起始阶段或激活真核细胞内降解病毒 mRNA 的酶，从而导致病毒蛋白质合成因失去模板而中断。

自测题

单项选择题

1. 组成 mRNA 的四种核苷酸能组成多少种密码子
   A. 16 B. 36 C. 46 D. 64 E. 61
2. 与 mRNA 中密码子 5′-ACG-3′ 相应的反密码子（5′ → 3′）是
   A. CGU B. CGA C. UCG D. UCC E. GCU
3. 蛋白质生物合成中多肽链的氨基酸排列顺序取决于
   A. 相应 tRNA 的专一性
   B. 相应氨基酰 tRNA 合成酶的专一性
   C. 相应 mRNA 上核苷酸排列顺序
   D. 相应 tRNA 上的核苷酸排列顺序
   E. 相应 rRNA 的专一性
4. mRNA 前体的加工方式不包括
   A. 加帽 B. 加尾 C. 剪接 D. 空间结构的修饰 E. 剪切
5. 蛋白质合成中为氨基酸活化提供能量的物质是
   A. ATP B. GTP C. CTP D. UTP E. TTP
6. AUG 既可以作为甲硫氨酸的密码子，又可以作为
   A. 起始因子 B. 延长因子 C. 起始密码子 D. 终止密码子 E. 释放因子

7. 蛋白质合成过程中识别终止密码子的是
A. 起始因子 B. 延长因子 C. 转肽酶
D. tRNA E. 释放因子

8. 断裂基因中，没有表达活性的间隔序列是
A. DNA B. RNA C. 内含子
D. 外显子 E. NTP

9. 转录过程中，RNA 聚合酶依赖的模板是
A. DNA B. RNA C. 内含子
D. 外显子 E. NTP

10. RNA 生物合成的原料是
A. DNA B. RNA C. dNTP
D. 氨基酸 E. NTP

11. 真核生物转录初级产物（hnRNA）和成熟 mRNA 中共有的序列是
A. DNA B. RNA C. 内含子
D. 外显子 E. NTP

12. 转录产物是
A. DNA B. RNA C. 多肽链
D. 氨基酸 E. NTP

（杨文君）

第三篇

物质代谢与能量转换

物质代谢是生物体内所发生的各种化学变化过程的总称，包括合成代谢和分解代谢。在物质代谢的同时，伴随有能量的变化与转换。物质代谢与能量转换共同构成生物体的新陈代谢。新陈代谢是生物体的基本特征之一。

人体内的物质代谢过程是由酶促反应构成的。通常把一系列连续的酶促反应称为一条代谢途径，人体内的代谢就是由众多代谢途径交织而成的复杂酶促反应网络。如下述反应过程所示：

$$\mathrm{A} \xrightarrow{E_1} \mathrm{B} \xleftrightarrow{E_2} \mathrm{C} \xleftrightarrow{E_3} \mathrm{D} \cdots \xleftrightarrow{E_{n-1}} \mathrm{Y} \xleftrightarrow{E_n} \mathrm{Z}$$

底物 A 经过一系列连续的酶促反应生成终产物 Z，分别由酶 E_1 ～ E_n 催化，这就是一条代谢途径。代谢途径中，多数是可逆反应，少数为不可逆反应。不可逆反应速度一般较慢，决定了整条代谢途径的速度和方向，称为关键步骤（key step）或限速步骤；催化关键步骤的酶称为关键酶（key enzyme）或限速酶。上述代谢途径的第一步反应 A → B 是关键步骤，E_1 是关键酶。每条代谢途径通常有一个或几个关键步骤，一般来说，代谢途径的第一步反应常为关键步骤。如果调节关键酶的活性，就可能改变代谢途径的进程。因此，关键酶常是药物或毒物的作用位点，也是大家在所有代谢章节学习中应重点掌握的知识点。

本篇主要介绍糖类、脂质、蛋白质及核苷酸四类有机物的代谢及能量的转换机制。其中糖类、脂肪、蛋白质是人体的三大能源物质，它们的代谢是生物化学研究的核心内容。掌握各类物质的正常代谢有助于理解各种代谢疾病的发病机制，为疾病的诊断和治疗及新药的研发提供理论依据。

大家在学习本篇内容时，注意“轻结构式，重特点”，重点掌握各类物质代谢的相关概念、部位、关键酶、产物、ATP 生成量、生理意义及相关疾病；关注脱氢部位、耗能部位、产能部位，以便理解能量的计算。

第7章

糖 代 谢

第1节 概 述

糖类（carbohydrate）是地球上最丰富的有机化合物，是指由多羟基醛或多羟基酮及它们的衍生物或多聚物组成的一类有机化合物。糖类由C、H、O 3种元素构成，其实验式一般为（CH_2O）$_n$。

一、糖的分类

根据聚合度不同，糖可以分为以下几类。

1. 单糖　指不能水解成更小分子的糖，根据碳原子的数目，单糖又可分为三碳糖、四碳糖、五碳糖（戊糖）、六碳糖（己糖）等。重要的单糖如葡萄糖、果糖、半乳糖为六碳糖，核糖和脱氧核糖为五碳糖等。

2. 寡糖　指由2～10个单糖单位构成的糖类，包括二糖、三糖、四糖等。重要的二糖（也可称双糖）包括蔗糖、麦芽糖和乳糖等。二糖水解能生成两个单糖。

3. 多糖　指水解时能产生10个以上单糖分子的糖类。植物中的多糖主要为淀粉，其次还有纤维素；动物体内的多糖主要为糖原。多糖均由多个葡萄糖通过糖苷键连接而成，只是在淀粉和糖原分子中，葡萄糖之间通过α-1, 6-糖苷键相连，而在纤维素分子中葡萄糖之间通过β-1, 4-糖苷键相连。

4. 结合糖　也称糖复合物，指与蛋白质或脂质结合的糖，如糖蛋白、蛋白聚糖、糖脂等。

二、糖的生理功能

考点
糖的主要功能

糖广泛存在于生物界，尤其是植物中，占干重的85%～90%，在动物干重中占比小于2%。但糖类却是动物和人生命活动中能量的主要来源。

1. 氧化供能　这是糖的主要功能，人体每日所需能量的50%～70%是由糖氧化提供的。

2. 提供碳源　糖分解代谢的中间产物可在体内转变成多种非糖物质，如非必需氨基酸、脂质和核苷等。

3. 人体组织结构的重要成分　例如，糖与蛋白质结合形成的糖蛋白或蛋白聚糖是构成结缔组织的成分；与脂类结合形成的糖脂是构成神经组织和细胞膜的成分等。

4. 具有特殊生理功能　糖复合物在体内具有特殊生理功能，例如免疫球蛋白、补体、某些血型物质和凝血因子肝素等，其化学本质为糖蛋白或蛋白多糖。

5. 提供生物活性物质　糖的衍生物可以形成多种重要的生物活性物质。例如，ATP、NAD^+、FAD、DNA和RNA等。

三、糖的消化吸收

食物中的淀粉在唾液及胰液中 α- 淀粉酶的作用下生成麦芽糖、麦芽三糖及临界糊精（4～9 个葡萄糖残基构成的寡糖），后三者可分别在葡萄糖苷酶及临界糊精酶的作用下分解生成葡萄糖。小肠黏膜细胞有蔗糖酶和乳糖酶，蔗糖酶可水解蔗糖形成葡萄糖和果糖，乳糖在乳糖酶作用下生成葡萄糖和半乳糖。

葡萄糖、果糖、半乳糖等单糖能被小肠黏膜上皮细胞吸收入血，其中以葡萄糖吸收最多。葡萄糖沿门静脉进入肝脏，经肝静脉进入体循环后，再由细胞膜上特异的转运载体转运到细胞内进行代谢。

链 接　乳糖不耐症

有些成人在食用牛奶后出现腹胀、腹泻等症状，称为乳糖不耐症。原因是这类成人体内缺乏乳糖酶，不能分解乳糖。

第 2 节　葡萄糖的分解代谢

考点
葡萄糖分解的三条途径名称、无氧氧化的概念、反应部位、关键酶、产物及生理意义

人体内，葡萄糖（glucose，G）的分解代谢有 3 条途径：无氧氧化、有氧氧化和磷酸戊糖途径。

一、葡萄糖的无氧氧化

在无氧或缺氧条件下，葡萄糖或糖原分解生成乳酸的过程称为无氧氧化（anaerobic oxidation），也称无氧分解。

无氧氧化全过程在各组织细胞的细胞质中进行，尤其在红细胞和肌肉组织中最为活跃。

链 接　无氧运动

无氧运动是指速度快及爆发力猛的运动，由于运动时氧气的摄取量非常低，肌细胞内的葡萄糖或糖原主要依靠无氧氧化供能，导致体内产生较多的乳酸，运动后感到肌肉酸痛。要想使肌肉更强壮一些，可以多参加无氧运动。常见的无氧运动项目包括举重、投掷、跳高、跳远、拔河、肌力训练等。

（一）无氧氧化的反应过程

无氧氧化由 11 步连续的酶促反应构成，现划分为两大阶段：第 1 阶段是由 1 分子 6 碳（6C）的葡萄糖分解生成 2 分子三碳（3C）的丙酮酸，称为糖酵解（glycolysis）；第 2 阶段是在无氧或缺氧时，丙酮酸转变成乳酸（3C）。

1. 第 1 阶段——糖酵解　由 10 步反应构成。

（1）葡萄糖（G）→6- 磷酸葡萄糖（G-6-P）：由己糖激酶（肝细胞内为葡萄糖激酶）催化，消耗 1 分子 ATP，Mg^{2+} 是酶的激活剂。

（2）6- 磷酸葡萄糖→6- 磷酸果糖（F-6-P）：由磷酸己糖异构酶催化。

（3）6- 磷酸果糖→1，6- 二磷酸果糖（F-1，6-BP）：由 6- 磷酸果糖激酶 -1 催化下，消耗 1 分子 ATP，Mg^{2+} 是激活剂。

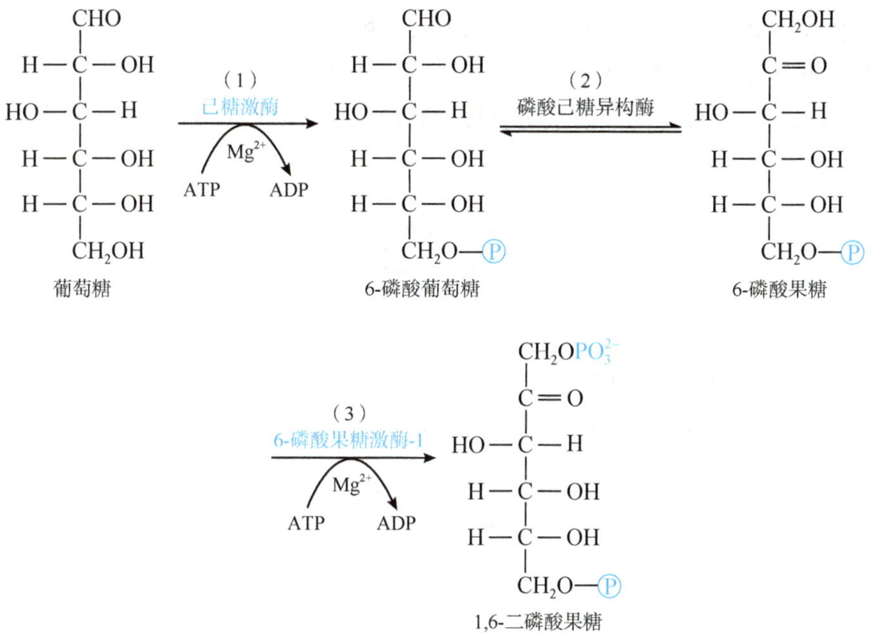

注：葡萄糖在溶液中多数以环式结构存在，考虑到多数护理专业学生未学习有机化学，在此特意写了链式结构

（4）1, 6- 二磷酸果糖裂解成 2 个三碳化合物——磷酸二羟丙酮和 3- 磷酸甘油醛：由醛缩酶催化。

（5）磷酸二羟丙酮与 3- 磷酸甘油醛异构：二者为同分异构体，在异构酶的催化下可以相互转变。

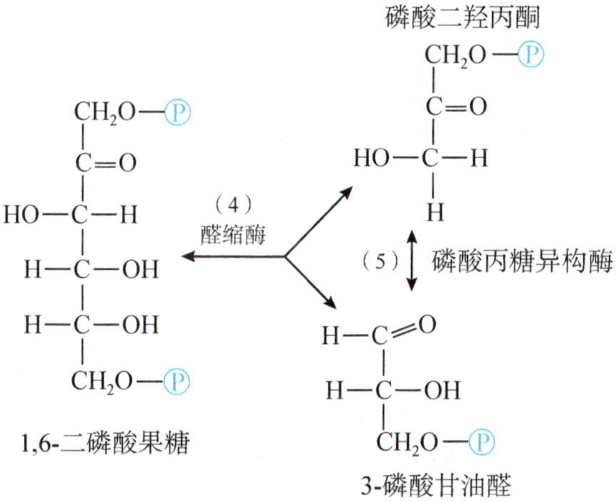

（6）3- 磷酸甘油醛→1, 3- 二磷酸甘油酸（1，3-BPG）：由 3- 磷酸甘油醛脱氢酶催化，3- 磷酸甘油醛脱氢氧化并加磷酸生成高能化合物 1, 3- 二磷酸甘油酸。反应脱下的氢由 NAD^+ 接受生成其还原型 $NADH+H^+$，这是糖酵解过程中唯一的一次氧化反应。

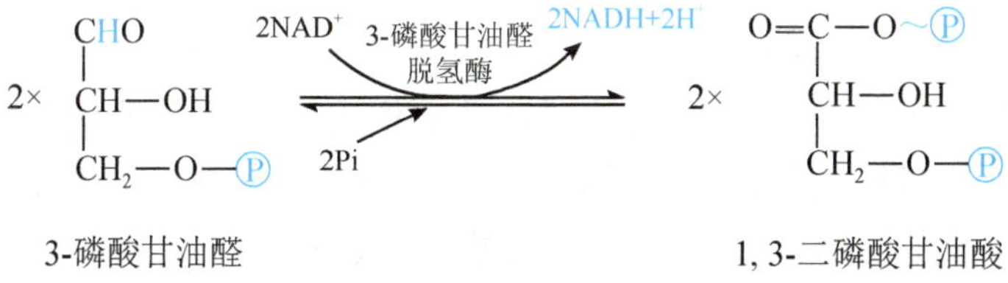

（7）1, 3- 二磷酸甘油酸→3- 磷酸甘油酸（3-PG）：在磷酸甘油酸激酶催化下，1, 3- 二磷酸甘油酸转变为 3- 磷酸甘油酸，高能磷酸键转移给 ADP 生成 ATP。这种由底物分子在酶的作用下，直接将高能磷酸键直接转移给 ADP 生成 ATP 的方式，称为底物水平磷酸化。

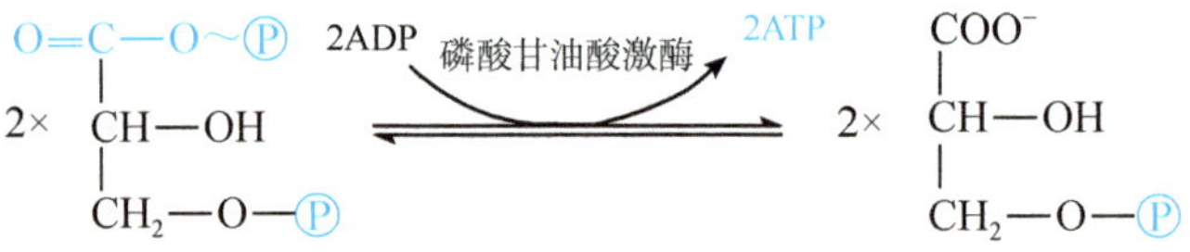

1,3-二磷酸甘油酸　　　　3-磷酸甘油酸

（8）3- 磷酸甘油酸→2- 磷酸甘油酸（2-PG）：此反应由变位酶催化。

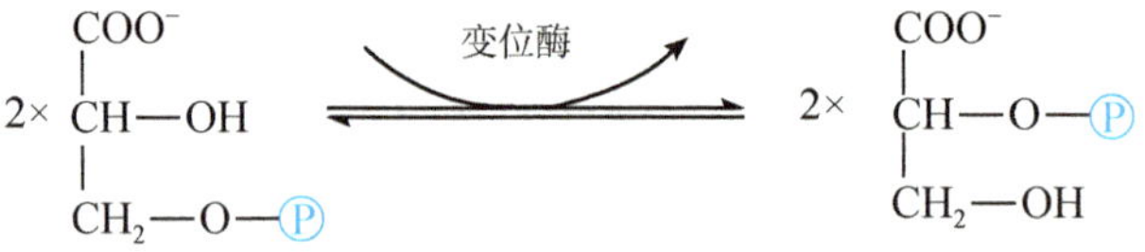

3-磷酸甘油酸　　　　2-磷酸甘油酸

（9）2- 磷酸甘油酸→磷酸烯醇式丙酮酸（PEP）：由烯醇化酶催化，2- 磷酸甘油酸脱水生成高能化合物磷酸烯醇式丙酮酸。

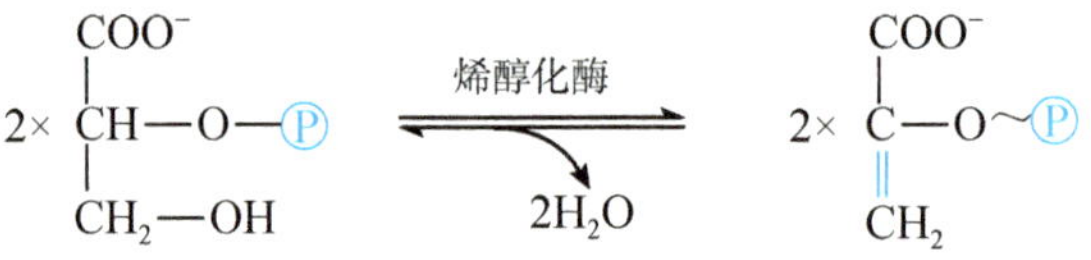

2-磷酸甘油酸　　　　磷酸烯醇式丙酮酸

（10）磷酸烯醇式丙酮酸→丙酮酸：在丙酮酸激酶催化下，磷酸烯醇式丙酮酸转变为丙酮酸，分子中高能磷酸键转移给 ADP 生成 ATP。

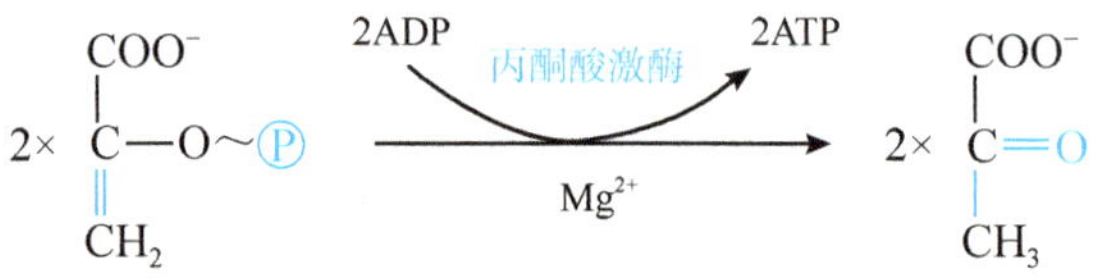

磷酸烯醇式丙酮酸　　　　丙酮酸

2. 第 2 阶段：乳酸生成　这是第 11 步反应，在氧供应不足或机体缺氧时，乳酸脱氢酶（LDH）催化丙酮酸加氢还原生成乳酸，由 $NADH+H^+$ 提供氢。

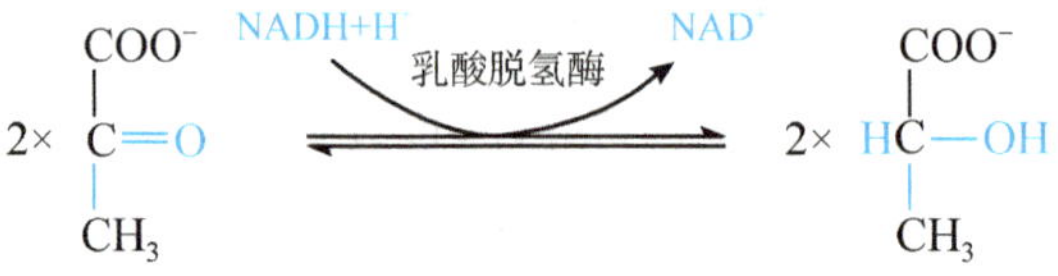

丙酮酸　　　　乳酸

若从糖原开始氧化，则糖原首先在磷酸化酶作用下生成 1- 磷酸葡萄糖，后者在变位酶作用下生成 6- 磷酸葡萄糖继续反应。糖原的每个葡萄糖单位在分解时，比游离的葡萄糖少消耗了 1 分子 ATP。无氧氧化简明过程，见图 7-1。

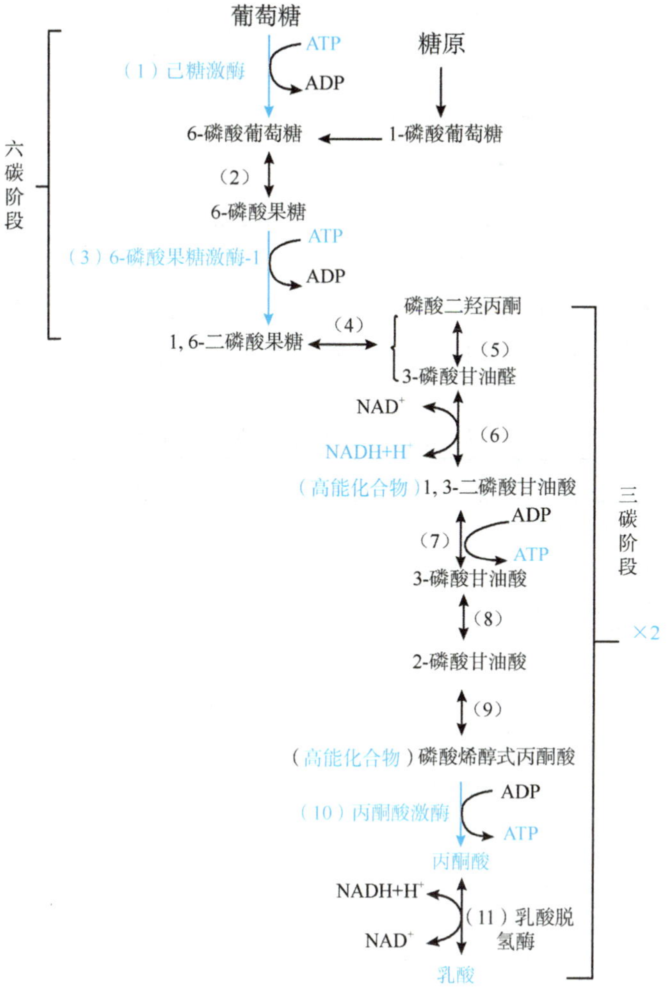

图 7-1 无氧氧化简明过程

（二）无氧氧化的特点

无氧氧化的特点可总结为：一脱氢、二产能、三关键、四要点。

1. 一脱氢 无氧氧化过程中只有一次脱氢反应，也是此过程中唯一的一次氧化反应，即 3- 磷酸甘油醛 → 1, 3- 二磷酸甘油酸，脱下的氢使 NAD^+ 还原生成 $NADH+H^+$。

2. 二产能 无氧氧化有 2 个产能部位，2 个耗能部位，净产生 2 分子 ATP（$2\times2-2=2$）（表 7-1）。

表 7-1 无氧氧化过程中 ATP的生成

反应	生成 ATP 数
6 碳阶段	
葡萄糖 → 6- 磷酸葡萄糖	–1
6- 磷酸果糖 → 1，6- 二磷酸果糖	–1

续表

反应	生成 ATP 数
3 碳阶段	
2×（1, 3- 二磷酸甘油酸 → 3- 磷酸甘油酸）	2×1
2×（磷酸烯醇式丙酮酸 → 丙酮酸）	2×1
净生成	2

注：负数为消耗的 ATP 数，正数为产生的 ATP 数

3.三关键　无氧氧化过程中有 3 个关键步骤、3 个关键酶（表 7-2）。其中 6- 磷酸果糖激酶 -1 是糖酵解过程中最重要的关键酶。调节这 3 个酶的活性可以影响无氧氧化的进程。

表 7-2　无氧氧化的关键步骤和关键酶

关键步骤	关键酶
葡萄糖 → 6- 磷酸葡萄糖	己糖激酶
6- 磷酸果糖 → 1，6- 二磷酸果糖	6- 磷酸果糖激酶 -1
磷酸烯醇式丙酮酸 → 丙酮酸	丙酮酸激酶

4. 四要点　无氧氧化过程还包括反应条件、部位、产物、阶段四个要点。

无氧氧化的反应条件为无氧或缺氧，整个反应过程在细胞质中进行。1 分子葡萄糖经无氧氧化最终产物为 2 分子乳酸和 2 分子 ATP。反应过程两阶段：第一阶段——糖酵解；第二阶段——乳酸生成。

链 接　己糖激酶与葡萄糖激酶

哺乳类动物体内的己糖激酶有 4 种同工酶，分别称为Ⅰ～Ⅳ型。其中Ⅳ型存在于肝细胞内，又称葡萄糖激酶，专一性强，只能以 6- 磷酸葡萄糖作为底物。Ⅰ～Ⅲ型存在于肝外组织，具有相对特异性，可作用于葡萄糖、果糖和甘露糖等六碳糖。葡萄糖激酶与葡萄糖亲和力低，而其他三种类型的己糖激酶与葡萄糖的亲和力高。

（三）无氧氧化的生理意义

无氧氧化产生的能量虽少，但对人体却具有非常重要的生理意义。

1. 无氧氧化能迅速为机体供能，是机体在缺氧条件下获得能量的主要方式　无氧氧化对肌肉组织尤其重要，肌肉组织中的 ATP 含量较低，肌肉收缩几秒钟就可全部耗尽。即使不缺氧，由于葡萄糖进行有氧氧化的过程比无氧氧化长得多，不能及时满足肌细胞需要，还要通过无氧氧化供能。

2. 氧供充足时，某些组织和细胞主要依赖无氧氧化供能　正常细胞获得能量的主要方式是有氧氧化，但其主要过程在线粒体内进行。成熟的红细胞无线粒体，即使氧供充足，也完全依靠无氧氧化供能。视网膜、神经细胞、肿瘤细胞、白细胞、肾髓质、皮肤、睾丸等，在正常情况下也依赖无氧氧化供能。

3. 为其他物质的合成提供原料 无氧氧化过程中的中间产物可作为体内其他化合物合成的原料。例如，磷酸二羟丙酮可生成磷酸甘油，参与脂肪合成；乳酸可异生为糖；丙酮酸可以转变为丙氨酸等。

链 接 Warburg 效应

研究发现，肿瘤细胞消耗的葡萄糖远多于正常细胞，并且即使在有氧条件下，肿瘤细胞中的葡萄糖也优先选择无氧分解，产生乳酸。这种现象最早由德国生化学家 Warburg 发现，被称为 Warburg 效应。这种效应使肿瘤细胞获得生存优势：一方面，提供大量碳源用于合成其蛋白质、核酸、脂类等以满足肿瘤细胞快速生长的需要；另一方面，关闭有氧氧化通路有利于减少自由基的产生，从而逃避细胞凋亡。

二、葡萄糖的有氧氧化

考点 有氧氧化的概念、反应部位、阶段、关键酶、产物、生成 ATP 数目及生理意义

葡萄糖的有氧氧化是指在有氧条件下，葡萄糖或糖原彻底氧化分解生成 CO_2 和 H_2O 并释放大量能量的过程。有氧氧化是葡萄糖氧化分解的主要方式，整个过程在细胞质和线粒体内进行。

链 接 生化史上提出“两大循环”的神奇人物

汉斯·阿道夫·克雷布斯（Krebs）为英籍德裔生物化学家。1932 年，他与同事共同发现了鸟氨酸循环，阐明了人体内氨生成尿素的途径。1937 年，他用鸽子胸肌做实验发现了三羧酸循环，此发现揭示了体内三羧酸和二羧酸化合物彻底氧化的途径，也是糖、蛋白质、脂肪等代谢联系的重要环节，被公认为代谢研究的里程碑，Krebs 因此获得了 1953 年诺贝尔生理学或医学奖。

（一）葡萄糖有氧氧化的反应过程

有氧氧化由 20 多步连续的化学反应构成，常划分为 3 个阶段。第 1 阶段：糖酵解；第 2 阶段：丙酮酸转变为乙酰 CoA；第 3 阶段：三羧酸循环。前 3 阶段反应过程中脱下的氢，经呼吸链传递给氧生成水并同时伴随 ATP 的生成（这一过程将在第 8 章生物氧化中详述），称为氧化磷酸化，也可以看作是有氧氧化的第 4 阶段。除第 1 阶段在细胞质中进行外，其余均在线粒体内进行（图 7-2）。

1. 第 1 阶段：糖酵解 与无氧氧化的第一阶段相同，1 分子葡萄糖分解为 2 分子丙酮酸。

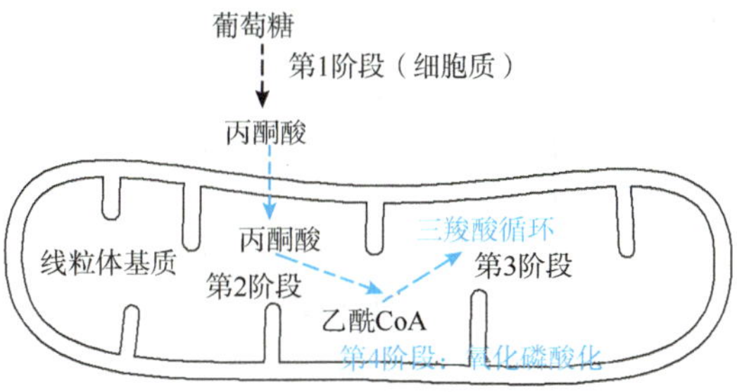

图 7-2 有氧氧化的部位及阶段

考点
丙酮酸脱氢酶复合体的5种辅酶和维生素

2. 第2阶段：丙酮酸氧化脱羧生成乙酰CoA 丙酮酸由细胞质进入线粒体内，在丙酮酸脱氢酶复合体的催化下，经过5步连续的化学反应，脱氢又脱羧生成乙酰CoA。丙酮酸脱氢酶复合体由3种酶和5种辅酶构成（表7-3）。整个反应过程是不可逆的，丙酮酸脱氢酶复合体是关键酶。

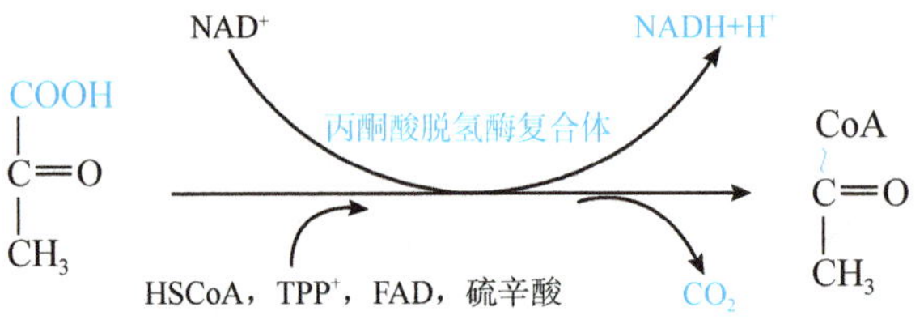

丙酮酸　　　　乙酰CoA

表7-3 丙酮酸脱氢酶复合体的组成

酶	辅酶	维生素
丙酮酸脱氢酶	TPP^+	B_1
硫辛酰胺还原转乙酰基酶	硫辛酸 HSCoA	硫辛酸 泛酸
二氢硫辛酰胺脱氢酶	FAD NAD^+	B_2 PP

考点
三羧酸循环的部位、关键酶、特点、生理意义

3. 第3阶段：三羧酸循环 三羧酸循环是由8步反应构成的一个循环过程，在线粒体基质中进行。由于循环的第一步反应生成了含有3个羧基的化合物柠檬酸，故称为三羧酸循环(tricarboxylic acid cycle，TAC或称为TCA循环)或柠檬酸循环，也称Krebs循环。

（1）三羧酸循环的过程

1）乙酰CoA与草酰乙酸缩合成柠檬酸：此反应由柠檬酸合酶催化，反应不可逆，柠檬酸合酶为TCA循环的第一个关键酶。

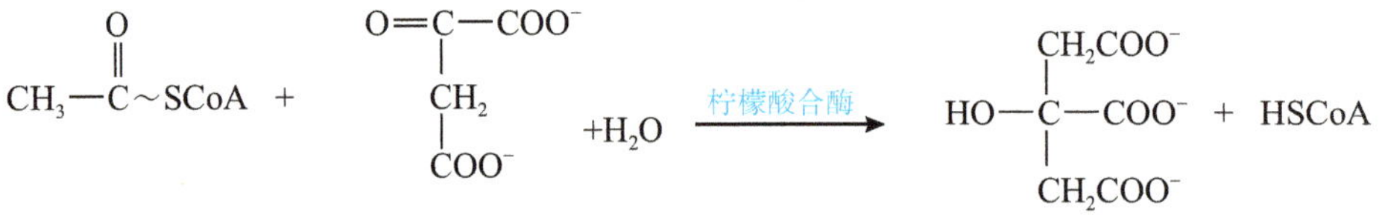

乙酰CoA　　　草酰乙酸　　　柠檬酸

2）柠檬酸异构生成异柠檬酸：在顺乌头酸酶的催化下，柠檬酸先脱水生成不稳定的中间产物顺乌头酸（a），再加水异构成异柠檬酸（b），反应过程可逆。

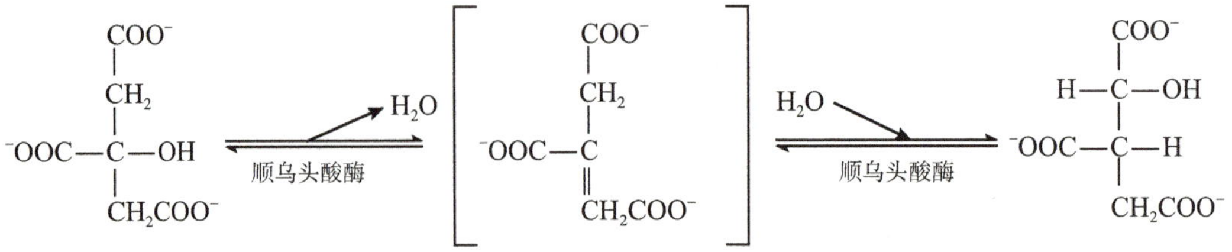

柠檬酸　　　顺乌头酸　　　异柠檬酸

3）异柠檬酸氧化脱羧生成 α- 酮戊二酸：在异柠檬酸脱氢酶催化下，异柠檬酸脱氢并脱羧生成 α- 酮戊二酸，NAD^+ 接受脱下的 2H 成为 $NADH+H^+$。此反应不可逆，是 TCA 循环中反应速度最慢的一步。异柠檬酸脱氢酶是 TCA 循环过程中的第二个关键酶。

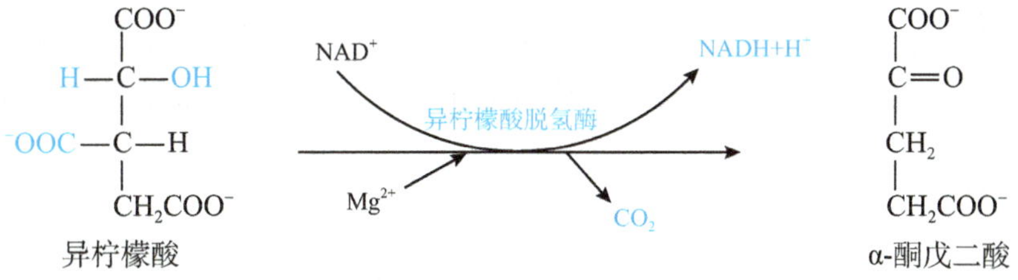

4）α- 酮戊二酸氧化脱羧生成琥珀酰 CoA：α- 酮戊二酸脱氢酶复合体催化 α- 酮戊二酸氧化脱羧生成高能化合物琥珀酰 CoA。反应中脱下的 2H 由 NAD^+ 接受成为 $NADH+H^+$。α- 酮戊二酸脱氢酶复合体是 TCA 循环的第 3 个关键酶。

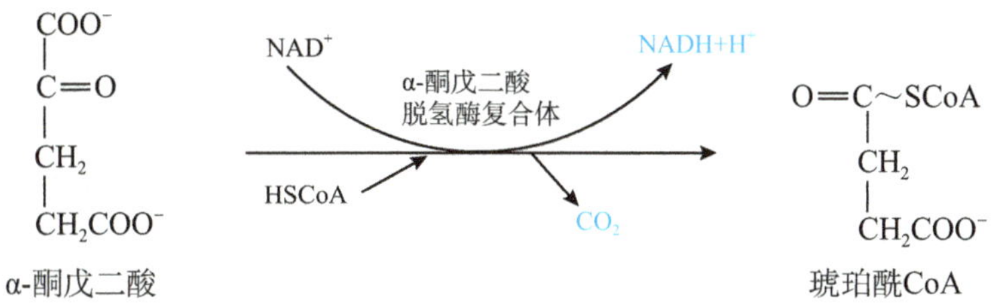

5）琥珀酰 CoA 转变为琥珀酸：由琥珀酰 CoA 合成酶（又称琥珀酸硫激酶）催化，琥珀酰 CoA 将高能键转移给 GDP 生成 GTP，GTP 继续将高能键转移给 ADP 生成 ATP。这是三羧酸循环中唯一的一次底物水平磷酸化反应。

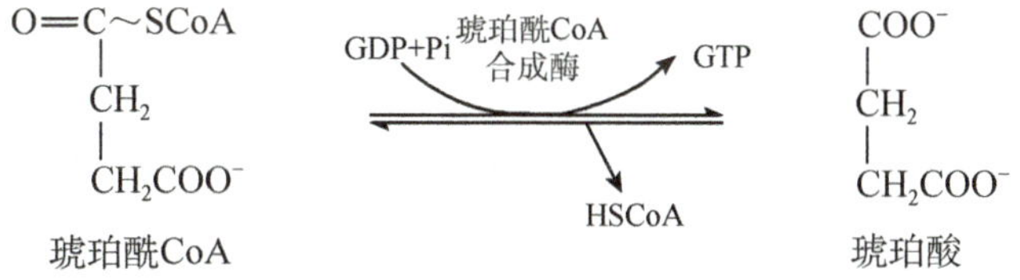

$$\text{GTP} + \text{ADP} \xrightleftharpoons{\text{GDP激酶}} \text{ATP} + \text{GDP}$$

6）琥珀酸脱氢生成延胡索酸：在琥珀酸脱氢酶催化下，琥珀酸脱氢生成延胡索酸。FAD 是琥珀酸脱氢酶的辅酶，接受脱下的 2H 生成 $FADH_2$。

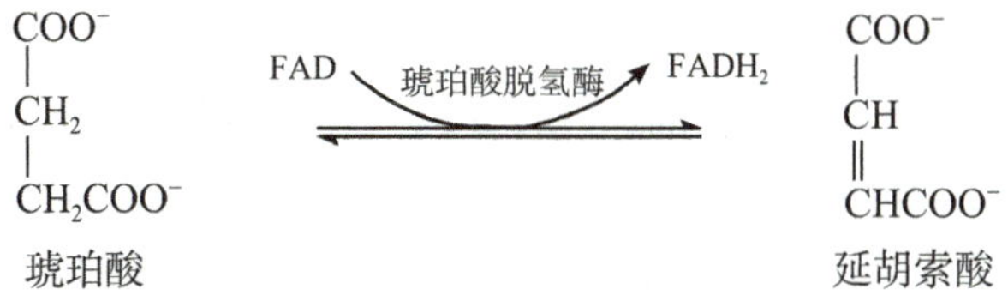

7）延胡索酸加水生成苹果酸：此反应由延胡索酸酶催化。

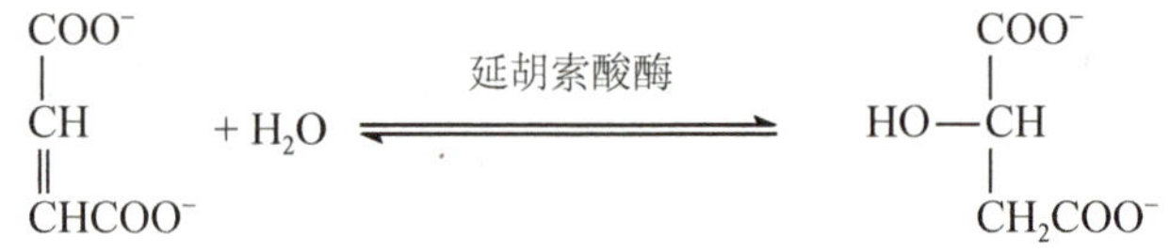

延胡索酸　　　　　　苹果酸

8）苹果酸脱氢生成草酰乙酸：这是 TCA 循环的最后一步反应，由苹果酸脱氢酶催化。苹果酸脱下的 2H 由 NAD^+ 接受生成 $NADH+H^+$，它自身变成草酰乙酸完成一次三羧酸循环。

三羧酸循环全过程，见图 7-3。

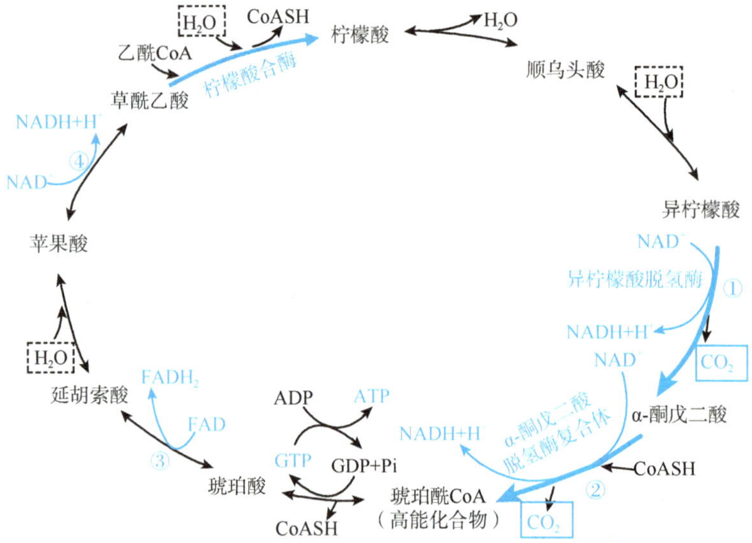

图 7-3　三羧酸循环

（2）三羧酸循环的特点

1）一次底物水平磷酸化：整个过程有一次生成 ATP 的反应，发生在琥珀酰 CoA → 琥珀酸。

2）两次脱羧生成 2 分子 CO_2：一次循环有两次脱羧反应，共产生 2 分子 CO_2。

3）三个关键酶：柠檬酸合酶、异柠檬酸脱氢酶、α- 酮戊二酸脱氢酶复合体是三羧酸循环的三个关键酶，它们所催化的反应在生理条件下是不可逆的，所以整个循环是不可逆的。

4）四次脱氢：生成 3 分子 $NADH+H^+$ 和 1 分子 $FADH_2$，分别进入呼吸链进行氧化磷酸化产生 H_2O 和 ATP。

这就是有氧氧化的第 4 阶段，即在线粒体内，底物脱下的 2H 经 NADH 氧化呼吸链传递，每生成 1 分子水同时释放 2.5 分子 ATP；底物脱下的 2H 经 $FADH_2$ 氧化呼吸链传递，每生成 1 分子水同时产生 1.5 分子 ATP，这种产生 ATP 的方式称为氧化磷酸化（详见第 8 章生物氧化）。

5）一次循环产生 10 分子 ATP：三羧酸循环是乙酰 CoA 彻底氧化的过程。每循环一次，循环中1分子乙酰CoA彻底氧化共生成10分子ATP（3×2.5+1×1.5+1=10）（表7-4）。

表7-4 三羧酸循环过程中的脱氢反应及ATP的生成

反应	辅酶	呼吸链名称	ATP生成方式	生成ATP数量
异柠檬酸→α-酮戊二酸	NAD^+	NADH氧化呼吸链	氧化磷酸化	2.5
α-酮戊二酸→琥珀酰CoA	NAD^+	NADH氧化呼吸链	氧化磷酸化	2.5
苹果酸→草酰乙酸	NAD^+	NADH氧化呼吸链	氧化磷酸化	2.5
琥珀酸→延胡索酸	FAD	$FADH_2$氧化呼吸链	氧化磷酸化	1.5
琥珀酰CoA→琥珀酸			底物水平磷酸化	1
合计				10

（3）三羧酸循环的生理意义

1）三羧酸循环是体内糖、脂肪、蛋白质彻底氧化的共同途径：糖、脂肪、蛋白质经代谢后都能生成乙酰CoA或三羧酸循环中的中间产物，从而进入三羧酸循环彻底氧化分解。

2）三羧酸循环是糖、脂肪、蛋白质代谢联系的枢纽：糖分解代谢产生的丙酮酸、α-酮戊二酸、草酰乙酸等均可构成氨基酸的骨架，氨基酸也可脱氨基转变成相应的α-酮酸进入三羧酸循环彻底氧化或经草酰乙酸转变为糖。脂肪酸和甘油均可转变为乙酰CoA，进入三羧酸循环彻底氧化等。

3）三羧酸循环的中间产物为其他合成代谢提供原料：如琥珀酰CoA能作为血红素合成的原料并参与酮体的生成，α-酮戊二酸、草酰乙酸等均可作为非必需氨基酸合成时的骨架等。

（二）葡萄糖有氧氧化的产物及生理意义

1. 有氧氧化的产物 1分子葡萄糖生成2分子丙酮酸，再进行两次三羧酸循环后，有机酸脱羧生成CO_2，脱下的氢在线粒体内进入呼吸链产生H_2O的同时，进行氧化磷酸化生成ATP。1分子葡萄糖经有氧氧化生成6分子CO_2、6分子H_2O、32或30分子ATP，总反应式如下。

$$C_6H_{12}O_6 + 6\ O_2 \longrightarrow 6\ CO_2 + 6\ H_2O + 32\text{或}30ATP$$

计算ATP时，须找到脱氢部位、辅酶及次数，底物磷酸化部位及次数、耗能部位及次数，然后进行计算，见表7-5。

表7-5 有氧氧化中ATP的计算

项目	第1阶段	第2阶段	第3阶段（三羧酸循环）	净生成ATP总数
底物水平磷酸化次数	2×2	0	1×2	
脱氢次数及辅酶	1×2（NAD^+）	1×2（NAD^+）	2×（3×NAD^++1FAD）	
产生ATP数量	2×2.5（或1.5）+2	2×2.5	2×10	
消耗ATP数量	−2	0	0	
合计	7或5	5	20	32或30

注：糖酵解在细胞质中产生的$NADH+H^+$如果经苹果酸穿梭作用进入线粒体，1分子$NADH+H^+$产生2.5个ATP，若经磷酸甘油穿梭作用进入线粒体，则产生1.5个ATP

2. 有氧氧化的生理意义　有氧氧化是体内葡萄糖氧化分解的主要途径，也是机体在正常情况下获得能量的主要方式。1分子葡萄糖经有氧氧化净生成32或30分子ATP，产生的能量比无氧氧化多得多。法国科学家巴斯德（Pasteur）发现，在氧充足的条件下，细胞优先进行有氧氧化而使无氧氧化受抑制，后人把这种现象称为巴斯德效应。

链 接　有氧运动

有氧运动是指人体在氧气充分的条件下所进行的体育锻炼。常见的有氧运动项目有步行、慢跑、游泳、滑冰、骑自行车、打太极拳、跳健身舞、做韵律操等。有氧运动能将体内葡萄糖彻底氧化分解，有利于减肥。

三、磷酸戊糖途径

考点　磷酸戊糖途径的关键酶、重要中间产物、生理意义、相关疾病

磷酸戊糖途径是由于代谢途径中生成了几种重要的磷酸戊糖而得名，又称糖的代谢旁路，主要在肝、脂肪组织、哺乳期的乳腺、肾上腺皮质、性腺、骨髓和红细胞等细胞的细胞质中进行。

（一）反应过程

磷酸戊糖途径的反应过程可分为两个阶段：第1阶段是氧化反应阶段，生成磷酸戊糖和$NADPH+H^+$；第2阶段是基团转移反应。

1. 第1阶段：葡萄糖氧化脱羧生成磷酸戊糖　葡萄糖活化生成6-磷酸葡萄糖，在6-磷酸葡萄糖脱氢酶催化下脱氢生成6-磷酸葡萄糖酸，后者由6-磷酸葡萄糖酸脱氢酶催化，脱氢同时脱去羧基，生成5-磷酸核酮糖和CO_2。6-磷酸葡萄糖脱氢酶和6-磷酸葡萄糖酸脱氢酶是该途径的关键酶，其辅酶均为$NADP^+$，接受脱下的2H后转变为$NADPH+H^+$（还原型辅酶Ⅱ），这是该途径生成的第一种重要的中间产物。

2. 第2阶段：基团转移反应　第1阶段生成的部分磷酸核酮糖通过一系列基团转移反应，进行酮基和醛基的转换，产生含3碳、4碳、5碳、6碳及7碳的多种糖的中间产物，最终都转变为6-磷酸果糖和3-磷酸甘油醛。它们可转变为6-磷酸葡萄糖继续进行磷酸戊糖途径，也可以进入糖的有氧氧化或无氧氧化途径继续氧化分解。其中5-磷酸核糖是该途径生成的第二种重要中间产物，可用于核苷酸的合成。磷酸戊糖途径基本反应过程，见图7-4。

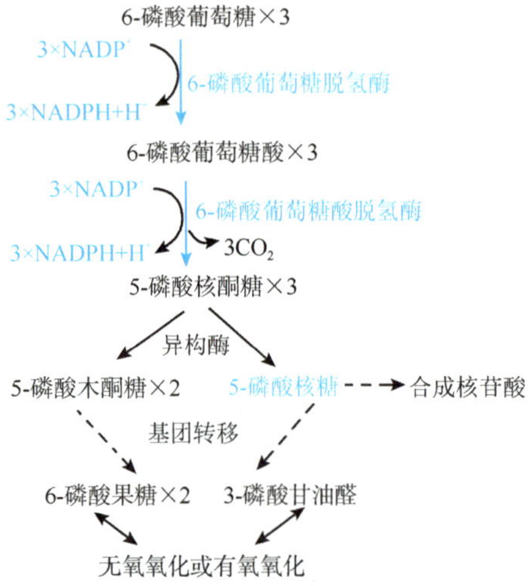

图7-4　磷酸戊糖途径

（二）生理意义

磷酸戊糖途径最重要的意义是生成了两种重要的中间产物5-磷酸核糖和$NADPH+H^+$。

1. 磷酸戊糖途径生成的5-磷酸核糖（R-5-P）是合成核苷酸的原料　此途径是葡萄糖在体内生成5-磷酸核糖的唯一途径。

2. 磷酸戊糖途径生成的 NADPH+H^+ 作为供氢体为许多反应提供氢

（1）NADPH+H^+ 对维持还原型谷胱甘肽（G—SH）的正常含量非常重要：G—SH 是体内重要的抗氧化剂，能保护一些含巯基（—SH）的蛋白质和酶类免受氧化剂的破坏。

在红细胞中，G—SH 在保护红细胞膜的完整性方面起到重要作用。当过多氧化剂（如 H_2O_2）产生时，G—SH 与氧化剂反应生成氧化型谷胱甘肽（GS—SG），从而失去对红细胞的保护作用，红细胞膜遭破坏而产生溶血。红细胞内的谷胱甘肽还原酶，可将 GS—SG 还原为 G—SH，需要 NADPH+H^+ 作为供氢体，而人体内 NADPH+H^+ 主要来自磷酸戊糖途径。谷胱甘肽的氧化与再生，见图 7-5。

图 7-5 G—SH 的氧化与再生

由于遗传缺陷，有些人先天缺乏 6- 磷酸葡萄糖脱氢酶，体内磷酸戊糖途径不能正常进行，NADPH+H^+ 生成量不足，在过量食用氧化性强的食物（如蚕豆）或某些药物（如抗疟疾药物）后，易导致红细胞膜破坏而产生溶血性贫血（也称蚕豆病）。

（2）NADPH+H^+ 作为供氢体参与脂肪酸、胆固醇和类固醇激素的生物合成。

（3）NADPH+H^+ 参与肝脏生物转化反应：NADPH+H^+ 提供氢参与激素、药物、毒物等的生物转化作用。

第 3 节 糖异生作用

考点
糖异生的概念、部位、原料、生理意义、关键酶、乳酸循环及意义

在生物体内，非糖物质转变为葡萄糖或糖原的过程称为糖异生作用（gluconeogenesis）。糖异生的原料包括乳酸、丙酮酸、生糖氨基酸、甘油及三羧酸循环中的各酸等。正常情况下，肝是糖异生的主要器官，长期饥饿及酸中毒时，肾皮质细胞也可进行糖异生。

一、糖异生的途径

糖异生途径基本上是沿糖酵解的逆过程进行的，但是糖酵解中的 3 个不可逆反应是糖异生的 3 个“能障”。

下面以丙酮酸的糖异生为例说明需要克服的 3 个“能障”。

（一）第 1 个能障：丙酮酸 → 磷酸烯醇式丙酮酸

丙酮酸在丙酮酸羧化酶催化下生成草酰乙酸，反应由 ATP 供能；草酰乙酸继续由磷酸烯醇式丙酮酸羧激酶催化生成磷酸烯醇式丙酮酸，需 GTP 供能。以上反应过程称为丙酮酸羧化支路。

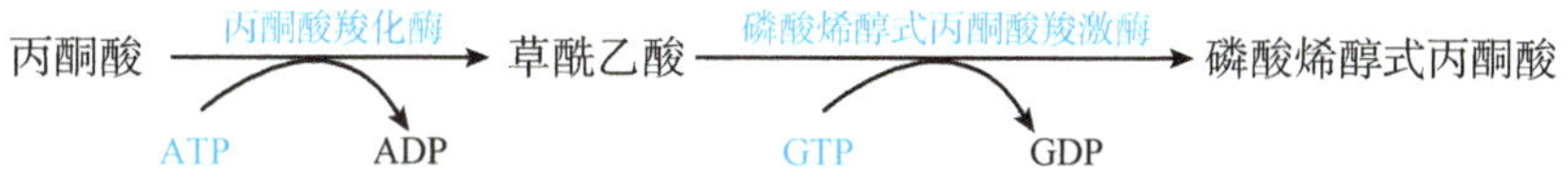

丙酮酸羧化酶仅存在于线粒体内，其辅酶是生物素。磷酸烯醇式丙酮酸羧激酶在细胞质及线粒体均存在，所以草酰乙酸可直接在线粒体内或穿梭到细胞质中脱羧生成磷酸烯醇式丙酮酸。克服第 1 个“能障”相当于消耗 2 分子 ATP。

（二）第 2 个能障：1, 6- 二磷酸果糖 → 6- 磷酸果糖

在果糖二磷酸酶催化下，1, 6- 二磷酸果糖水解掉第 1 位上的磷酸，生成 6- 磷酸果糖。

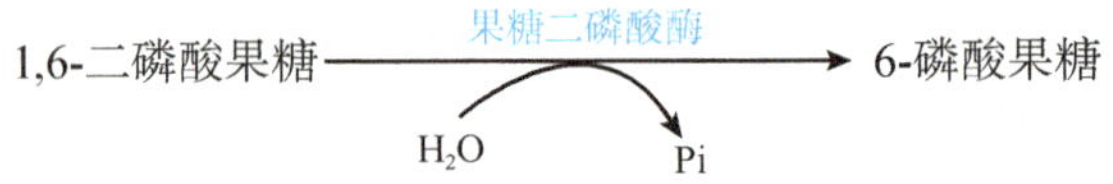

（三）第 3 个能障：6- 磷酸葡萄糖 → 葡萄糖

此反应由葡萄糖 -6- 磷酸酶催化，该酶只存在于肝细胞内，6- 磷酸葡萄糖水解掉磷酸成为葡萄糖。

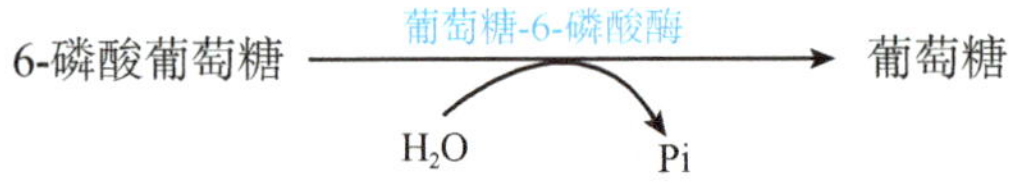

丙酮酸为三碳化合物，故每异生为 1 分子葡萄糖，需要 2 分子丙酮酸，同时消耗 6 分子 ATP。丙酮酸羧化酶、磷酸烯醇式丙酮酸羧激酶、果糖二磷酸酶和葡萄糖 -6- 磷酸酶是糖异生途径的关键酶。

二、糖异生的生理意义

（一）维持血糖水平的相对恒定

这是糖异生最主要的生理功能。饥饿时，肌肉产生的乳酸量较少，糖异生的原料主要为生糖氨基酸和甘油，其经糖异生转变为葡萄糖，维持血糖水平恒定，保证脑等重要组织器官的能量供应。

（二）糖异生是补充或恢复肝糖原储备的重要途径

实验证明，肝糖原不完全是由葡萄糖直接合成，尤其在饥饿时，甘油、生糖氨基酸等经糖异生合成肝糖原成为补充或恢复肝糖原储备的重要来源。

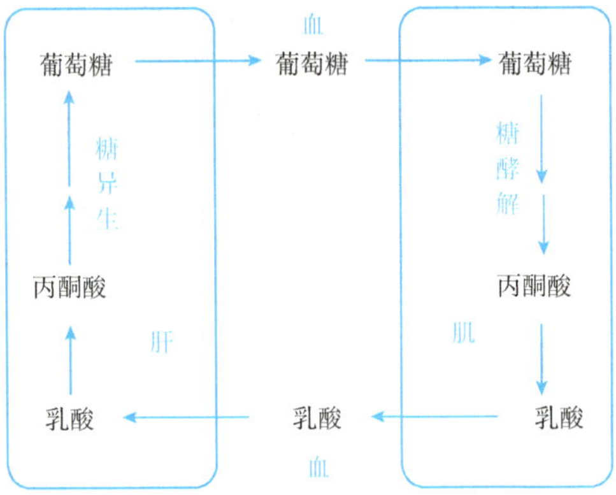

图 7-6　乳酸循环

（三）有利于维持酸碱平衡

在长期饥饿的情况下，肾的糖异生作用加强，可促进肾小管细胞的泌氨作用。NH_3 与原尿中 H^+ 结合成 NH_4^+，随尿排出体外，降低原尿中 H^+ 的浓度，有利于排 H^+ 保 Na^+ 作用，有利于维持酸碱平衡。

（四）有利于乳酸的再利用

剧烈运动时，肌肉组织细胞内的葡萄糖经无氧氧化生成大量乳酸，后者进入血中经血液循环运到肝；在肝内，乳酸经糖异生作用合成葡萄糖。肝内糖异生产生的葡萄糖再随血液循环运送到肌细胞氧化利用，这样就构成了乳酸循环（图 7-6）。通过此循环，回收了乳酸中的能量，又防止了乳酸堆积造成的酸中毒。

第 4 节　糖原的合成与分解

糖原是多个葡萄糖通过糖苷键相连所形成的带分支的大分子多糖，是动物体内糖的

储存形式。

糖原中的葡萄糖主要以 α-1, 4- 糖苷键相连形成直链，只有分支处以 α-1, 6- 糖苷键形成支链（图 7-7）。

一、糖原合成

考点
糖原合成的部位、关键酶、供能体、活性形式、生理意义

体内由葡萄糖合成糖原的过程称为糖原合成。肝糖原和肌糖原分别在肝和肌细胞的细胞质中合成。

（一）活性葡萄糖“UDPG”的生成

如图 7-8 的 3 步反应所示，葡萄糖在己糖激酶（肝内是葡萄糖激酶）催化下生成 6- 磷酸葡萄糖，继而在变位酶作用下生成 1- 磷酸葡萄糖。然后由 UDPG 焦磷酸化酶催化，1- 磷酸葡萄糖与三磷酸尿苷（UTP）反应生成尿苷二磷酸葡萄糖（UDPG），并释放焦磷酸（PPi）。UDPG 是糖原合成时葡萄糖的“活性供体”。

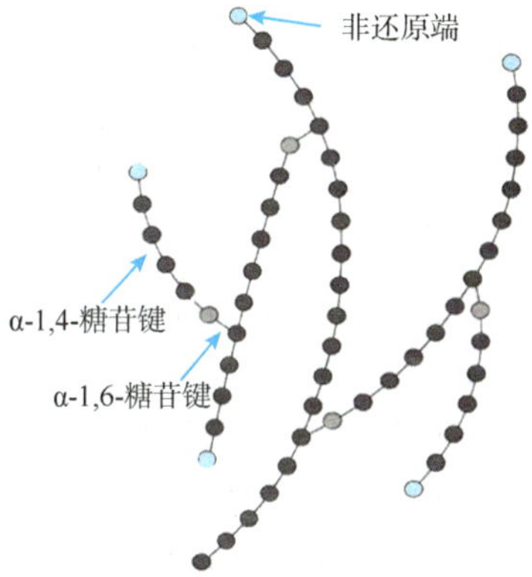

图 7-7　糖原结构

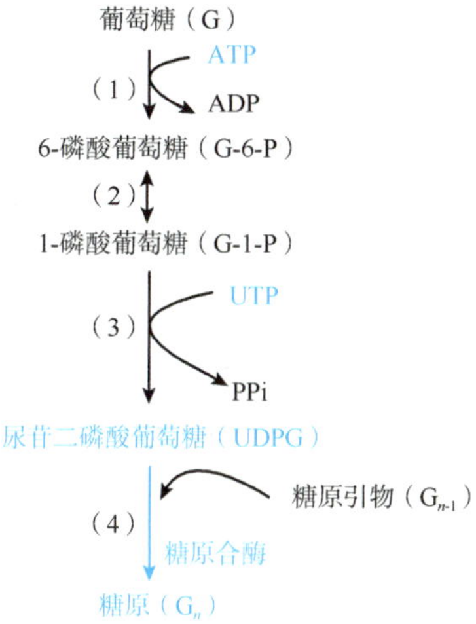

图 7-8　糖原合成过程

（二）葡萄糖基转移到糖原引物上

由糖原合酶催化 UDPG 将葡萄糖基转移到糖原引物 G_{n-1} 分子上并以 α-1, 4- 糖苷键相连，于是形成多了一个葡萄糖残基的糖原 G_n，如图 7-8（4）。此反应是糖原合成的关键步骤，糖原合酶是关键酶。

糖原合成时，每增加一个葡萄糖残基，消耗 1 分子 ATP 和 1 分子 UTP。

（三）糖原分支的形成

上述反应反复进行，使糖链不断延长，但不能形成分支。当链长增至 12 ～ 18 个葡萄糖残基时，分支酶就将长约 7 个葡萄糖残基的寡糖链转移至另一段糖链上，以 α-1, 6- 糖苷键相连形成糖原分子的分支（图 7-9）。

二、糖原分解

考点
糖原分解的部位、关键酶、肝糖原和肌糖原分解产物不同的原因、生理意义

糖原的分解指肝糖原分解产生葡萄糖的过程。糖原分解在细胞质中进行，肝糖原和肌糖原分解产物不同。

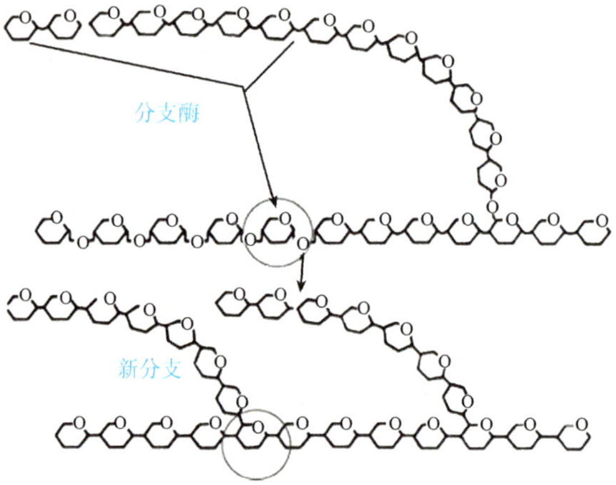

图 7-9　糖原合成时分支的形成

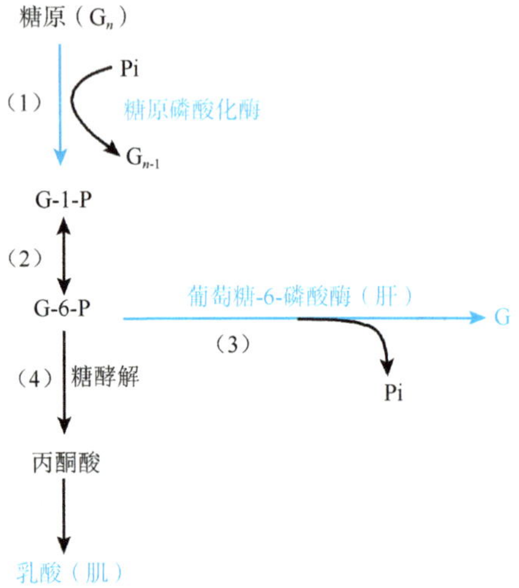

图 7-10　糖原分解过程

（一）糖原的糖基从非还原端开始磷酸解

在糖原磷酸化酶作用下，从糖原非还原端葡萄糖基开始磷酸化，生成 1- 磷酸葡萄糖和比原来少了一个葡萄糖残基的糖原，见图 7-10（1）。此反应为糖原分解的关键步骤，糖原磷酸化酶是关键酶。以上反应重复进行，糖原分子中葡萄糖残基不断被转变为 1- 磷酸葡萄糖。

（二）糖原分支的去除

糖原变得越来越小，当距离分支点有 4 个葡萄糖残基时，由转移酶将 3 个葡萄糖残基转移到邻近糖链的末端。分支点处的葡萄糖残基由 α-1，6- 糖苷键水解生成葡萄糖（图 7-11）。

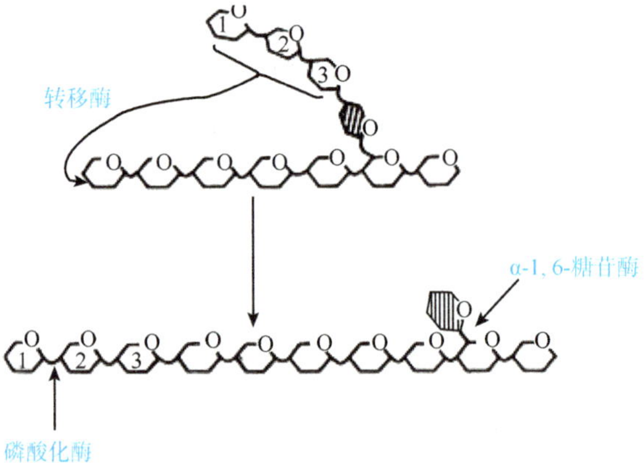

图 7-11　糖原分解过中分支的去除

（三）肝糖原和肌糖原分解产生不同产物

1- 磷酸葡萄糖由变位酶催化生成 6- 磷酸葡萄糖。肝细胞内存在葡萄糖 -6- 磷酸酶，能水解 6- 磷酸葡萄糖生成葡萄糖；肌肉细胞中无葡萄糖 -6- 磷酸酶，肌糖原分解生成 6- 磷酸葡萄糖后，进入糖酵解途径最后生成乳酸，或进入有氧氧化途径继续代谢。

三、糖原合成与分解的生理意义

糖原合成与分解对人体具有重要意义。一方面，饭后血糖增高时，合成肝糖原以降低血糖；另一方面，糖原是体内能被迅速动用的能源储备物质。当血糖水平降低时，肝糖原分解能产生葡萄糖，协助维持血糖浓度的恒定，这对可脑组织和红细胞等尤为重要。肌糖原分解则为肌肉收缩提供急需的能量。

第 5 节　血糖及其调节

考点　血糖的概念、正常值、来源和去路、升高和降低血糖的激素

血液中的葡萄糖，称为血糖（glucose，Glu）。血糖浓度随进食、活动等变化而有所波动。正常人空腹血糖浓度为 3.89 ～ 6.11mmol/L。血糖浓度的相对稳定对保证组织器官，特别是脑组织的正常生理活动具有重要意义。

血糖浓度的相对恒定依赖于体内血糖来源和去路的动态平衡。

一、血糖的来源和去路

（一）血糖的来源

1. 食物中糖类的消化吸收　食物中的淀粉等经肠道消化生成葡萄糖进入血液，是血糖的主要来源。

2. 肝糖原分解产生的葡萄糖　这是空腹时血糖的来源。

3. 非糖物质在肝、肾中经糖异生作用转变为葡萄糖　这是饥饿时血糖的重要来源。

（二）血糖的去路

1. 进入组织细胞氧化供能　这是血糖的主要去路。

2. 在肝、肌肉等组织合成糖原贮存　血液中的葡萄糖可转运至肝或肌肉细胞内，合成肝糖原或肌糖原贮存。

3. 转变成脂肪及其他物质　葡萄糖在体内可转变成脂肪、胆固醇、核糖、脱氧核糖、有机酸、非必需氨基酸等。

血糖浓度若超出肾糖阈（8.89mmol/L），尿中可出现葡萄糖，称为尿糖，这是葡萄糖的非正常去路。血糖的来源和去路，见图 7-12。

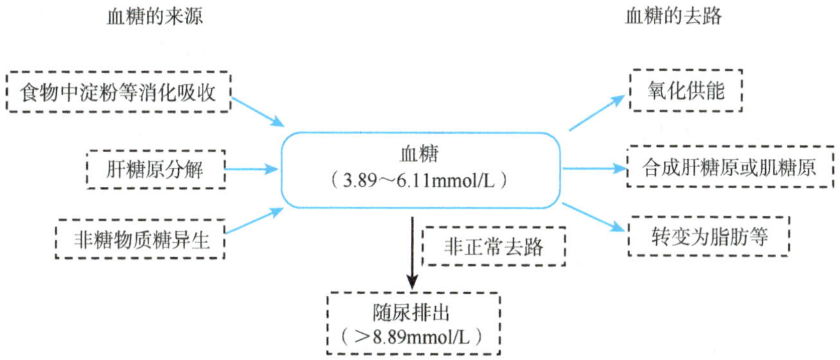

图 7-12　血糖的来源和去路

二、血糖浓度的调节

人是复杂的有机体，血糖浓度的相对恒定是糖、脂肪、蛋白质多种代谢平衡的结果，也是肝、肌肉、脂肪等组织代谢协调的结果。血糖水平主要受激素的调节。

目前发现的调节血糖浓度的激素（表 7-6）有两大类：一类是降低血糖浓度的激素；另一类是升高血糖浓度的激素。

表 7-6 激素的作用机制

激素名称	作用机制
降血糖的激素	
胰岛素	①促进组织细胞摄取葡萄糖；②促进葡萄糖的氧化分解；③促进糖原合成，抑制糖原分解；④抑制糖异生；⑤促进糖转变成脂肪
升高血糖的激素	
胰高血糖素	①促进肝糖原分解；②抑制糖酵解，促进糖异生；③激活激素敏感脂肪酶，加速脂肪动员
糖皮质激素	①抑制组织细胞摄取葡萄糖；②促进糖异生
肾上腺素	①促进肝糖原和肌糖原分解；②促进肌糖原酵解；③促进糖异生

（一）降低血糖的激素

胰岛 B 细胞分泌的胰岛素是目前发现最强有力地降低血糖的激素，饱食后，胰岛素分泌增强，协调各代谢降低血糖。

（二）升高血糖的激素

胰高血糖素、肾上腺素、糖皮质激素等均有升高血糖的作用。其中胰高血糖素是升高血糖最重要的激素，它由胰岛 A 细胞分泌，与胰岛素有拮抗作用，在空腹及血糖降低时分泌。

三、高血糖与低血糖

（一）高血糖

在临床上，空腹血糖浓度高于 7.0mmol/L 称为高血糖。如果血糖值超过肾糖阈会出现糖尿。

引起高血糖和糖尿的原因有生理性和病理性两种。生理性高血糖见于摄入过多糖，使血糖升高甚至超过肾糖阈（8.89mmol/L），出现糖尿，为饮食性高血糖或糖尿；人在情绪激动时，交感神经兴奋，肾上腺素分泌增加导致的高血糖或糖尿称为情感性高血糖或糖尿。生理性高血糖常是暂时的，空腹或心情平静时，血糖依旧可以恢复正常。

病理性高血糖和糖尿多见于糖尿病患者。糖尿病患者由于其自身胰岛素分泌不足或利用障碍，导致机体利用和转化葡萄糖的能力下降，血中葡萄糖增高甚至从尿中排出。糖尿病患者常有三多一少的症状，即“多饮、多食、多尿”、体重减少。

（二）低血糖

在临床上，空腹血糖浓度低于 2.8mmol/L 时称为低血糖。人在低血糖时常出现头晕、出汗、心悸（心率加快）、面色苍白、视物不清、神志不清、血压下降等症状。

低血糖也有生理性和病理性之分。生理性低血糖主要见于长时间饥饿、持续长时间的体力活动或体育运动等；病理性低血糖见于胰岛素分泌过多、升高血糖浓度的激素分泌不足、严重肝疾患或临床治疗时使用降糖药物过量等。

当血糖低于 2.48mmol/L 时可严重影响脑功能，会出现低血糖昏迷。

链 接 口服糖耐量试验

糖耐量是指人体对摄入的葡萄糖的处理能力。临床上常用口服葡萄糖耐量试验（oral glucose tolerance test，OGTT）检查人体对血糖的调节能力，并作为诊断糖尿病的一项重要指标。

具体方法：抽空腹血并测血糖浓度，然后给成年受试者一次性进食 75g 葡萄糖，在之后的 0.5 小时、1 小时、2 小时、3 小时分别采血并测定血糖浓度。然后以时间为横坐标，每次测得血糖浓度为纵坐标，绘制得到糖耐量曲线。

正常人一次大量食入葡萄糖后，血糖浓度会暂时升高，但一般不会超过 7.8mmol/L 且约 2 小时后会恢复正常水平。糖尿病患者进食糖后，血糖迅速上升，并超出肾糖阈，2 小时后血糖也难以恢复到空腹水平，称为糖耐量降低。

自测题

一、名词解释

1. 糖酵解　2. 有氧氧化　3. 糖异生　4. 乳酸循环　5. 血糖

二、单项选择题

1. 糖最重要的功能是
A. 构成组织细胞　B. 保温　C. 传递遗传信息　D. 氧化供能　E. 储存能量

2. 葡萄糖氧化分解最重要的途径是
A. 无氧氧化　B. 有氧氧化　C. 磷酸戊糖途径　D. 糖异生　E. 糖原合成

3. 葡萄糖无氧氧化的产物是
A. 丙酮酸　B. CO_2+H_2O+ATP　C. 磷酸二羟丙酮　D. 苹果酸　E. 乳酸 +ATP

4. 下列哪个是糖酵解的关键酶
A. 苹果酸脱氢酶　B. 丙酮酸脱氢酶复合体　C. 乳酸脱氢酶　D. 磷酸果糖激酶　E. 柠檬酸合酶

5. 一分子葡萄糖彻底氧化成 CO_2 和 H_2O，可净生成多少分子的 ATP
A. 2　B. 7　C. 10　D. 20　E. 32

6. 为机体快速供能的代谢途径是
A. 无氧氧化　B. 有氧氧化　C. 磷酸戊糖途径　D. 糖异生　E. 糖原合成

7. 糖、脂肪、蛋白质三大营养物质代谢联系的枢纽是
A. 乳酸循环　B. 有氧氧化　C. 三羧酸循环　D. 糖异生　E. 丙酮酸羧化支路

8. 下列物质中不能糖异生的是
A. 丙酮酸　B. 乙酰 CoA　C. 甘油　D. 乳酸　E. 生糖氨基酸

9. 肌糖原不能分解为葡萄糖，是因为肌肉中缺乏
A. 己糖激酶　B. 葡萄糖 -6- 磷酸酶　C. 葡萄糖 -6- 磷酸脱氢酶　D. 磷酸果糖激酶　E. 乳酸脱氢酶

10. 糖原合成的关键酶是
A. 糖原合酶　B. 分支酶　C. 磷酸葡萄糖变位酶　D. UDPG 焦磷酸化酶　E. 磷酸化酶

11. 磷酸戊糖途径的最重要的意义是生成了
A. $FADH_2$　B. $NADP^+$　C. $NADH+H^+$　D. $NADPH+H^+$

E. NAD^+

12. 人体内唯一能降低血糖浓度的激素是

A. 胰高血糖素 B. 肾上腺素
C. 胰岛素 D. 糖皮质激素
E. 抗利尿激素

13. 三羧酸循环在下列哪个部位进行

A. 线粒体 B. 内质网 C. 细胞质
D. 细胞核 E. 溶酶体

14. 成熟红细胞获得能量的主要方式为

A. 有氧氧化 B. 无氧氧化
C. 磷酸戊糖途径 D. 糖异生
E. 三羧酸循环

15. 血糖的非正常去路是

A. 氧化供能 B. 合成肝糖原
C. 合成肌糖原 D. 随尿排出
E. 转变为脂肪

三、简答题

1. 试从反应条件、部位、生成ATP的数量及方式、产物等方面比较无氧氧化和有氧氧化的异同。
2. 三羧酸循环的生理意义是什么?
3. 简述其糖异生的原料、反应部位及生理意义。
4. 肝糖原和肌糖原分解的产物各是什么？为什么肌糖原分解的产物不是葡萄糖?
5. 血糖正常参考范围是多少？简述人体内血糖的正常来源和去路。

（晁相蓉）

第8章

生物氧化

第1节 概　　述

化学物质在生物体内进行氧化分解的过程称为生物氧化，主要指糖、脂肪、蛋白质等营养物质在线粒体内氧化分解，生成 H_2O 和 CO_2 并释放能量的过程。

在化学本质上，生物氧化与物质在体外的氧化相同，其氧化方式遵循氧化反应的一般规律，即加氧、脱氢、失电子反应，但生物体内的氧化以脱氢氧化为主。

一、生物氧化的特点

1. 生物氧化在细胞内进行，反应条件温和（37℃，pH 近中性），经酶催化逐步进行。

2. H_2O 是由代谢物脱下的氢经呼吸链传递与氧结合而生成。

3. CO_2 是由有机酸脱羧生成。

4. 能量逐步释放。一部分以化学能的形式使 ADP 磷酸化生成 ATP，作为机体生理活动需要的能源；其余能量主要以热能形式散发，以维持体温。

5. 生物氧化的速率由细胞自动调控。

二、生物氧化中 CO_2 的生成

生物体内 CO_2 的生成并不是代谢物的碳原子与氧原子的直接化合，而是来源于糖、蛋白质、脂肪等在体内代谢过程中产生的有机酸的脱羧反应。根据脱去 CO_2 的羧基在有机酸中的位置，可将脱羧反应分为 α- 脱羧与 β- 脱羧两种类型。又根据脱羧是否伴有氧化反应，可分为单纯脱羧和氧化脱羧。

1. α- 单纯脱羧　例如，氨基酸在氨基酸脱羧酶作用下脱去 α- 位上的羧基，生成胺和 CO_2。

α-氨基酸　　　　　　胺

2. α- 氧化脱羧　例如，丙酮酸脱氢同时脱去 α- 位上的羧基生成乙酰 CoA。

3. β- 单纯脱羧　例如，草酰乙酸脱去 β- 位羧基生成丙酮酸。

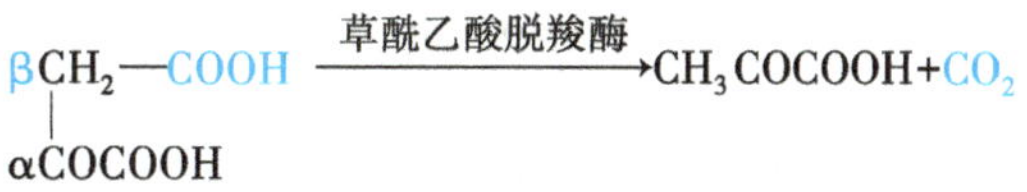

草酰乙酸　　　　　　丙酮酸

4. β- 氧化脱羧 例如，苹果酸脱氢同时脱去β- 位羧基生成丙酮酸。

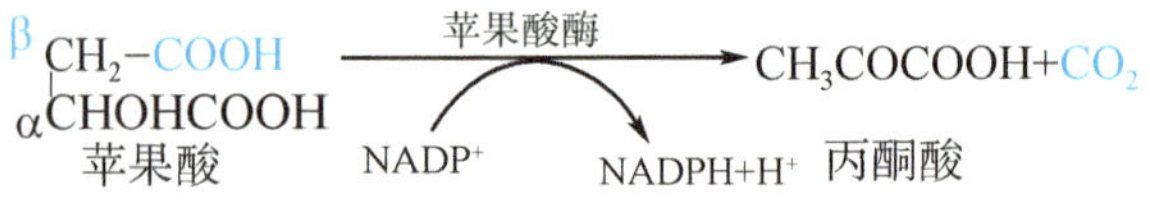

第 2 节 人体内 H_2O 的生成

生物氧化过程中，代谢物分子经脱氢酶催化，脱下的成对氢原子（$2H \rightleftharpoons 2H^+ + 2e$）在线粒体内膜上最终可传递给氧生成 H_2O，并释放能量。

一、呼吸链的概念

在线粒体内膜上，由一系列酶和辅酶按一定顺序排列所组成的氢和电子的传递体系，称为呼吸链，又称为电子传递链。

呼吸链的成分主要有以下几类。

（一）NAD^+（辅酶 I 或 Co I）或 $NADP^+$（辅酶 II 或 Co II）

NAD^+ 和 $NADP^+$ 是多种不需氧脱氢酶的辅酶，分子中的烟酰胺在加氢反应时能接受 1 个 H（$H \rightleftharpoons H^+ + e$）和 1 个电子。代谢物分子脱下的成对氢原子（$2H \rightleftharpoons 2H^+ + 2e$）中，1 个 H^+ 会游离在基质中。因此 NAD^+ 和 $NADP^+$ 同时具有递氢和递电子体功能，其还原形式为 $NADH+H^+$（简写为 NADH）和 $NADPH+H^+$（简写为 NADPH）。

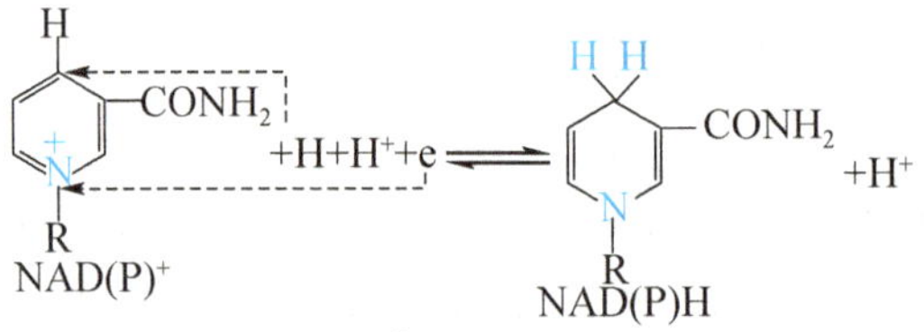

$$NAD(P)^+ \underset{-2e}{\overset{+2e}{\rightleftharpoons}} NAD(P)H+H^+$$

（二）以 FMN 或 FAD 为辅基的黄素酶

黄素酶的辅基是 FMN 和 FAD，后者分子中维生素 B_2（核黄素）的异咯嗪环是其功能部位。氧化型的 FMN 或 FAD 可接受 1 个质子和 1 个电子形成不稳定的 FMNH 或 FADH，再接受另 1 个质子和 1 个电子转变为还原型 $FMNH_2$ 或 $FADH_2$。因此，FMN 和 FAD 同时具有递氢和递电子体功能。

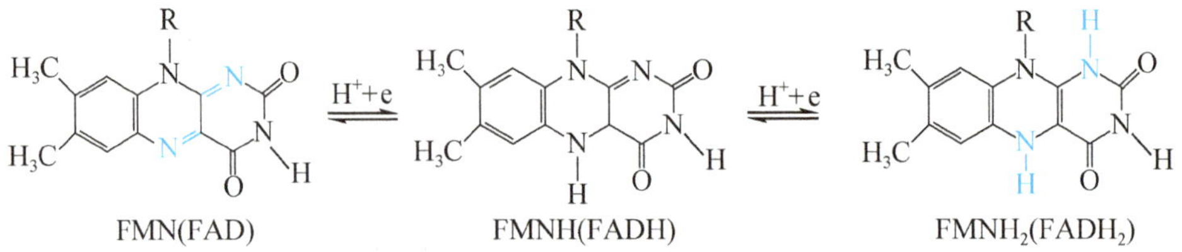

$$FMN(FAD) \underset{-2H}{\overset{+2H}{\rightleftharpoons}} FMNH_2(FADH_2)$$

（三）铁硫蛋白

铁硫蛋白（Fe-S）是存在于线粒体内膜上的一类与传递电子有关的蛋白质，含有等量的铁离子和硫原子（Fe_2S_2、Fe_4S_4）。其分子中的铁离子能进行可逆的得失电子反应（$Fe^{2+} \rightleftharpoons Fe^{3+} + e$），且每次传递1个电子。因此，铁硫蛋白是单电子传递体。

（四）泛醌

泛醌（辅酶Q或CoQ）是一种脂溶性醌类化合物。泛醌接受1个电子和1个质子还原成半醌，再接受1个电子和1个质子还原成二氢泛醌，后者又可脱去电子和质子而被氧化为泛醌。在呼吸链中泛醌同时具有递氢和递电子体功能。

$$CoQ \underset{-2H}{\overset{+2H}{\rightleftharpoons}} CoQH_2$$

（五）细胞色素

细胞色素（cytochrome，Cyt）是一类以铁卟啉为辅基的催化电子传递的酶类，因广泛存在于生物的细胞内且具有颜色，故名为细胞色素。按吸收光谱的不同，可分为a、b、c 3类，每一类中又因最大吸收峰的微小差别再分为几种亚类。

参与线粒体生物氧化体系的细胞色素有Cyt a、Cyt a_3、Cyt b、Cyt c和Cyt c_1，其传递电子的顺序是：Cyt b → Cyt c_1 → Cyt c → Cyt aa_3 → O_2。因Cyt a和Cyt a_3结合紧密，迄今尚未分开，故写成Cyt aa_3。Cyt aa_3是呼吸链中最后一个递电子体，可以将电子直接传递给氧，使氧被激活成氧离子，故又称为细胞色素c氧化酶。呼吸链中的细胞色素的主要功能是传递电子。

二、人体内的两条呼吸链

实验证实，在上述呼吸链组成成分中，除泛醌与Cyt c以游离形式存在线粒体内膜上，其余成分均以复合体形式存在，四种复合体Ⅰ、Ⅱ、Ⅲ、Ⅳ的组成，见表8-1。

表8-1 线粒体呼吸链复合体及其作用

复合体	酶名称	辅基
复合体Ⅰ	NADH-泛醌还原酶	FMN，Fe-S
复合体Ⅱ	琥珀酸-泛醌还原酶	FAD，Fe-S
复合体Ⅲ	泛醌-细胞色素c还原酶	Fe-S，铁卟啉
复合体Ⅳ	细胞色素c氧化酶	铁卟啉，Cu

4种复合体及Q、C按一定顺序排列在线粒体内膜上，构成NADH氧化呼吸链和$FADH_2$氧化呼吸链（也称琥珀酸氧化呼吸链），两条呼吸链成分在线粒体内的位置及排列，

见图 8-1。

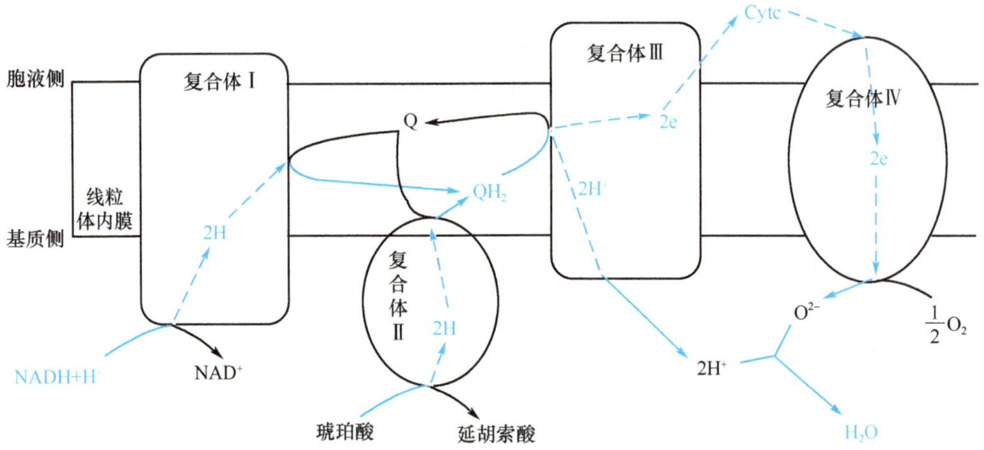

图 8-1 两条呼吸链成分在线粒体内的位置及排列顺序示意图

(一)NADH 氧化呼吸链

NADH 氧化呼吸链由复合体Ⅰ、Ⅲ、Ⅳ及 CoQ 和 Cyt c 组成。

生物氧化中大多数脱氢酶都以 NAD^+ 为辅酶，多种代谢物在相应的脱氢酶催化下脱氢，脱下的氢由 NAD^+ 接受生成 $NADH+H^+$。$NADH+H^+$ 脱下的 2H 经复合体Ⅰ（FMN，Fe-S）传给 CoQ 生成 $CoQH_2$，后者将 $2H^+$ 释放至线粒体基质中，而 2e 经复合体Ⅲ（Cyt b，Fe-S，Cyt c_1）传给 Cyt c，再由复合体Ⅳ（Cyt aa_3）将 2e 交给氧（O_2）使之活化，活化的氧（O^{2-}）与线粒体基质中的 $2H^+$ 结合生成水。

NADH →复合体Ⅰ→ CoQ →复合体Ⅲ→ Cyt c →复合体Ⅳ→ O_2

(二)琥珀酸氧化呼吸链（$FADH_2$ 氧化呼吸链）

琥珀酸氧化呼吸链是由复合体Ⅱ、Ⅲ、Ⅳ及 CoQ 和 Cyt c 组成。

有些代谢物，如琥珀酸、脂酰 CoA 等脱下的氢经复合体Ⅱ（FAD，Fe-S，Cyt b-560）传给 CoQ 形成 $CoQH_2$，然后与 NADH 氧化呼吸链的递电子顺序相同，最后使 2H 氧化生成水。

$FADH_2$ →复合体Ⅱ→ CoQ →复合体Ⅲ→ Cyt c →复合体Ⅳ→ O_2

链 接 呼吸链成分排列顺序的确定

呼吸链中氢和电子的传递有着严格的顺序和方向。这种顺序和方向是通过实验确定的。主要根据：①测定呼吸链各组分的标准电极电位，由低向高排列（电极电位越低，越容易失去电子成为还原剂而排在呼吸链的前面）。②体外将呼吸链拆开和重组，鉴定 4 种复合体的组成和排列。③利用某些特异的抑制剂切断其中的电子流后，再测定呼吸链中各组分的氧化还原态，确定排列顺序。④利用呼吸链各组分特有的吸收光谱。目前一致认可的是按标准氧化还原电位值递增依次排列。

第3节 人体内 ATP 的生成

生物氧化不仅消耗 O_2，产生 CO_2 和 H_2O，更重要的是有能量的释放。所释放的能量大约 40% 以化学能形式储存于 ATP 及其他高能化合物中。

高能化合物中含有高能键（水解时释放出的能量大于 21kJ/mol），包括高能磷酸酯键和高能硫酯键等，一般用符号“～”表示。ATP 含高能磷酸键，是体内最重要的高能化合物，水解时释放出的能量约为 30.5kJ/mol。

一、ATP 生成的方式

人体内 ATP 生成的方式有底物水平磷酸化和氧化磷酸化两种。

（一）底物水平磷酸化

底物水平磷酸化是指在分解代谢过程中，代谢物因脱氢、脱水等作用而使能量在分子内部重新分布，形成高能键，然后将高能键的能量转移给 ADP 生成 ATP 的过程。糖代谢中的三个底物水平磷酸化的反应如下。

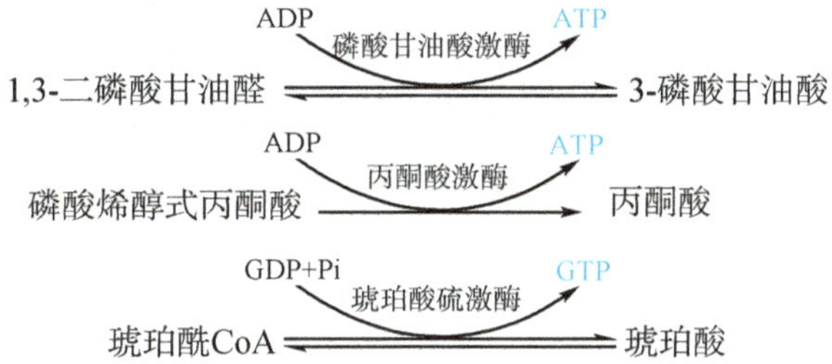

（二）氧化磷酸化

代谢物脱下的 2H 经呼吸链传递给氧生成水释放能量的同时，使 ADP 磷酸化生成 ATP 的过程称为氧化磷酸化。氧化磷酸化是体内 ATP 的主要生成方式。

1. 氧化磷酸化中生成 ATP 的数目 氧化磷酸化过程中，ATP 的生成量可通过 P/O 值试验来推断。P/O 值是指物质氧化时每消耗 1mol 氧原子所消耗的无机磷酸的摩尔数，它反映的是氧化磷酸化过程中，每生成 1mol 水分子所生成的 ATP 数目。

代谢物脱下的 2H 经 NADH 氧化呼吸链氧化，P/O 值约为 2.5；若经琥珀酸氧化呼吸链氧化，P/O 值约为 1.5。即代谢物脱下的 2H 若经 NADH 氧化呼吸链氧化，生成 2.5 分子 ATP；经琥珀酸氧化呼吸链氧化，则生成 1.5 分子 ATP。

2. 影响氧化磷酸化的因素 机体内氧化磷酸化的速率受多种因素的影响。

（1）ADP 浓度及 ADP/ATP：正常机体氧化磷酸化的速率主要受 ADP 浓度及 ADP/ATP 的调节。当机体利用 ADP 增多，ADP/ATP 增高，氧化磷酸化速度加快；反之，ADP 不足，ADP/ATP 降低，氧化磷酸化速度减慢。这种调节作用可使 ATP 的生成速度适应生理需要。

（2）甲状腺激素的调节：机体的甲状腺激素能诱导细胞膜上 Na^+，K^+-ATP 酶的生成，使 ATP 加速分解为 ADP 和 Pi；由于 ADP 浓度增高，氧化磷酸化速度加快，ATP 合成增多。由于 ATP 的分解和合成都增加，所以机体耗氧量和产热量均增加。故甲状腺功能亢进患者常出现基础代谢率增高、怕热、易出汗等症状。

（3）抑制剂：一些化合物对氧化磷酸化有抑制作用，包括呼吸链抑制剂、解偶联剂等。

1）呼吸链抑制剂：是指能够阻断呼吸链上某特定部位的电子传递的药物或毒物，又称为电子传递抑制剂。例如，异戊巴比妥、粉蝶霉素 A、鱼藤酮、抗霉素、CO、H_2S 和 CN^- 等，它们的作用部位，见图 8-2。其中，CO、CN^-、H_2S 等抑制 Cytc → O_2 电子传递，导致细胞内能量代谢障碍，危及生命。

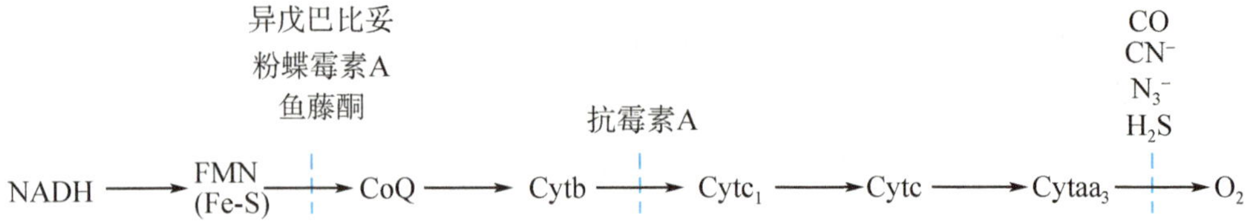

图 8-2 呼吸链的抑制剂作用部位示意图

2）解偶联剂：此类抑制剂不抑制呼吸链的递氢或递电子过程，而是解除氧化与磷酸化的偶联，使氧化过程产生的能量不能用于 ADP 磷酸化生成 ATP，而是以热能形式散发。主要有 2, 4- 二硝基苯酚（DNP）、哺乳动物和人（尤其是新生儿）的棕色脂肪组织中的解偶联蛋白等，如某些新生儿因为缺乏棕色脂肪组织，不能维持正常体温而造成皮下脂肪凝固，此即为新生儿硬肿症；又如感冒或患某些传染性疾病时体温升高，就是由于体内细菌或病毒产生的解偶联蛋白所致。

案例 8-1

患者，女，55 岁，在家用蜂窝煤炉做饭时感觉头痛，饭后头痛加剧，伴恶心、呕吐，四肢无力且视物不清，尔后发生晕倒。入院时患者口唇黏膜呈樱桃红，脉快，多汗，神志不清伴低热。

问题：1. 最可能的诊断是什么？

2. 中毒机制是什么？

二、能量的利用、储存和转移

（一）能量的利用

人的一切生命活动都需要消耗能量，食物中的糖、脂肪及蛋白质是满足人体能量需要的能源物质，但必须在体内转化为 ATP 才能被机体利用。ATP 是人体及各种生物所有生命活动的主要直接供能物质（图 8-3）。

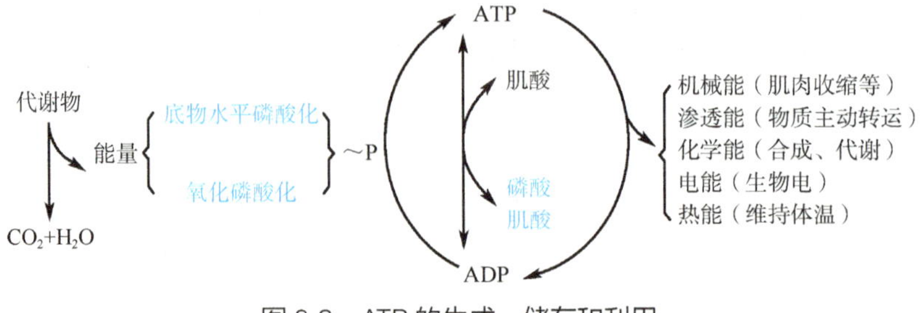

图 8-3 ATP 的生成、储存和利用

（二）能量的储存

ATP分子性质稳定，但寿命很短，不能在细胞中储存。ATP充足时，可在肌酸激酶（CK）催化下，将～P转移给肌酸生成磷酸肌酸（creatine phosphate，CP），作为肌肉和脑组织中能量的一种储存形式。当机体消耗ATP过多而致ADP增多时，磷酸肌酸将～P转移给ADP，生成ATP，供机体利用。

$$\text{ATP}+\text{肌酸（C）}\xrightleftharpoons{\text{肌酸激酶}}\text{ADP}+\text{磷酸肌酸（C～P）}$$

（三）能量的转移

体内多数合成反应都以ATP为直接能源，但某些合成反应则以其他高能化合物为直接能源，如为糖原、磷脂、蛋白质合成提供能量的UTP、CTP、GTP。然而这些化合物不能从物质氧化过程中直接生成，只能在二磷酸核苷激酶的催化下，从ATP中获得～P而生成。反应如下。

$$\text{ATP}+\text{UDP}\longleftrightarrow\text{ADP}+\text{UTP}$$

$$\text{ATP}+\text{CDP}\longleftrightarrow\text{ADP}+\text{CTP}$$

$$\text{ATP}+\text{GDP}\longleftrightarrow\text{ADP}+\text{GTP}$$

由此可见，生物体内能量的生成、转移、储存和利用都以ATP为中心。

自测题

一、名词解释

1. 生物氧化 2. 呼吸链 3. 氧化磷酸化
4. 底物水平磷酸化

二、单项选择题

1. 体内CO_2来自
A. 碳原子被氧原子氧化
B. 呼吸链的氧化还原过程
C. 有机酸脱羧
D. 糖原分解
E. 以上都不是
2. 各种细胞色素在呼吸链中传递电子的顺序是
A. $a\rightarrow a_3\rightarrow b\rightarrow c_1\rightarrow c$ B. $b\rightarrow a\rightarrow a_3\rightarrow c_1\rightarrow c$
C. $c_1\rightarrow c\rightarrow b\rightarrow a\rightarrow a_3$ D. $b\rightarrow c_1\rightarrow c\rightarrow aa_3$
E. $c\rightarrow c_1\rightarrow b\rightarrow aa_3$
3. 生物氧化的特点不包括
A. 逐步放能
B. 有酶催化
C. 常温常压下进行
D. 能量全部以热能形式散发
E. 可产生ATP
4. 人体活动主要的直接供能物质是
A. 葡萄糖 B. 脂肪酸 C. 磷酸肌酸
D. ATP E. GTP
5. 体内ATP生成较多时可以下列何种形式储存
A. 磷酸烯醇式丙酮酸 B. 磷脂酰肌醇
C. 肌酸 D. 磷酸肌酸
E. 肌酐
6. 琥珀酸经氧化呼吸链的传递生成ATP的数目为
A. 1 B. 1.5 C. 2
D. 2.5 E. 3
7. 体内ATP生成的主要方式是
A. 糖的磷酸化 B. 有机酸脱氢
C. 肌酸磷酸化 D. 氧化磷酸化
E. 底物磷酸化
8. 某女，因感情问题吞服氰化钾中毒致死。死因是
A. 抑制Cytc中Fe^{3+} B. 抑制Cytb中Fe^{3+}
C. 抑制$Cytaa_3$中Fe^{3+} D. 抑制血红蛋白中Fe^{3+}
E. 抑制$Cytc_1$中Fe^{3+}

三、简答题

1. 写出NADH氧化呼吸链和琥珀酸氧化呼吸链的组分及递氢、递电子顺序。
2. 如何理解生物体内能量代谢是以ATP为中心的？

（王伟才）

第9章 脂质代谢

第1节 脂质的分类、功能及消化吸收

考点
脂质的分类

一、脂质的分类及分布

脂质包括脂肪和类脂两大类。脂肪是由1分子甘油与3分子脂肪酸通过酯键结合而生成，故又称甘油三酯（triglyceride，TG）（三酰甘油）。类脂包括磷脂（phospholipids，PL）、糖脂（glycolipid，GL）、胆固醇（cholesterol，Ch）及胆固醇酯（cholesteryl ester，CE）。

脂肪的含量因人而异，成年男性的脂肪含量一般占体重的10%～20%，女性所占比例稍高一些。脂肪主要分布于脂肪组织，以皮下、肠系膜、大网膜和肾周围储存较多，这些部位称为脂库。脂肪的含量易受年龄、膳食、运动和疾病等多种因素的影响而发生变动，所以又称为可变脂。

类脂约占体重的5%，广泛分布于全身各组织。类脂在各器官和组织中含量恒定，基本不受膳食、运动等因素的影响，故称为固定脂或基本脂。

二、脂质的功能

（一）脂肪的功能

1. 储能和供能 脂肪在体内既能储能又可氧化分解提供能量。1g脂肪在体内完全氧化时可释放出38.9kJ能量，比1g糖或蛋白质所释放出的能量多1倍以上。体内可储存大量的脂肪，当机体需要时，可及时氧化分解，供给机体能量。空腹时，机体50%以上的能源来自脂肪氧化。因此，脂肪是机体饥饿或禁食时能量的主要来源。

2. 维持体温和保护内脏 皮下脂肪能防止热量散失而维持体温。内脏周围的脂肪能减少脏器间的摩擦，缓冲机械碰撞，具有保护内脏的作用。

3. 提供必需脂肪酸 必需脂肪酸是维持人体正常生理功能所必需的，体内不能自行合成而必须由食物供给的脂肪酸。包括亚油酸（18：$2\Delta^{9,12}$）、亚麻酸（18：$3\Delta^{9,12,15}$）和花生四烯酸（20：$4\Delta^{5,8,11,14}$），是维持机体生长发育和皮肤正常代谢不可缺少的多不饱和脂肪酸。

4. 促进脂溶性维生素的吸收 食物中的脂溶性维生素需要溶解在肠道内的脂质物质中伴随脂质一起吸收，当人体脂质消化吸收障碍时，会出现脂溶性维生素的缺乏。

（二）类脂的功能

1. 构成生物膜及神经髓鞘 磷脂和胆固醇是生物膜的重要组成成分，鞘磷脂是神经髓鞘的重要组成成分。

2. 转变成多种重要的活性物质 胆固醇在体内可转变成胆汁酸、类固醇激素和维生素D_3等具有重要功能的物质。

3. 参与血浆脂蛋白的构成 磷脂、胆固醇及胆固醇酯是各种血浆脂蛋白的组成成分，参与血浆脂蛋白的形成，起运输脂质物质的作用。

4. 作为第二信使参与代谢调节 某些磷脂的衍生物如甘油二酯（DG）、三磷酸肌醇（IP_3）等，均为胞内传递信号至细胞核的第二信使。

5. 作为肺泡表面的活性物质，降低肺泡表面张力 Ⅱ型肺泡上皮细胞可合成二软脂酸磷脂酰胆碱，是较强的乳化剂。可作为肺泡表面的活性物质，降低肺泡表面张力，有利于肺泡的伸张。

三、脂质的消化吸收

（一）脂质的消化

食物中的脂质主要是甘油三酯，还有少量磷脂和胆固醇酯。脂质的消化主要在小肠上段进行，消化酶有胰腺分泌的胰脂酶、磷脂酶 A_2、胆固醇酯酶等。脂质难溶于水，需被肝脏分泌的胆汁酸盐乳化成微小的颗粒，并溶于消化液中才能被脂酶消化。甘油三酯在胰脂酶作用下逐步水解，生成甘油、脂肪酸及少量的甘油一酯；磷脂在磷脂酶的作用下被水解，生成脂肪酸和溶血磷脂；而胆固醇酯则在胆固醇酯酶的作用下，产生脂肪酸和游离胆固醇。

（二）脂质的吸收

脂质的吸收主要在十二指肠下段和空肠上段。大部分甘油三酯水解至甘油一酯后即被吸收，极少量的甘油三酯经胆汁酸乳化后被直接吸收，在肠黏膜细胞内脂肪酶的作用下，水解为脂肪酸及甘油通过门静脉吸收入血。中链、短链脂肪酸（$< C_{12}$）吸收迅速，通过门静脉入血。长链脂肪酸（$C_{12} \sim C_{26}$）在肠黏膜细胞内再合成甘油三酯，与载脂蛋白、胆固醇等结合成乳糜微粒经淋巴入血，最后输送到各部分组织，被机体所利用。

案例 9-1

患者，女，50 岁，既往糖尿病史 11 年，血糖控制情况不详。3 天前感冒后出现咳嗽，未及时治疗。一天前患者出现意识不清、呼吸急促，呼出的气味伴有烂苹果味。

体格检查：重度脱水貌，浅昏迷，呼气带有烂苹果味；双肺可闻及湿啰音。

生化检查：空腹血糖 40.72mmol/L，β- 羟丁酸 10.2mmol/L，乙酰乙酸 4.3mmol/L；动脉血气分析：pH 7.095，CO_2 分压 4.4kPa/33mmHg，O_2 分压 5.7kPa/43mmHg，碱剩余 18.4mmol/L，HCO_3^- 10.1mmol/L；尿常规：尿酮体（+++），尿糖（++++）。

问题：1. 该患者可能的诊断是什么？

2. 该病的生化机制是怎样的？

第 2 节 甘油三酯的代谢

甘油三酯是机体重要的能量来源。正常情况下，甘油三酯的合成与分解处于动态平衡。

链 接 瘦素与肥胖

瘦素（leptin，LP）是一种主要由脂肪细胞分泌的蛋白类激素。LP具有广泛的生物学效用，其中较重要的是作用于下丘脑的代谢调节中枢，发挥抑制食欲、减少能量摄取、增加能量消耗、抑制脂肪合成的作用。研究表明瘦素是肥胖（Obese，*Ob*）基因在脂肪细胞内的表达产物，分子量为16 000，是含167个氨基酸残基的单链蛋白质。缺失*Ob*基因的大鼠，食欲旺盛，体重显著增加，导致病态肥胖。

一、甘油三酯的分解代谢

（一）脂肪动员

考点 脂肪动员的概念及关键酶

储存在脂肪细胞中的甘油三酯，在各种脂肪酶逐步水解下，分解为甘油和游离脂肪酸（free fatty acid，FFA）并释放入血，再经血液运输至全身各组织氧化利用的过程称为脂肪动员。脂肪动员的过程如下：

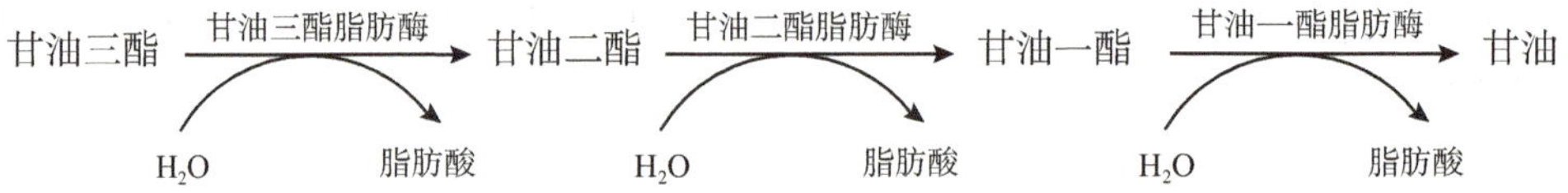

其中，甘油三酯脂肪酶是脂肪动员的关键酶，该酶受多种激素的调节，故又称激素敏感性脂肪酶。胰岛素、前列腺素E_2可使该酶活性降低，抑制脂肪动员，故称为抗脂解激素；肾上腺素、去甲肾上腺素、胰高血糖素、肾上腺皮质激素等能启动脂肪动员，称为脂解激素。

（二）甘油的代谢

脂肪动员所产生的甘油溶于水，直接由血液运输到肝、肾和小肠黏膜等组织细胞。甘油经甘油激酶催化生成α-磷酸甘油后，再经α-磷酸甘油脱氢酶脱氢生成磷酸二羟丙酮，后者可进入糖代谢途径彻底氧化分解并释放能量；也可异生为葡萄糖和糖原。

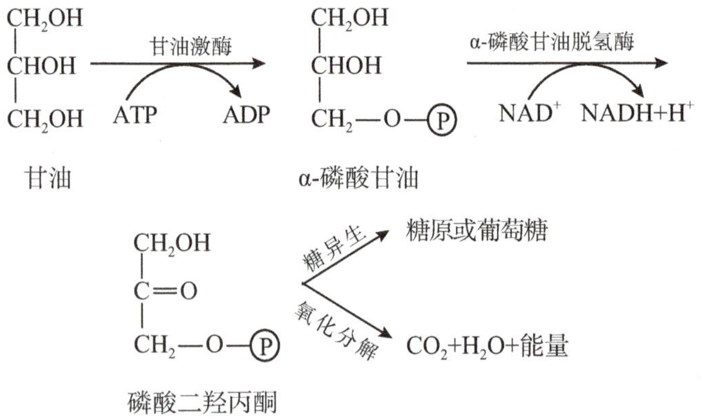

（三）脂肪酸的氧化分解

考点 脂肪酸氧化的过程及脂肪酸氧化分解时产能的计算

脂肪动员所产生的脂肪酸释放入血后，与清蛋白结合形成脂肪酸-清蛋白复合物，随血液循环运输到全身各组织利用。除脑组织和成熟红细胞外，体内大多数组织都能氧化利用脂肪酸，以肝和肌肉组织最为活跃。脂肪酸的氧化分解过程分为以下4个阶段。

1. 脂肪酸的活化 脂肪酸要经过活化后才能进行分解，活化反应在胞质中完成。ATP、CoA 和 Mg^{2+} 参与下，脂肪酸在脂酰 CoA 合成酶的催化下，生成脂酰 CoA。

$$\underset{\text{脂肪酸}}{RCOOH} + CoA\text{-}SH + ATP \xrightarrow[Mg^{2+}]{\text{脂酰CoA合成酶}} \underset{\text{脂酰CoA}}{RCO\sim CoA} + AMP + PPi$$

反应过程中生成的焦磷酸（PPi）立即被细胞内的焦磷酸酶水解，所以此反应共消耗了两个高能磷酸键，也阻止了逆向反应的进行。生成的脂酰 CoA 分子中含有高能硫酯键，代谢活性增强。

2. 脂酰 CoA 进入线粒体 脂肪酸氧化的酶系存在于线粒体基质内，而长链脂酰 CoA 不能直接通过线粒体内膜，需线粒体内膜两侧的特异转运载体——肉碱转运，并在位于线粒体内外膜的肉碱 - 脂酰转移酶 Ⅰ（carnitine acyl transferase Ⅰ，CAT Ⅰ）、肉碱 - 脂酰转移酶Ⅱ（CAT Ⅱ）及位于线粒体内膜的肉碱 - 脂酰肉碱转位酶共同催化下，穿过线粒体内膜转入线粒体基质中进行氧化分解，见图 9-1。

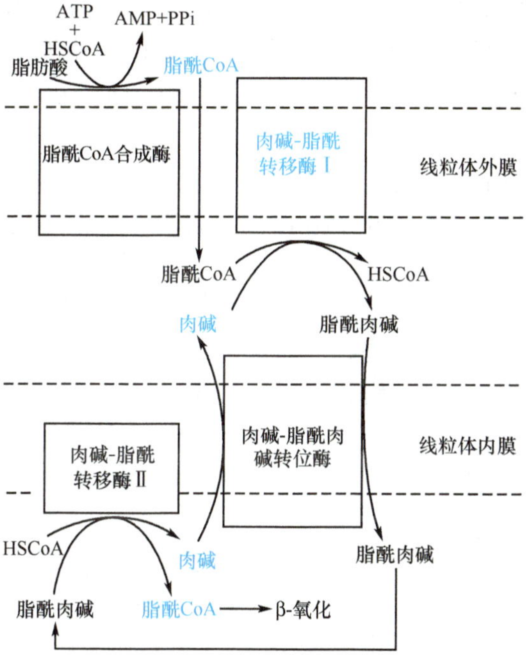

图 9-1 脂酰 CoA 进入线粒体示意图

此转运过程是脂肪酸氧化的限速步骤，位于线粒体外膜的肉碱 - 脂酰转移酶 Ⅰ 是关键酶。饥饿、高脂低糖膳食或糖尿病等情况下，机体糖的利用障碍，需脂肪酸氧化供能时，该酶活性增高，脂肪酸氧化供能增加。

链 接 左旋肉碱与减肥

左旋肉碱（L-carnitine），又称 L- 肉碱、维生素 BT，化学名称 L-β- 羟 -γ- 三甲氨基丁酸，是一种促使脂肪转化为能量的类氨基酸。左旋肉碱是脂肪代谢过程中一种必需的载体，能促进脂肪酸进入线粒体进行氧化分解。但左旋肉碱只是一种运载工具，至于到底消耗多少脂肪，并不取决于左旋肉碱的量多少，而是取决于机体能量消耗的多少。因此，单一应用左旋肉碱来减肥，并不一定能实现很好的减肥效果，必须要配合适当的运动并控制饮食。

3. 脂酰 CoA 的 β- 氧化　脂酰 CoA 进入线粒体基质后，在脂肪酸 β- 氧化多酶复合体的催化下，从脂酰基 β- 碳原子开始，进行脱氢、加水、再脱氢和硫解四步连续反应，生成一分子乙酰 CoA 和一分子比原来少两个碳原子的脂酰 CoA。由于氧化反应主要发生在脂酰基的 β- 碳原子上，所以称为 β- 氧化。

β- 氧化反应过程如下：

（1）脱氢：在脂酰 CoA 脱氢酶的催化下，脂酰 CoA 从 α、β 碳原子各脱一个氢原子，生成反 Δ^2- 烯脂酰 CoA，脱下的氢由该酶的辅基 FAD 接受，生成 $FADH_2$。

（2）加水：在反 Δ^2- 烯脂酰 CoA 水化酶的催化下，反 Δ^2- 烯脂酰 CoA 加水生成 β- 羟脂酰 CoA。

（3）再脱氢：在 β- 羟脂酰 CoA 脱氢酶的催化下，β- 羟脂酰 CoA 再脱下一对氢原子，生成 β- 酮脂酰 CoA，脱下的氢由该酶的辅基 NAD^+ 接受，生成 $NADH+H^+$。

（4）硫解：在 β- 酮脂酰 CoA 硫解酶的催化下，β- 酮脂酰 CoA 加一分子 CoA 使 α 与 β 碳原子之间的化学键断裂，生成一分子乙酰 CoA 和一分子比原来少两个碳原子的脂酰 CoA。

上述生成的比原来少两个碳原子的脂酰 CoA 可反复进行脱氢、加水、再脱氢和硫解反应，最终使体内偶数碳原子的饱和脂肪酸沿上述 3 阶段反应完全降解为乙酰 CoA（图 9-2）。

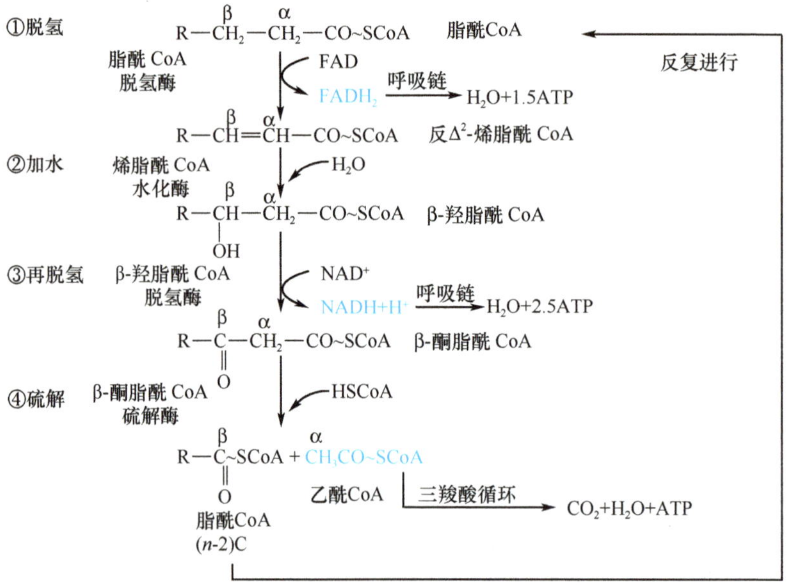

图 9-2　脂肪酸的 β- 氧化

4. 乙酰 CoA 的去向

（1）彻底氧化：在体内各组织中，脂肪酸 β- 氧化生成的乙酰 CoA 直接在线粒体中通过三羧酸循环彻底氧化分解，生成 CO_2 和 H_2O 并释放能量。

脂肪酸经上述过程彻底氧化分解后能产生大量的能量。例如，一分子 16 碳的软脂酸，先在胞质中活化生成一分子软脂酰 CoA，然后进入线粒体经 7 次 β- 氧化，共生成 7 分子 $FADH_2$、7 分子 $NADH+H^+$ 和 8 分子乙酰 CoA。最终 1 分子软脂酸彻底氧化共生成（7×1.5）+（7×2.5）+（8×10）=108 分子 ATP。减去活化时消耗的 2 分子 ATP，净生成 106 分子 ATP。

（2）转变成其他中间产物：除了上述途径外，还有一部分乙酰 CoA 能在肝细胞线粒体酶的催化下生成酮体，并通过血液循环运往肝外组织氧化利用。

（四）酮体的生成与利用

考点 酮体的概念、生成的原料、关键酶及生理意义

在心肌、骨骼肌等组织中，脂肪酸能够彻底氧化成 CO_2 和 H_2O，并释放能量。而由于肝细胞中具有活性较强的酮体合成酶系，因此 β- 氧化生成的乙酰 CoA，在肝细胞中除了进入三羧酸循环外，大部分转变为乙酰乙酸、β- 羟丁酸和丙酮，三者统称为酮体（ketone bodies）。酮体是脂肪酸在肝中分解氧化时特有的中间代谢物，其中 β- 羟丁酸约占酮体总量的 70%，乙酰乙酸约占 30%，丙酮含量极微。

1. 酮体的生成 酮体在肝细胞线粒体内，以乙酰 CoA 为原料合成，基本过程是：

（1）2 分子乙酰 CoA 在乙酰乙酰 CoA 硫解酶催化下缩合成乙酰乙酰 CoA，并释放出 1 分子 HSCoA。

（2）乙酰乙酰 CoA 在羟甲基戊二酸单酰 CoA（3-hydroxy-3-methyl glutaryl CoA，HMG-CoA）合成酶的催化下，再与 1 分子乙酰 CoA 缩合生成 HMG-CoA，并释放出 1 分子 HSCoA。

（3）HMG-CoA 在 HMG-CoA 裂解酶催化下裂解，生成 1 分子乙酰乙酸和 1 分子乙酰 CoA。大部分乙酰乙酸在线粒体内膜 β- 羟丁酸脱氢酶催化下被还原成 β- 羟丁酸（此过程为可逆反应），少量乙酰乙酸脱羧生成丙酮。酮体的生成过程，见图 9-3。

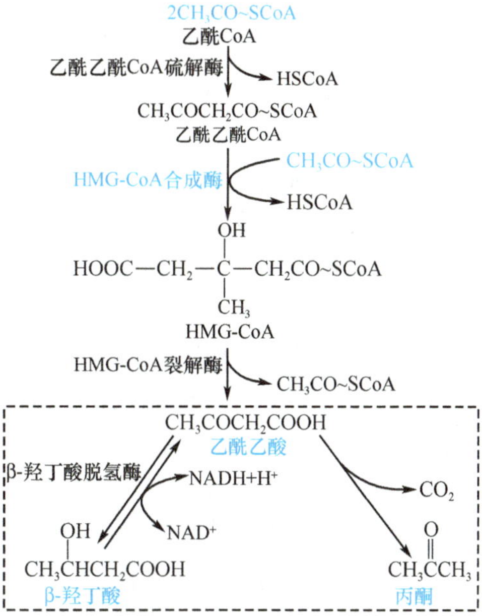

图 9-3 酮体的生成

HMG-CoA 合成酶是酮体生成的关键酶。

肝具有较强合成酮体的酶系，但缺乏分解利用酮体的酶类，所以肝中生成的酮体，需透过细胞膜进入血液，运输到肝外组织进一步氧化分解，“肝内生酮肝外用”是酮体代谢的特点。

2. 酮体的利用 肝外许多组织如心肌、骨骼肌、肾、脑等组织中具有活性很强的利用酮体的酶（图 9-4）。

（1）乙酰乙酸硫激酶：催化乙酰乙酸生成乙酰乙酰 CoA。

（2）琥珀酰 CoA 转硫酶：催化琥珀酰 CoA 中的 CoA 转移给乙酰乙酸，生成乙酰乙酰 CoA。

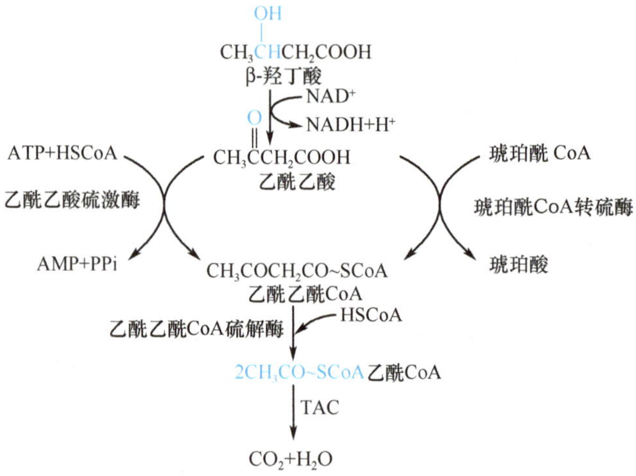

图 9-4 酮体的利用

（3）乙酰乙酰 CoA 硫解酶：以上各种组织中生成的乙酰乙酰 CoA 在乙酰乙酰 CoA 硫解酶的催化下，生成 2 分子乙酰 CoA，乙酰 CoA 可进入三羧酸循环彻底氧化分解，并释放能量为这些组织利用。

酮体中的 β- 羟丁酸可在 β- 羟丁酸脱氢酶的催化下，脱氢生成乙酰乙酸，然后再沿上述途径被氧化分解。而丙酮含量极微，可随尿排出。当血液中酮体浓度升高时，丙酮也可以通过肺部呼吸排出。

3. 酮体生成的生理意义　酮体是肝内脂肪酸正常的中间代谢产物，是肝输出能源的一种形式。酮体分子小、易溶于水、便于血液运输，能通过血脑屏障和毛细血管壁，是体内许多组织尤其是脑和肌肉组织的重要能源。脑组织不能氧化脂肪酸却能利用酮体，当长期饥饿、糖供应不足时，酮体可代替葡萄糖成为脑和肌肉等组织的主要能源。有利于维持血糖平衡，减少肌肉蛋白质的消耗。

考点
糖尿病引起酮症酸中毒的发病机制

正常人血中仅含有少量酮体，为 0.03 ～ 0.5mmol/L（0.3 ～ 5mg/dl）。在长期饥饿、高脂低糖膳食或严重糖尿病时，脂肪动员加强，脂肪酸在肝内分解增多，酮体生成增加，超过了肝外组织利用的能力，引起血中酮体增多，称为酮血症。由于酮体中的乙酰乙酸、β- 羟丁酸是有机酸，酮体过多可导致酮症酸中毒，并随尿排出，引起酮尿（可高达 5000mg/24h 尿，正常为≤ 125mg/24h 尿）。尤其在未控制的糖尿病患者，血液酮体含量可高出正常情况的数十倍，这时，丙酮约占酮体总量的一半，可通过呼吸排出体外，甚至可闻到患者呼出的气体中有烂苹果味。

二、甘油三酯的合成代谢

甘油三酯的合成主要在肝、脂肪组织及小肠中进行，其中肝的合成能力最强。α- 磷酸甘油和脂肪酸是合成甘油三酯的基本原料。

（一）α- 磷酸甘油的生成

α- 磷酸甘油有两个来源。

1. 主要来自糖代谢　糖代谢的中间产物磷酸二羟丙酮在 α- 磷酸甘油脱氢酶的催化下，被还原生成 α- 磷酸甘油。

2. 来自食物 食物消化吸收的甘油及体内脂肪动员释放的甘油也能在甘油激酶(肝、肾等组织)的催化下，生成 α- 磷酸甘油。

(二)脂肪酸的合成

考点
脂肪酸合成的部位、原料及关键酶

1. 合成部位 主要是肝，肾、脑、肺、乳腺及脂肪组织等也能合成脂肪酸，因为在这些组织细胞的胞质中都含有合成脂肪酸的酶系。

2. 合成原料 主要是乙酰 CoA。此外，还需要 ATP 供能、NADPH 供氢及其他因子。其中乙酰 CoA 主要来自糖代谢，NADPH 来自磷酸戊糖途径。

细胞内的乙酰 CoA 全部在线粒体内产生，而脂肪酸的合成却在胞质。因此，必须把线粒体中的乙酰 CoA 转移进入胞质才能用于脂肪酸的合成。乙酰 CoA 不能自由透过线粒体内膜，必须通过柠檬酸 - 丙酮酸循环机制才能实现。线粒体中的乙酰 CoA 先与草酰乙酸缩合生成柠檬酸，然后通过线粒体内膜上的载体转运进入胞质，由胞质中的柠檬酸裂解酶催化裂解生成乙酰 CoA 和草酰乙酸，乙酰 CoA 即可用于脂肪酸的合成，而草酰乙酸则在苹果酸脱氢酶的作用下，还原成苹果酸，苹果酸也可在苹果酸酶的作用下分解为丙酮酸，以上生成的苹果酸和丙酮酸经载体转运进入线粒体，最终均可转变成草酰乙酸，再参与转运乙酰 CoA(图 9-5)。

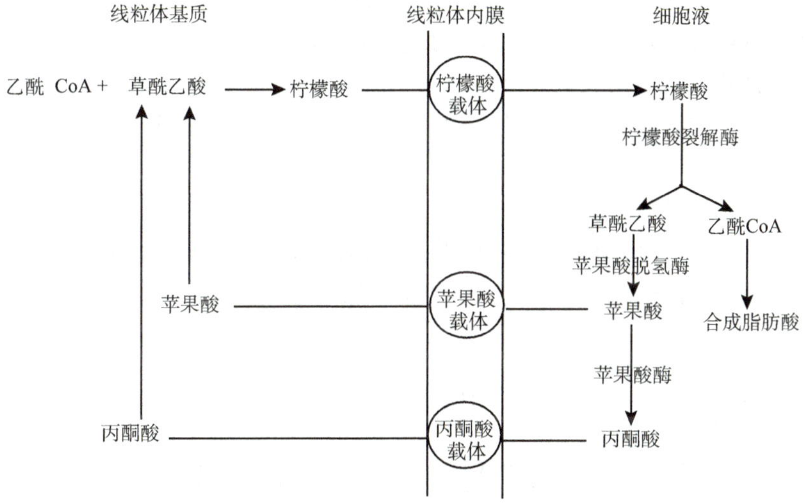

图 9-5 柠檬酸 - 丙酮酸循环

3. 合成过程

(1)丙二酸单酰 CoA 的合成：在乙酰 CoA 羧化酶的催化下，乙酰 CoA 羧化生成丙二酸单酰 CoA，此酶是脂肪酸合成的关键酶，其辅基是生物素，Mn^{2+} 为激活剂，反应式如下。

$$\underset{\text{乙酰CoA}}{CH_3-CO\sim SCoA} + HCO_3^- + ATP \xrightarrow{\text{乙酰CoA羧化酶}} \underset{\text{丙二酸单酰CoA}}{\begin{matrix} COOH \\ | \\ CH_2 \\ | \\ CO\sim SCoA \end{matrix}} + ADP + Pi$$

（2）软脂酸的合成：在脂肪酸合酶系的催化下，1 分子乙酰 CoA 与 7 分子丙二酸单酰 CoA 经过连续的加成反应，包括缩合、还原、脱水和再还原等反应，每次延长 2 个碳原子，7 次循环之后，最终先合成 16 碳的软脂酸。

软脂酸合成的总反应式为：

$$CH_3CO\sim SCoA + 7HOOCCH_2CO\sim SCoA + 14NADPH + 14H^+ \xrightarrow{\text{脂肪酸合酶系}} CH_3(CH_2)_{14}CO\sim SCoA + 6H_2O + 7CO_2 + 8HSCoA + 14NADP^+$$

体内合成的脂肪酸最初均为 16 碳的软脂酸。更长碳链的脂肪酸是在肝细胞的线粒体或内质网对软脂酸进行加工使其碳链延长完成的，而碳链的缩短是在线粒体内通过 β-氧化进行的。

体内的单不饱和脂肪酸软油酸（16：1，Δ^9）和油酸（18：1，Δ^9）是在 Δ^9 去饱和酶催化下，分别由软脂酸和硬脂酸转变而来的。而亚油酸、亚麻酸和花生四烯酸属于多不饱和脂肪酸，体内不能合成，必须由食物供给。

链 接 反式脂肪酸

反式脂肪酸（trans fatty acids，TFA）是所有含反式双键的不饱和脂肪酸的总称，空间构象呈线性，与之相对应的是顺式脂肪酸，空间构象呈弯曲状。由于它们的立体结构不同，二者的物理性质也有所不同，顺式脂肪酸多为液态，熔点较低；而 TFA 多为固态或半固态，熔点较高。虽然摄入过多的反式脂肪酸对人体健康不利，但并不是所有的反式脂肪酸对人体的健康都有害，如共轭亚油酸就是一种有益的反式脂肪酸，它具有一定的抗肿瘤作用。

（三）甘油三酯的合成

1. 甘油一酯途径 小肠黏膜上皮细胞主要由此途径合成甘油三酯。主要是利用消化吸收的甘油一酯及脂肪酸为原料再合成甘油三酯。反应过程如下。

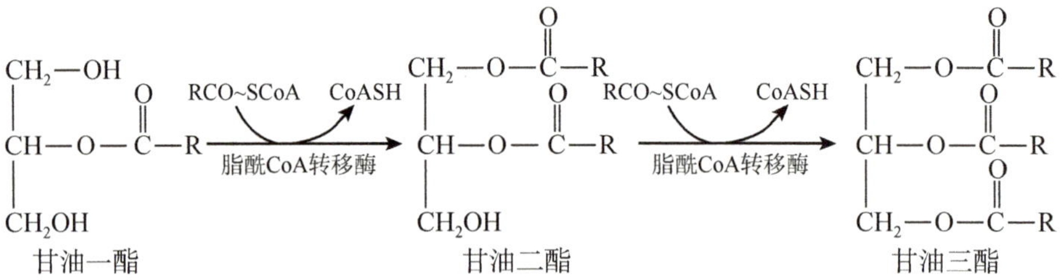

2. 甘油二酯途径 肝和脂肪组织主要由此途径合成甘油三酯。主要是利用糖代谢生成的 α-磷酸甘油在脂酰 CoA 转移酶的催化下依次加上 2 分子脂酰 CoA 生成磷脂酸，磷脂酸在磷脂酸磷酸酶的作用下，脱去磷酸生成 1, 2-甘油二酯，最后在脂酰 CoA 转移酶的催化下，加上 1 分子脂酰基生成甘油三酯。反应过程如下。

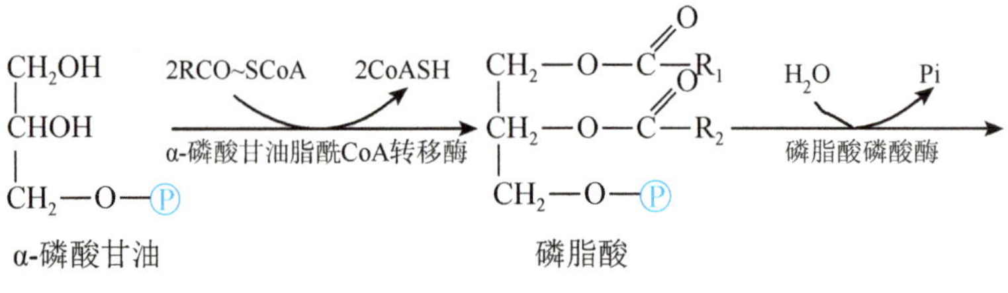

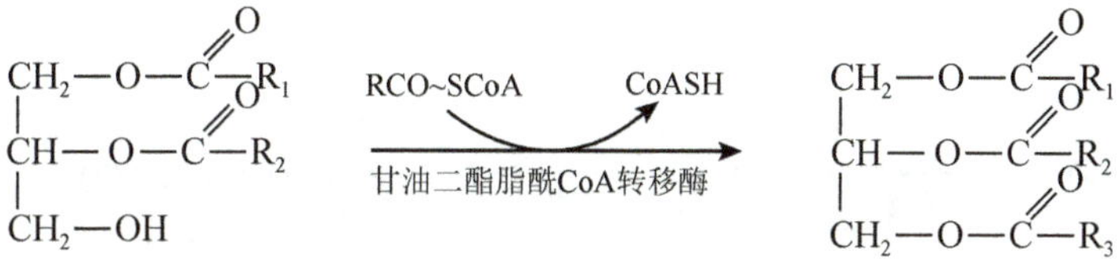

第 3 节 胆固醇的代谢

胆固醇最早是从动物胆石中分离出来的固体醇类化合物，故称为胆固醇（cholesterol）。结构中含有环戊烷多氢菲烃核及一个羟基。体内胆固醇包括游离胆固醇和胆固醇酯两种形式。

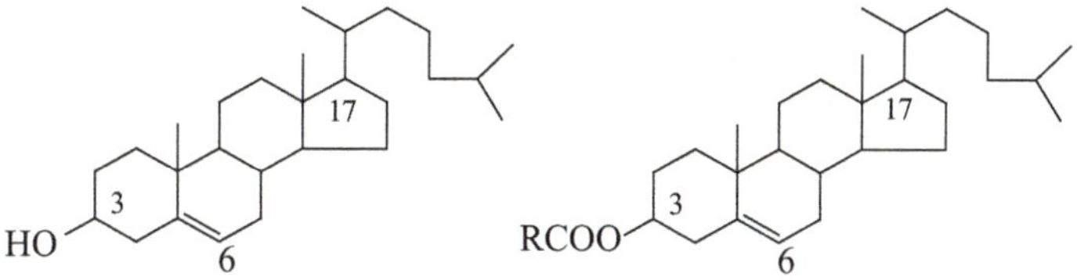

成人体内的胆固醇含量约为 140g，广泛分布于全身各组织中，大约 1/4 分布在脑及神经组织中。肝、肾、肠、肾上腺、卵巢等内脏及皮肤、脂肪组织均含较多的胆固醇。肌肉中胆固醇含量较少。

人体中的胆固醇主要由机体自身合成，也可来源于食物。胆固醇在体内有重要的生理功能，它是动物细胞膜的重要组成成分，也是合成类固醇激素、胆汁酸盐及维生素 D_3 的前体物质。

一、胆固醇的合成

考点 胆固醇合成的部位、原料及关键酶

（一）合成部位

除成年动物脑组织及成熟红细胞外，几乎全身各组织均可合成胆固醇，每天可合成 1g 左右。肝是胆固醇合成的主要场所，占合成总量的 70% ~ 80%，其次是小肠，合成量约占 10%。合成过程主要在胞质和滑面内质网进行。

（二）合成原料

胆固醇的合成原料是乙酰 CoA 和 $NADPH+H^+$，并需要 ATP 供能。线粒体中的乙酰 CoA 通过柠檬酸 - 丙酮酸循环进入胞质参与胆固醇的合成。乙酰 CoA 及 ATP 大多来自糖的有氧氧化，而 $NADPH+H^+$ 则主要来自磷酸戊糖途径。

（三）合成过程

胆固醇合成过程非常复杂，包括约 30 步酶促反应，分为 3 个阶段（图 9-6）。

1. 甲羟戊酸的生成 在胞质中，2 分子乙酰 CoA 在乙酰乙酰 CoA 硫解酶的催化下缩合生成乙酰乙酰 CoA；然后在 HMG-CoA 合成酶的催化下，再与 1 分子乙酰 CoA 缩合生成 HMG-CoA；HMG-CoA 由内质网 HMG-CoA 还原酶催化，NADPH 供氢，还原生成甲羟戊酸（mevalonic acid，MVA）。其中的 HMG-CoA 还原酶是胆固醇合成的关键酶。

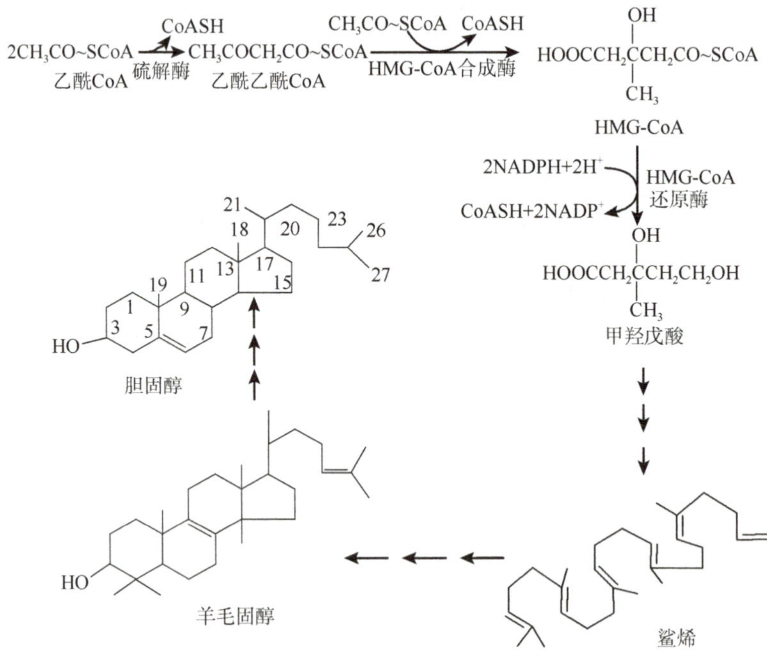

图 9-6 胆固醇的合成

2. 鲨烯的生成 MVA 在一系列酶的催化下，由 ATP 供能，先经磷酸化、脱羧等反应生成活泼的 5 碳焦磷酸化合物。然后 3 分子 5 碳焦磷酸化合物缩合生成 15 碳的焦磷酸法尼酯，2 分子焦磷酸法尼酯再缩合、还原即生成 30 碳的鲨烯。

3. 胆固醇的生成 鲨烯再经单加氧酶、环化酶等催化生成羊毛固醇，最后经氧化、脱羧、还原等反应，脱去 3 分子 CO_2 生成 27 碳的胆固醇。

（四）胆固醇合成的调节

HMG-CoA 还原酶是胆固醇合成的关键酶，各种因素对胆固醇合成的调节主要是通过影响 HMG- CoA 还原酶的活性和含量来实现的。

1. 饥饿与饱食 饥饿或禁食可抑制肝合成胆固醇。饥饿一方面引起肝 HMG-CoA 还原酶活性降低。另一方面，乙酰 CoA、ATP、NADPH+H^+ 等胆固醇合成的原料不足。相反，摄取高糖、高脂肪饮食后，HMG-CoA 还原酶活性升高，促进胆固醇合成。

2. 胆固醇含量 细胞胆固醇含量升高可反馈抑制肝 HMG-CoA 还原酶基因转录，酶蛋白的合成量减少，从而抑制肝胆固醇的合成；相反，降低细胞胆固醇含量，可解除胆固醇对肝中 HMG-CoA 还原酶合成的抑制作用，促进胆固醇合成。但食物胆固醇不能抑制小肠黏膜细胞合成胆固醇。

3. 激素 胰岛素及甲状腺素能诱导肝 HMG-CoA 还原酶的合成，从而增加胆固醇的合成。胰高血糖素及皮质醇激素则能抑制并降低 HMG-CoA 还原酶的活性，因而减少胆固醇的合成。甲状腺素除能促进胆固醇的合成外，同时又促进胆固醇在肝中转变为胆汁酸，且后一作用较前者强，因而甲状腺功能亢进患者的血清胆固醇含量反而下降。

4. 昼夜节律性 HMG-CoA还原酶活性具昼夜变化规律，午夜最高，正午最低，因此胆固醇合成具有周期节律性。

二、胆固醇的酯化

细胞内和血浆中的游离胆固醇都可被酯化成胆固醇酯。

在组织细胞内，游离胆固醇可在脂酰CoA胆固醇脂酰转移酶（acyl-CoA cholesterol acyl-transferase，ACAT）的催化下，接受脂酰CoA的脂酰基形成胆固醇酯。

血浆中，游离胆固醇在卵磷脂胆固醇脂酰转移酶（lecithin cholesterol acyl transferase，LCAT）的催化下，卵磷脂 C_2 位上的脂酰基转移至胆固醇 C_3 位的羟基上，生成胆固醇酯及溶血卵磷脂。

LCAT是由肝实质细胞合成，而后分泌入血，在血浆中发挥催化作用。肝实质细胞有病变或损害时，可使LCAT活性降低，引起血浆胆固醇酯含量下降。

$$\text{胆固醇} + \text{脂酰 CoA} \xrightarrow[\text{（细胞内）}]{\text{ACAT}} \text{胆固醇酯} + \text{HSCoA}$$

$$\text{胆固醇} + \text{卵磷脂} \xrightarrow[\text{（血浆）}]{\text{LCAT}} \text{胆固醇酯} + \text{溶血卵磷脂}$$

考点
胆固醇的代谢去路

三、胆固醇的去路

胆固醇在体内不能被彻底氧化分解成 CO_2 和 H_2O，而是经氧化、还原、降解等反应转变为其他具有重要生理功能的物质或排出体外。

（一）转化为胆汁酸

在肝中转化成胆汁酸是胆固醇在体内代谢的主要去路。正常人每天合成胆固醇1～1.5g，其中40%在肝转变成胆汁酸，随胆汁排入肠道，促进脂质的消化和吸收，抑制胆汁中胆固醇的析出等。

（二）转化为类固醇激素

胆固醇是合成类固醇激素的原料。肾上腺皮质细胞可以以胆固醇为原料合成醛固酮、皮质醇和少量皮质酮，参与水、电解质、糖类和蛋白质代谢调节；性腺可以利用胆固醇为原料合成各种性激素。

（三）转化为维生素 D_3

胆固醇在体内可以发生脱氢生成7-脱氢胆固醇，7-脱氢胆固醇随血液运至皮下，经日光中紫外线照射可转变为维生素 D_3。

（四）胆固醇的排泄

体内大部分胆固醇在肝内转变为胆汁酸随胆汁排出，这是胆固醇排泄的主要途径。还有一部分胆固醇也可直接随胆汁或通过肠道黏膜排入肠道。进入肠道的胆固醇，一部分被重吸收，另一部分则被肠道细菌还原为粪固醇，随粪便排出。故胆管阻塞的患者血浆胆固醇含量会升高。

第 4 节　磷脂的代谢与脂肪肝

磷脂（phospholipid）是含有磷酸的类脂，分为甘油磷脂与鞘磷脂两大类。由甘油构成的磷脂称为甘油磷脂，由鞘氨醇或二氢鞘氨醇构成的磷脂称为鞘磷脂。体内甘油磷脂含量较多。

甘油磷脂由甘油、脂肪酸、磷酸和含氮化合物组成，根据含氮化合物的不同分为不同类型的甘油磷脂。其结构如下：

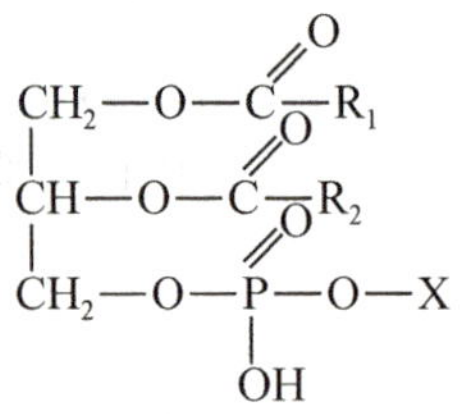

（X = 胆碱、水、乙醇胺、丝氨酸、甘油、肌醇、甘油二酯等）

体内最常见的甘油磷脂是磷脂酰胆碱（卵磷脂）和磷脂酰乙醇胺（脑磷脂），占磷脂总量的 75% 以上。

考点
体内最常见的甘油磷脂及其合成的主要原料

一、甘油磷脂的合成

（一）合成部位

全身各组织细胞内质网均有合成磷脂的酶系，能合成甘油磷脂，但以肝、肾及肠等组织最为活跃。

（二）合成原料

合成甘油磷脂的原料为甘油二酯、胆碱、乙醇胺、丝氨酸和肌醇等。乙醇胺由丝氨酸脱羧生成，胆碱可从食物获得，也可在体内由丝氨酸接受 *S*- 腺苷甲硫氨酸（SAM）的甲基生成。丝氨酸和肌醇主要来自食物。

（三）合成过程

甘油磷脂的合成有两个途径：①合成卵磷脂和脑磷脂的甘油二酯合成途径；②合成卵磷脂及脑磷脂的 CDP- 甘油二酯合成途径。下面主要介绍甘油二酯合成途径。

磷脂酰胆碱及磷脂酰乙醇胺主要通过甘油二酯合成途径合成。

乙醇胺和胆碱受相应激酶的作用，在 ATP 的参与下活化成磷酸乙醇胺和磷酸胆碱，然后再与 CTP 作用，生成 CDP- 乙醇胺和 CDP- 胆碱。然后，甘油二酯分别与 CDP- 胆碱和 CDP- 乙醇胺作用，生成磷脂酰胆碱和磷脂酰乙醇胺。另外，磷脂酰胆碱也可以由磷脂酰乙醇胺甲基化生成（图 9-7）。

二、甘油磷脂的分解

体内存在各种磷脂酶，它们能作用于甘油磷脂分子中不同的酯键，使甘油磷脂逐步水解生成甘油、脂肪酸、磷酸及各种含氮化合物，这些产物在体内还要进一步代谢。其中的磷脂酶 A_1 和磷脂酶 A_2 分别作用于甘油磷脂的 1 位和 2 位酯键，磷脂酶 B_1 作用于溶血磷脂 1 的 1 位酯键，磷脂酶 B_2 作用于溶血磷脂 2 的 2 位酯键，磷脂酶 C 作用于 3 位的磷酸酯键，而磷脂酶 D 则作用于磷酸与含氮化合物之间的酯键。

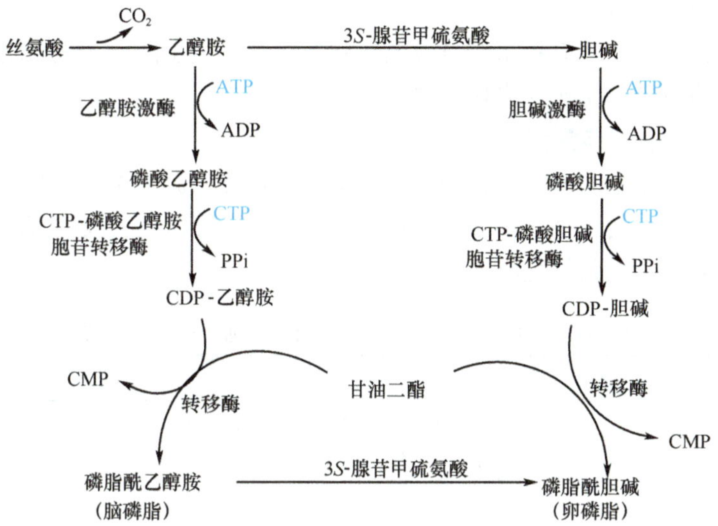

图 9-7 脑磷脂和卵磷脂的合成

磷脂酶 A_2 以酶原形式存在于细胞膜及线粒体膜上。胰腺炎时，胰腺细胞膜上的磷脂酶 A_2 被未知因素激活，产生溶血磷脂 1。溶血磷脂具有较强的表面活性，能使胰腺细胞膜受损，导致急性胰腺炎。另外，磷脂酶 A_1 存在于动物组织溶酶体中（蛇毒及某些微生物亦含有），可产生溶血磷脂 2，故被毒蛇咬伤后会出现红细胞大量溶血现象。

三、甘油磷脂与脂肪肝

考点：脂肪肝的发病机制

肝细胞能合成大量甘油三酯，但不能储存甘油三酯。肝合成的甘油三酯与载脂蛋白、磷脂和胆固醇组装成 VLDL，由肝细胞分泌入血，经血液循环向肝外组织输出。若甘油三酯在肝细胞中蓄集，则会导致脂肪肝。

正常人肝中脂质的含量占肝重的 3% ～ 5%，当脂质总量超过 10%，即称脂肪肝。形成脂肪肝的常见原因有以下 3 种：①肝内甘油三酯来源过多，如高糖高热量饮食；②肝功能障碍，氧化脂肪酸的能力减弱，合成、释放脂蛋白的功能降低；③合成磷脂的原料不足，使得甘油二酯转变为磷脂的量减少，转而生成甘油三酯；同时由于磷脂合成量减少，导致 VLDL 生成障碍，使肝内甘油三酯输出困难，导致甘油三酯来源增多，输出减少，形成脂肪肝。临床上常用磷脂及其合成原料（丝氨酸、甲硫氨酸、胆碱、肌醇及乙醇胺等）及有关辅助因子（叶酸、维生素 B_{12}、ATP 及 CTP 等）来防治脂肪肝。

第 5 节 血脂与血浆脂蛋白

一、血脂

血浆中的脂质物质统称为血脂，总量为 4.0 ～ 7.0g/L，包括甘油三酯（三酰甘油）、磷脂、胆固醇、胆固醇酯和游离脂肪酸等。

（一）血脂的来源与去路

1. 血脂的来源 一是外源性，即从食物消化吸收的脂质；二是内源性，由肝、脂肪组织等合成后释放入血。

2. 血脂的去路　主要有：①经血液循环到各组织氧化供能；②进入脂库储存；③作为生物膜合成的原料；④转变成其他物质。

（二）血脂的组成与含量

正常情况下，血脂的来源与去路处于动态平衡状态，血脂含量相对稳定。血脂含量远不如血糖恒定，易受膳食、年龄、性别、职业及代谢等影响，波动范围较大。正常成人空腹 12 ～ 14 小时血脂的组成与含量，见表 9-1。

表 9-1　正常成人空腹 12 ～ 14 小时血脂的组成及含量

	血脂含量（mg/dl）	血脂含量（mmol/L）	主要来源
甘油三酯	10 ～ 150	0.11 ～ 1.69	肝
总胆固醇	100 ～ 250	2.59 ～ 6.47	肝
胆固醇脂	70 ～ 200	1.81 ～ 5.17	
游离胆固醇	40 ～ 70	1.03 ～ 1.81	
卵磷脂	50 ～ 200	16.1 ～ 64.6	肝
脑磷脂	15 ～ 35	4.8 ～ 13.0	肝
神经磷脂	50 ～ 130	16.1 ～ 42.0	肝
游离脂肪酸	5 ～ 20	0.5 ～ 0.7	脂肪组织

血脂含量虽只占全身脂质总量的极少部分，但外源性和内源性脂质物质都通过血液运转于各组织之间。因此，血脂含量可以反映体内脂质代谢情况。临床上可作为高脂血症、动脉粥样硬化和冠心病的辅助诊断指标。

进食高脂肪膳食后，血浆脂质含量大幅度上升。但这种膳食所造成的影响只是暂时的，通常在 12 小时内可逐渐趋于正常。所以临床上做血脂测定时应在正常膳食的情况下，空腹 12 ～ 14 小时后采血。

二、血浆脂蛋白

考点　血浆脂蛋白的分类及生理功能

在血浆中，脂质与蛋白质结合成可溶性脂蛋白的形式存在，脂蛋白是脂质在血中的运输和代谢形式。

（一）血浆脂蛋白的组成

血浆脂蛋白由脂质和蛋白质两部分组成。各种血浆脂蛋白的结构基本相似，疏水性较强的甘油三酯和胆固醇酯位于脂蛋白的内核，载脂蛋白、磷脂、游离胆固醇则以单分子层借其疏水基团与内部通过疏水键相连接，覆盖于脂蛋白表面，亲水极性基团朝外，呈球形，具有微团结构。

1. 脂质　组成血浆脂蛋白的脂质主要包括甘油三酯、磷脂、胆固醇及其酯等成分，其含量及组成比例在各类血浆脂蛋白中有很大差异，见表 9-2。

表 9-2 血浆脂蛋白的分类、性质、化学组成及功能

超速离心法	电泳位置	密度（g/m^3）	颗粒直径大小（mm）	化学组成（%）				正常人空腹血浆中含量（%）	主要生理功能
				蛋白质	甘油三酯	胆固醇	磷脂		
乳糜微粒	原点	＜0.96	80～500	0.8～2.5	80～95	2～7	6～9	难以检出	转运外源性脂肪
极低密度脂蛋白	前β	0.96～1.006	25～80	5～10	50～70	10～15	10～15	很少	转运内源性脂肪
低密度脂蛋白	β	1.006~1.063	20～25	25	10	45	20	61～70	转运胆固醇
高密度脂蛋白	α	1.063~1.210	5～30	45～50	5	20	36	30～40	转运胆固醇和磷脂

2. 蛋白质　血浆脂蛋白中的蛋白质部分称为载脂蛋白（apolipoprotein，apo），目前人体中发现的载脂蛋白至少有 20 种。主要分为 apoA、B、C、D、E 5 类，各类载脂蛋白又可分为许多亚类，如 apoA 有 AⅠ、AⅡ、AⅣ、AⅤ；apoB 又可分为 B_{100} 及 B_{48}；apoC 又可分 CⅠ、CⅡ、CⅢ等。不同的脂蛋白中含不同的载脂蛋白。载脂蛋白不但在结合和转运脂质及稳定脂蛋白的结构方面发挥重要作用，而且还可调节脂蛋白代谢中关键酶的活性及识别脂蛋白受体，在脂蛋白代谢中发挥极为重要的作用。

（二）血浆脂蛋白的分类

血浆脂蛋白的分类方法有两种：电泳法和超速离心法。

1. 电泳法　不同脂蛋白中的载脂蛋白不同，决定其表面电荷多少不同，在电泳时迁移率的大小也不同，按移动速度的快慢可分为四条区带，依次是α-脂蛋白、前β-脂蛋白、β-脂蛋白和乳糜微粒，见图 9-8。

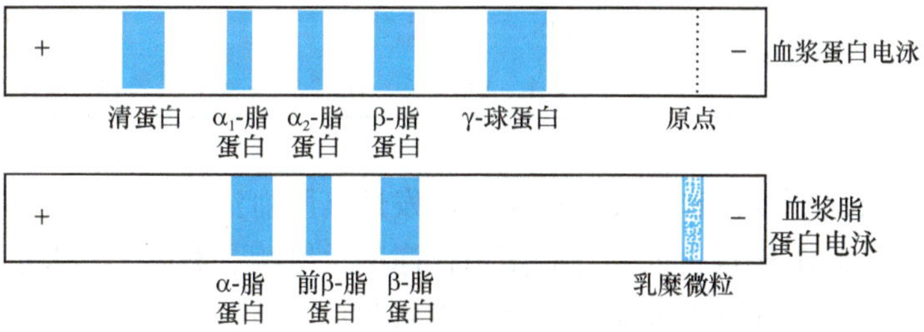

图 9-8　血浆脂蛋白琼脂糖凝胶电泳示意图

2. 超速离心法　各类脂蛋白中蛋白质与脂质的比例不同，其密度也各不相同。因此，在一定密度的盐溶液中超速离心时，血浆中的各种脂蛋白沉降速度也不同。按密度从低到高可将血浆脂蛋白分为乳糜微粒（chylomicron，CM）、极低密度脂蛋白（very low density lipoprotein，VLDL）、低密度脂蛋白（low density lipoprotein，LDL）和高密度脂蛋白（high density lipoprotein，HDL）。人血浆还有中间密度脂蛋白（IDL）和脂蛋白 a。

（三）血浆脂蛋白的代谢与功能

1.CM 在小肠黏膜细胞中，通过摄取食物中的甘油三酯及胆固醇而合成，故 CM 可运输外源性甘油三酯及胆固醇进入机体而被利用。

2.VLDL 主要由肝合成，故可以将肝内合成的甘油三酯运至肝外组织代谢利用。

3.LDL 在血浆中由 VLDL 转变而来，主要经 LDL- 受体途径代谢，即将肝内的胆固醇转向肝外组织。

4. HDL 主要由肝合成，小肠也可合成少量，经代谢转变将组织中的胆固醇逆转至肝。

三、临床常见的血浆脂蛋白代谢异常与疾病

（一）高脂血症

空腹时血浆中的脂质有一种或几种浓度高于正常参考值上限，即为高脂血症。因血脂是以脂蛋白形式存在，所以也称为高脂蛋白血症。一般以成人空腹 12 ～ 14 小时血甘油三酯超过 2.26mmol/L，胆固醇超过 6.21mmol/L，儿童胆固醇超过 4.14mmol/L，为高脂血症诊断标准。目前临床上将高脂血症简单分为 4 类：高甘油三酯血症、高胆固醇血症、混合型高脂血症和低高密度脂蛋白血症。

世界卫生组织（WHO）于 1970 年建议将高脂血症分为 6 型，各型高脂血症血浆脂蛋白及脂质含量变化，见表 9-3。

表 9-3 高脂血症分型

分型	病名	流行度	血脂变化	病因
Ⅰ	家族性高 CM 血症	极罕见	CM ↑、TG ↑↑↑、Ch ↑	LPL 或 Apo C Ⅱ遗传缺陷
Ⅱa	家族性高胆固醇血症	常见	LDL ↑、Ch ↑↑	$ApoB_{100}$、E 受体功能缺陷
Ⅱb		常见	LDL ↑、VLDL ↑、Ch ↑↑、TG ↑↑	VLDL 及 $ApoB_{100}$、E 合成↑
Ⅲ	家族性异常 β 脂蛋白血症	不常见	LDL ↑、Ch ↑↑、TG ↑↑	ApoE 异常，干扰 CM
Ⅳ	高前 β 脂蛋白血症	很常见	VLDL ↑、TG ↑↑	VLDL 合成↑或降解↓
Ⅴ	混合性高 TG 血症	少见	CM ↑、VLDL ↑、TG ↑↑↑、Ch ↑	LPL 或 ApoC Ⅱ缺陷

高脂血症可分为原发性和继发性两类。原发性高脂血症原因不明，但现已证明有些高脂血症是遗传性缺陷所致，如参与脂蛋白代谢的关键酶、载脂蛋白及脂蛋白受体的先天缺陷。继发性高脂血症是继发于糖尿病、甲状腺功能减退及肝、肾病变引起的脂蛋白代谢紊乱，也多见于肥胖、酗酒等。

（二）动脉粥样硬化

动脉粥样硬化（atherosclerosis，AS）是一类动脉壁退行性病理变化，其病理基础之一是大量脂质沉积在大、中动脉内膜上，引起局部坏死、结缔组织增生、血管壁纤维化和钙化等病理改变，使血管腔狭窄。

动脉粥样硬化的发生发展过程与血浆脂蛋白代谢密切相关。血浆 LDL 水平升高与 AS 的发病率呈正相关，而 HDL 的浓度与 AS 的发生呈负相关，因此临床上认为 LDL 是致动脉粥样硬化的危险因子，而 HDL 是抗动脉粥样硬化的“保护因子”。

（三）肥胖症

全身性脂肪堆积过多，导致体内发生一系列病理生理变化，称为肥胖症。目前国际上用体重指数（body mass index，BMI）作为肥胖度的衡量标准。BMI= 体重（kg）/ 身高 ^{2}（m^2）。我国规定 BMI 在 24 ～ 26 为轻度肥胖；在 26 ～ 28 为中度肥胖；大于 28 为重度肥胖。肥胖患者常合并有糖尿病、冠心病、高血压、脑血管病及胆囊炎、胆石症和痛风等，可损害患者身心健康，使生活质量下降，寿命缩短，已成为重要的世界性健康问题之一。

自测题

一、名词解释

1. 酮体　2. 脂肪酸的 β- 氧化　3. 必需脂肪酸

二、单项选择题

1. 组成血浆脂蛋白的脂质主要包括
   A. 甘油三酯、磷脂、游离脂肪酸和胆固醇
   B. 甘油三酯、磷脂、游离脂肪酸和胆固醇酯
   C. 甘油三酯、胆固醇、游离脂肪酸和胆固醇酯
   D. 甘油三酯、磷脂、胆固醇和胆固醇酯
   E. 磷脂、胆固醇、游离脂肪酸和胆固醇酯
2. 乙酰 CoA 的去路不包括
   A. 合成酮体　B. 合成脂肪酸　C. 氧化供能
   D. 合成胆固醇　E. 合成甘油
3. 胆固醇合成的关键酶是
   A. HMG- CoA 合成酶　B. HMG- CoA 还原酶
   C. HMG- CoA 裂解酶　D. 乙酰 CoA 羧化酶
   E. 脂酰基硫解酶
4. 在饥饿或糖尿病时，脂肪代谢不会出现
   A. 酮体生成增加　B. 脂肪动员加强
   C. 脑利用酮体增加　D. 尿中可能出现酮体
   E. 自由脂肪酸减少
5. 下列哪一组物质称为酮体
   A. 乙酰乙酸、β- 羟丁酸和丙酮酸
   B. 乙酰乙酸、β- 羟丁酸和丙酮
   C. 乙酰乙酸、β- 羟丁酸和乙酰 CoA
   D. 草酰乙酸、β- 羟丁酸和丙酮
   E. 草酸乙酸、β- 羟丁酸和丙酮酸
6. 抑制脂解的激素是
   A. 肾上腺素　B. 去甲肾上腺素　C. 胰岛素
   D. 胰高血糖素　E. 促肾上腺皮质激素
7. 下列关于脂肪叙述不正确的是
   A. 主要储存在肝脏　B. 可以氧化供能
   C. 可以储存能量　D. 主要储存在脂肪组织
   E. 主要在肝脏合成
8. 下列哪种化合物不属于胆固醇的衍生物
   A. 前列腺素　B. 性激素　C. 胆汁酸
   D. 维生素 D_3　E. 糖皮质激素
9. 有关脂肪酸的氧化，下列哪一种叙述是正确的
   A. 不需要消耗能量
   B. 活化过程在线粒体中进行
   C. β- 氧化酶系存在胞液内
   D. 肉毒碱可作为活化脂肪酸的载体
   E. β- 氧化只产生乙酰 CoA
10. 脂肪酸合成的关键酶是
   A. 脂肪酸合成酶系　B. 乙酰 CoA 羧化酶
   C. 柠檬酸合成酶　D. 柠檬酸裂解酶
   E. β- 酮脂酰 CoA 合成酶

三、简答题

1. 试述饥饿或糖尿病患者出现酮症的原因。
2. 简述血浆脂蛋白的分类及功能。

（邵世滨）

第 10 章 蛋白质的分解代谢

蛋白质的基本单位是氨基酸。食物蛋白质被消化为氨基酸而吸收利用，体内蛋白质可降解为氨基酸进一步代谢。本章重点介绍氨基酸的分解代谢，包括氨基酸的一般代谢和特殊氨基酸的代谢。

第 1 节　蛋白质的营养价值及消化吸收

蛋白质是机体最重要的营养素，是生命的物质基础，是组织重要的组成成分。

一、蛋白质的营养价值

（一）蛋白质的需要量

1. 氮平衡试验　氮平衡试验是指测定人体每日摄入氮量与排出氮量关系的试验。食物中的氮元素绝大部分来自蛋白质，体内蛋白质降解则产生相应比例的含氮化合物排出。氮平衡可反映蛋白质的合成与降解状况，包括以下 3 种类型。

（1）氮的总平衡：摄入氮量＝排出氮量，体内蛋白质的合成和分解处于动态平衡，见于营养供给合理的正常成人。

（2）氮的正平衡：摄入氮量＞排出氮量，体内蛋白质的合成大于分解，见于婴幼儿、生长发育期的青少年、孕妇及恢复期的患者等。

（3）氮的负平衡：摄入氮量＜排出氮量，体内蛋白质供给不足，或分解过多。见于长期饥饿或蛋白质营养不良的人群，以及慢性消耗性疾病的患者等。

2. 需要量　根据氮平衡试验，成人在不进食蛋白质时，每日排出氮量约 3.18g，相当于 20g 蛋白质。食物蛋白质的实际消化利用并不完全，成人每日蛋白质最低需要量为 30 ～ 50g。我国营养学会的推荐成年人每日蛋白质摄入量为 80g，相当于每日每公斤体重 1 ～ 1.5g，婴幼儿、儿童、青少年、孕妇、乳母及恢复期的患者等应适当增加。

考点
氮平衡的类型及适合人群、蛋白质的需要量

（二）食物蛋白质的营养作用

1. 必需氨基酸　必需氨基酸是指人体需要但体内不能合成，必须由食物提供的氨基酸。共有 8 种：苏氨酸、赖氨酸、甲硫（蛋）氨酸、缬氨酸、苯丙氨酸、色氨酸、亮氨酸、异亮氨酸。其余 12 种氨基酸称为非必需氨基酸，是人体需要但自身可以合成的。婴幼儿和儿童体内的组氨酸和精氨酸合成量不足，必须由食物补充，因此组氨酸和精氨酸也称为半必需氨基酸。

蛋白质的营养价值取决于所含必需氨基酸的种类、含量和比例。含必需氨基酸种类齐全、含量丰富且比例接近人体需求的蛋白质，营养价值高。按此标准，肉类、蛋类、乳制品和豆制品营养价值高于其他植物蛋白。

链 接　蛋白质类食物的膳食推荐

《中国居民膳食指南（2016）》提出适量吃鱼、禽、蛋、瘦肉。每周吃鱼 280～525g，畜禽肉 280～525g，蛋类 280～350g，平均每天摄入总量 120～200g。优先选择鱼和禽。吃鸡蛋不弃蛋黄。少吃肥肉、烟熏和腌制肉制品。吃各种各样的奶制品，相当于每天液态奶 300g。经常吃豆制品，适量吃坚果。

2. 食物蛋白质的互补作用　食物蛋白质的互补作用是指将几种营养价值较低的蛋白质混合食用，必需氨基酸相互补充，使营养价值提高。例如，谷类蛋白质中含赖氨酸较少，含甲硫氨酸较多，而豆类蛋白质则相反，将谷类和豆类混合食用，可提高营养价值。因此，科学膳食提倡食物多样化。

二、蛋白质的消化吸收及腐败作用

考点
蛋白质营养价值的衡量

（一）消化吸收

蛋白质的消化由胃开始，主要在小肠进行。胃内消化蛋白质的酶是胃蛋白酶，由胃蛋白酶原被胃酸或胃蛋白酶激活生成。蛋白质被胃蛋白酶水解为多肽和少量氨基酸。食物在胃内停留时间较短，蛋白质的消化很不完全，进入小肠将继续消化。

小肠内消化蛋白质的酶主要是胰酶，包括胰蛋白酶、糜蛋白酶、弹性蛋白酶、羧肽酶，它们在胰腺中均为酶原形式，分泌到十二指肠后，迅速被激活，水解肽键，消化蛋白质生成氨基酸和寡肽，寡肽由寡肽酶和二肽酶消化为氨基酸。

氨基酸的吸收主要在小肠，是耗能的主动转运过程。二肽和三肽也被吸收，在小肠黏膜细胞内再被水解成氨基酸。蛋白质最终转变为氨基酸，进入血液循环。

（二）蛋白质的腐败作用

蛋白质的营养价值虽高，但不宜过量摄入。肠道中未消化的蛋白质及未被吸收的消化产物，在肠菌的作用下分解，生成氨、胺类、苯酚、硫化氢、吲哚等物质，称为蛋白质的腐败作用。腐败的产物中，仅少量维生素对人体有益，而氨、硫化氢和胺类等对人体有害，吸收入体内后主要由肝转化。肝功能受损的患者，在保证优质蛋白摄入的同时，应限制蛋白质总摄入量，减少蛋白质腐败作用产氨或胺等。

三、氨基酸的来源和去路

考点
蛋白质的腐败作用及产物

溶解于体液中的氨基酸称为氨基酸代谢库。氨基酸的主要来源是食物蛋白质的消化吸收，其次是组织蛋白质的降解，还有体内合成的非必需氨基酸。氨基酸的主要去路是合成组织蛋白质，其次是进行分解代谢，还可转变成其他含氮物质，如生物活性胺、嘌呤或嘧啶核苷酸等（图 10-1）。

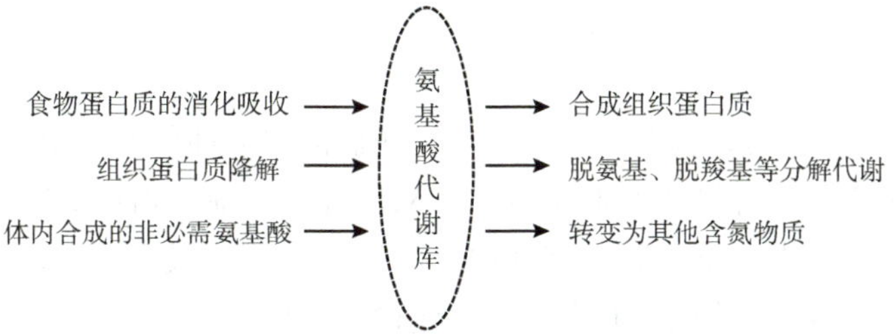

图 10-1　氨基酸的来源和去路

第 2 节　氨基酸的一般代谢——脱氨基作用

脱氨基作用是氨基酸分解代谢的主要途径。氨基酸在酶的催化下脱去氨基，生成相应的 α- 酮酸和氨。

一、氨基酸脱氨基的方式

考点
脱氨基的方式、转氨基的概念、ALT 与 AST 的应用

氨基酸脱氨基有以下 3 种方式。

（一）转氨基作用

在氨基转移酶催化下，α- 氨基酸和 α- 酮酸之间可逆地转移氨基，原来的氨基酸生成相应的 α- 酮酸，原来的 α- 酮酸生成相应的氨基酸（图 10-2）。氨基转移酶也称转氨酶，辅酶是磷酸吡哆醛，后者是维生素 B_6 的衍生物。

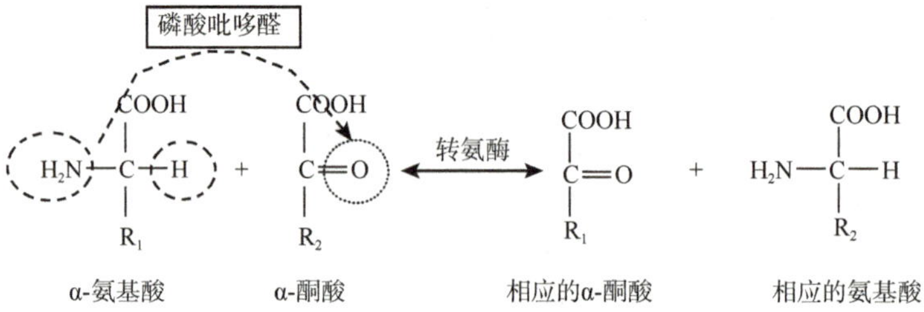

图 10-2　转氨基作用

大多数氨基酸均能进行转氨基作用，体内氨基转移酶有多种，专一性很强，其中丙氨酸氨基转移酶（ALT）和天冬氨酸氨基转移酶（AST）最重要。

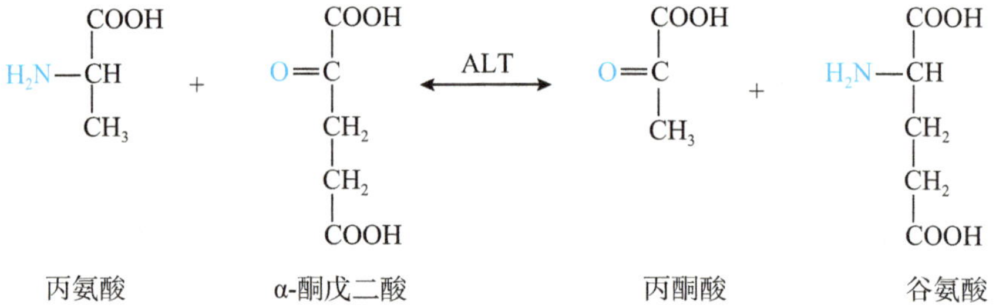

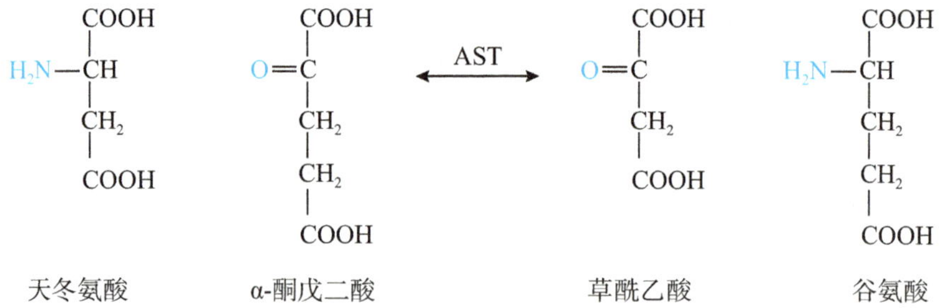

正常情况下，氨基转移酶存在于细胞内，在血清中活性很低。ALT 在肝细胞中最为丰富，急性肝炎等病变引起肝细胞受损时，ALT 释放入血，血中 ALT 活性明显增高；AST 在心肌细胞中最为丰富，肝细胞其次，急性心肌梗死或心肌炎时，血中 AST 活性明显增高。ALT、AST 是临床诊断常用的生化检验指标。

（二）氧化脱氨基作用

在氨基酸氧化酶的催化下，氨基酸脱氢并脱氨基，生成相应的 α- 酮酸和氨，反应可逆。体内氨基酸氧化酶有多种，L- 谷氨酸脱氢酶最重要，可催化谷氨酸生成 α- 酮戊二酸和氨。L- 谷氨酸脱氢酶在肝、肾、脑等组织活性强，在心肌和骨骼肌组织中活性很低。

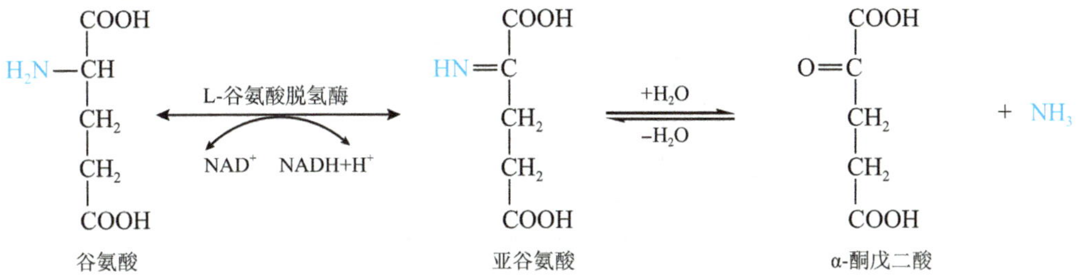

（三）联合脱氨基作用

联合脱氨基作用是指在两种或两种以上酶的联合作用下，氨基酸彻底脱氨基生成相应的 α- 酮酸和氨。联合脱氨基是体内氨基酸脱氨基的主要方式，有两种类型。

考点
联合脱氨基的产物

1. 氨基转移酶与 L- 谷氨酸脱氢酶联合 在氨基转移酶的催化下，氨基酸的氨基转移至 α- 酮戊二酸上，使其生成谷氨酸，氨基酸则转变为相应的 α- 酮酸；谷氨酸由 L- 谷氨酸脱氢酶催化，释放氨，重新生成 α- 酮戊二酸（图 10-3）。这是体内肝、肾等大部分组织脱氨基的方式。

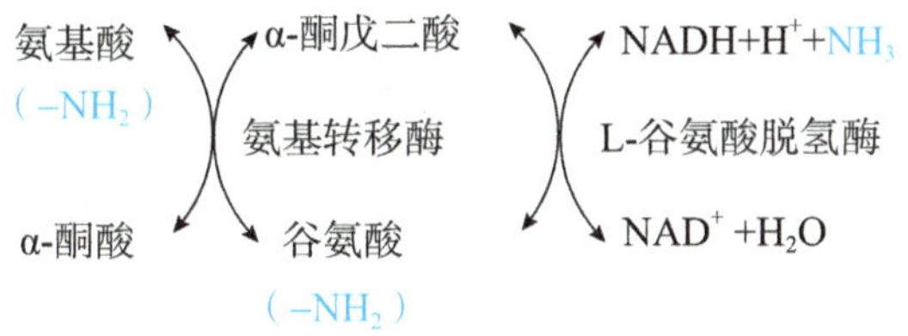

图 10-3 氨基转移酶与 L- 谷氨酸脱氢酶联合脱氨基作用

2. 嘌呤核苷酸循环 在骨骼肌和心肌组织中，L- 谷氨酸脱氢酶的活性很低，而 AST 活性比较高，氨基酸脱氨基方式主要是嘌呤核苷酸循环（图 10-4）。

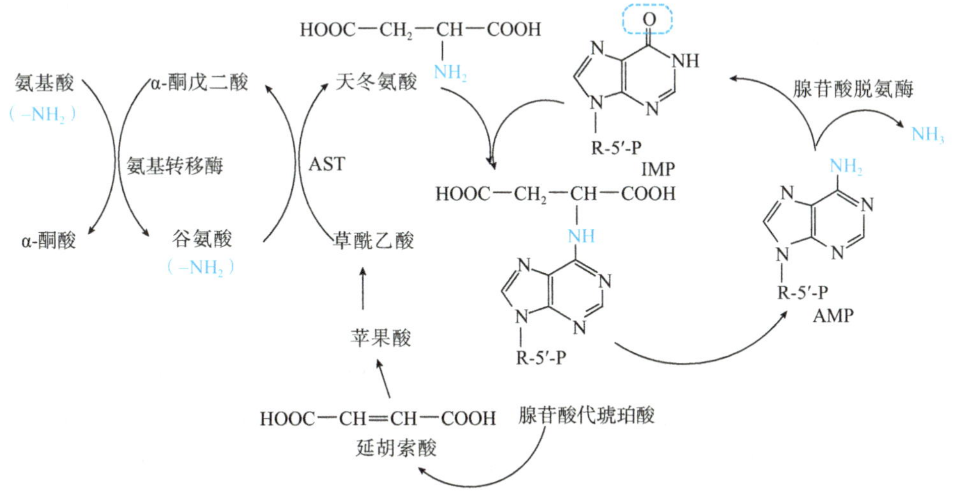

图 10-4 嘌呤核苷酸循环

考点
氨的来源和去路及转运方式

二、氨的代谢

氨是有毒物质，脑组织对其尤为敏感，正常机体可迅速代谢氨，保持氨的来源和去路的平衡（图 10-5），故血氨浓度很低且相对稳定。

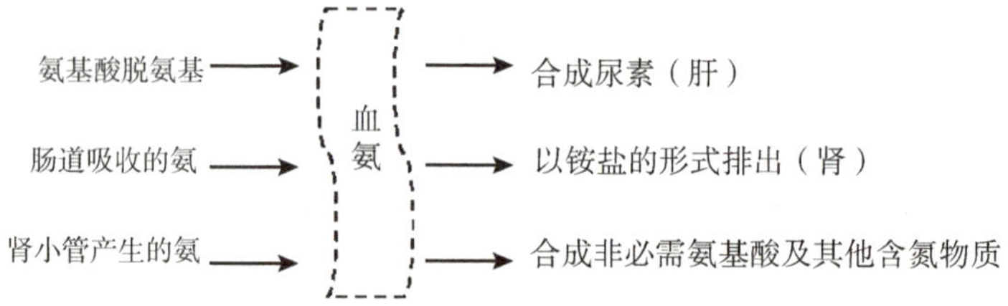

图 10-5　氨的来源和去路

（一）氨的来源

1. 氨基酸脱氨基作用产生的氨　氨基酸脱氨基作用产氨，这是体内氨的主要来源。

2. 肠道吸收的氨　肠道的氨主要由蛋白质的腐败作用产生。肠道中尿素经细菌脲酶水解也可产 NH_3，NH_3 易透过细胞膜而被吸收。酸性环境中，NH_3 易转变成 NH_4^+ 而不易透过细胞膜，临床对高血氨患者做结肠透析时，宜采用弱酸性透析液，禁用碱性肥皂水。

3. 肾小管产生的氨　肾小管上皮细胞中的谷氨酰胺在谷氨酰胺酶的作用下水解，生成谷氨酸和氨，少量的氨扩散入血。大部分氨扩散至原尿中，NH_3 与的原尿的 H^+ 结合成 NH_4^+，随尿排出。

（二）氨的转运

机体将氨转变为谷氨酰胺或丙氨酸两种无毒的形式进入血液转运，以降低游离氨的浓度。

1. 谷氨酰胺的运氨作用　脑、肌肉等组织中，在谷氨酰胺合成酶催化下，游离氨与谷氨酸合成谷氨酰胺。谷氨酰胺经血液运至肝、肾等组织后，被谷氨酰胺酶水解，重新生成谷氨酸和氨，氨进而被代谢或排泄。谷氨酰胺运氨的重要生理意义是将脑中的氨运往肝、肾代谢或排泄。

谷氨酰胺是体内运氨的主要方式，也是氨的紧急解毒形式和储存形式，故临床采用谷氨酸盐缓解氨中毒。

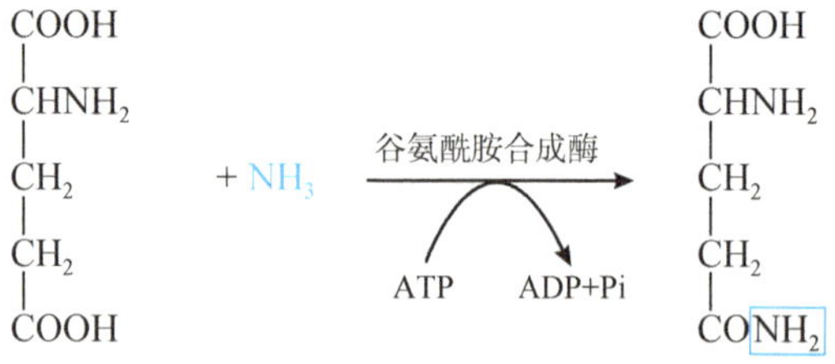

谷氨酸　　谷氨酰胺

2. 丙氨酸的运氨作用　肌肉中，糖酵解产生丙酮酸，氨基酸将氨基转给丙酮酸生成丙氨酸。丙氨酸经血液运至肝内，肝中脱氨基重新生成丙酮酸和氨。丙酮酸经糖异生转变为葡萄糖，构成丙氨酸 - 葡萄糖循环（图 10-6）。丙氨酸是肌肉向肝脏运氨的形式。

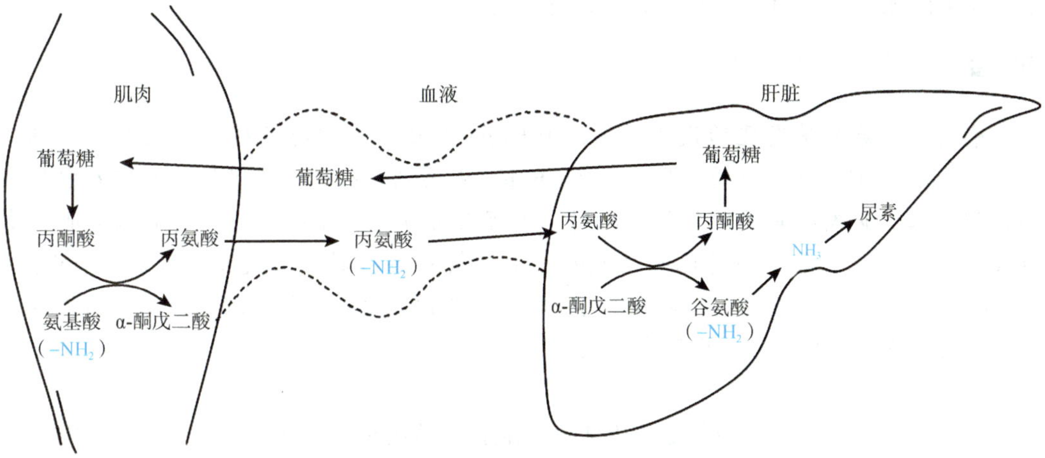

图 10-6　丙氨酸 - 葡萄糖循环

（三）氨的去路

氨以谷氨酰胺或丙氨酸的形式经血液转运，有以下 3 条去路。

考点
尿素合成的部位、过程、生理意义

1. 合成尿素　氨在体内的主要去路是在肝内合成尿素，经肾由尿排出。合成尿素的途径称为鸟氨酸循环（图 10-7），也称尿素循环。反应分为 4 个阶段，在肝细胞的细胞质和线粒体中进行。

（1）氨和 CO_2 生成氨基甲酰磷酸：在肝细胞线粒体中，由氨基甲酰磷酸合成酶 I 催化，1 分子氨与 1 分子 CO_2 反应，生成氨基甲酰磷酸，此反应不可逆，消耗 2 分子 ATP。

（2）瓜氨酸的生成：氨基甲酰磷酸与鸟氨酸反应生成瓜氨酸。反应不可逆，由鸟氨酸氨基甲酰转移酶催化。瓜氨酸通过载体转运出线粒体。

（3）精氨酸的生成：在细胞质中，瓜氨酸与天冬氨酸缩合，生成中间产物精氨酸代琥珀酸，由精氨酸代琥珀酸合成酶催化。反应中，ATP 分解为 AMP 和焦磷酸，消耗了两个高能键。精氨酸代琥珀酸合成酶是鸟氨酸循环中的关键酶。精氨酸代琥珀酸由裂解酶催化，生成精氨酸和延胡索酸。延胡索酸经苹果酸转变为草酰乙酸，草酰乙酸由氨基转移酶催化，接受氨基重新生成天冬氨酸。由此可见，多种氨基酸的氨基可通过天冬氨酸的形式参与尿素合成。

（4）尿素的生成：精氨酸酶催化精氨酸水解，释放尿素，同时鸟氨酸再生，构成鸟氨酸循环。鸟氨酸通过线粒体内膜的载体转运进入线粒体，参与下一次尿素循环。

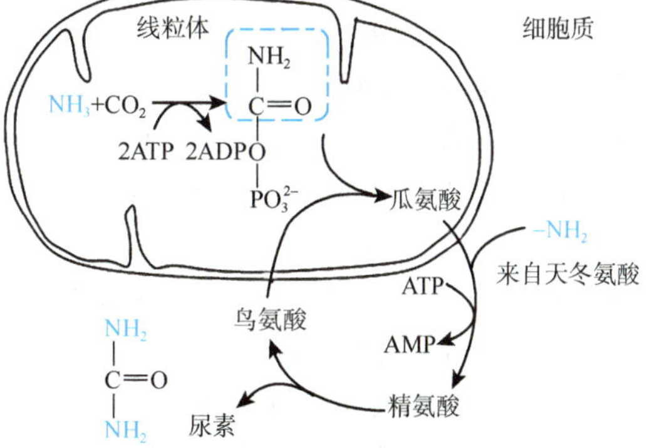

图 10-7　尿素的合成——鸟氨酸循环

每合成一分子尿素可清除 2 分子氨，一个来自游离氨，另一个来自天冬氨酸的氨基，此氨基可来自其他氨基酸的转移；共消耗 3 分子 ATP（4 个高能键）。

鸟氨酸循环的生理意义是将有毒的氨

生成无毒的尿素，通过血液转运到肾，随尿排出。

链 接 尿素循环的发现

尿素循环是最早发现的代谢循环，由 Krebs 提出，他同时是柠檬酸循环的发现人之一。Hans A. Krebs 和他的学生 Kurt Henseleit 观察到，往悬浮有肝切片的溶液中加入鸟氨酸、瓜氨酸或精氨酸的任何一种时，都可显著加快尿素的合成，而加入其他氨基酸或含氮物无此效果。当时已知精氨酸可由精氨酸酶水解为鸟氨酸和尿素。Krebs 和 Henseleit 研究了上述 3 种氨基酸结构的关联，分析出瓜氨酸是精氨酸的前体，鸟氨酸是瓜氨酸的前体，由此总结提出了鸟氨酸循环。

2. 生成谷氨酰胺 氨与谷氨酸生成谷氨酰胺，转运至肾。在肾小管上皮细胞内，谷氨酰胺由谷氨酰胺酶催化，水解为谷氨酸，同时释放游离氨。氨扩散入尿液，与 H^+ 结合成 NH_4^+，以铵盐的形式随尿排出。酸性尿液有利于氨的排泄，因此临床治疗肝硬化腹腔积液患者时禁用碱性利尿药。

谷氨酸+ NH_3 —脑、肌肉等→ 谷氨酰胺 ……血液…… 肝→ 谷氨酸+ NH_3 （合成尿素）；肾→ 谷氨酸+ NH_3 （尿中排泄）

3. 合成非必需氨基酸 通过脱氨基反应的逆过程，氨与 α- 酮酸合成非必需氨基酸。此外，氨基酸的氨基还可以作为氮源，参与其他含氮化合物的合成，如嘌呤、嘧啶等。

考点：肝性脑病的氨中毒学说

（四）高血氨和氨中毒

正常情况下，体内氨的主要去路是在肝中合成尿素，血氨维持在较低浓度。当肝功能受损时，尿素合成障碍，血氨浓度升高，出现高血氨症，严重时导致昏迷，称为肝性脑病或肝昏迷。

肝性脑病有多种生化机制，其中氨中毒学说的解释为：当严重肝功能障碍时，血氨扩散进入脑组织，氨与 α- 酮戊二酸生成谷氨酸，氨再与谷氨酸结合生成谷氨酰胺。以上两步反应消耗了大量 α- 酮戊二酸和 ATP，使脑组织三羧酸循环减弱，ATP 生成减少，引起大脑功能障碍，严重时导致昏迷。

案例 10-1

患者，男，54 岁，昏迷 7 小时入院。有乙型肝炎病史 20 年，肝硬化病史 9 年，近半年来反复多次出现昏迷，数小时后自然苏醒或是入院治疗后恢复意识，清醒后可以正常生活。此次发病前一晚进食鸡蛋 2 个，炖鸡肉约 300g，清晨家属发现其昏迷。

体检：中度昏迷，神经反射减弱，无瘫痪征。超声示肝硬化，脑 CT 无异常。血清 ALT 103U/L，AST 125U/L（参考范围：ALT 5 ～ 40U/L，AST 5 ～ 40U/L），血氨 151μmol/L（参考范围：18 ～ 72μmol/L）。

问题：1. 患者可能的诊断是？

2. 患者此次昏迷与发病前进食高蛋白食物有关吗？

3. 试解释患者昏迷的生化机制。

考点
α- 酮酸的去路

三、α- 酮酸的代谢

氨基酸脱氨基产生 α- 酮酸主要有 3 条代谢途径。

1. 氧化供能 氨基酸分解为 α- 酮酸，通过三羧酸循环彻底氧化分解供能。α- 酮酸中的丙酮酸、α- 酮戊二酸可直接进入三羧酸循环氧化分解；其他 α- 酮酸先转变为丙酮酸、乙酰 CoA 或三羧酸循环的中间产物，再进入三羧酸循环氧化分解。

2. 转变成糖或酮体 有些氨基酸脱氨基生成的 α- 酮酸，可经糖异生途径转变为葡萄糖或糖原，称为生糖氨基酸，包括丙氨酸等 13 种。有些氨基酸生成的 α- 酮酸可分解为乙酰乙酸，称为生酮氨基酸，仅包括赖氨酸和亮氨酸。有些氨基酸生成的 α- 酮酸可转变为糖也可生成酮体，称为生糖兼生酮氨基酸，包括苏氨酸、酪氨酸、苯丙氨酸、色氨酸、异亮氨酸。

3. 合成非必需氨基酸 α- 酮酸经脱氨基作用的逆过程可合成非必需氨基酸，这是机体合成非必需氨基酸的重要途径。

四、三大物质代谢的联系

（一）物质代谢的整体性

体内糖、脂质、蛋白质的代谢过程在细胞内同时进行，并不彼此孤立，而是构成一个整体，相互联系和相互转变。

三羧酸循环是糖、脂质、蛋白质分解代谢的共同途径，也是三大代谢的联系枢纽。氧化磷酸化是代谢中生成 ATP 的主要方式。

三大物质代谢中，有许多共同的中间代谢物，如乙酰 CoA、丙酮酸、草酰乙酸、α- 酮戊二酸、琥珀酸、延胡索酸、磷酸二羟丙酮等，其中乙酰 CoA 是枢纽中间代谢物（图 10-8）。

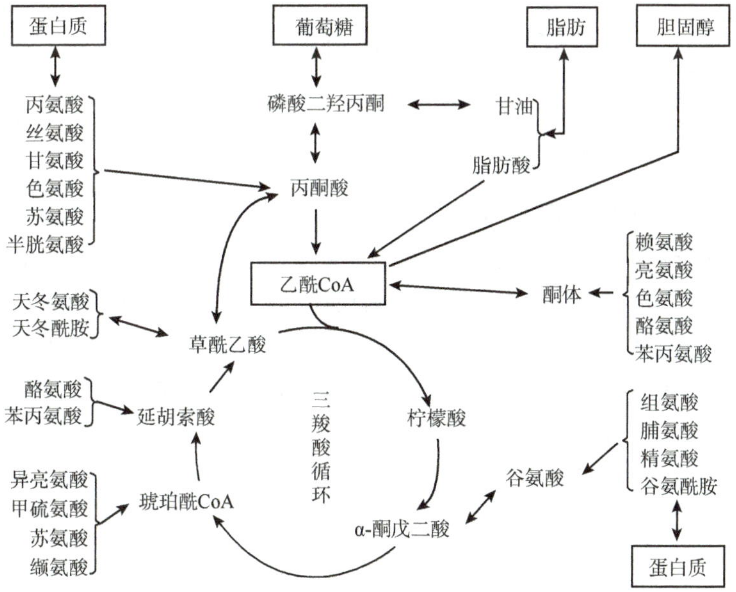

图 10-8 糖、脂质和蛋白质代谢的联系

（二）物质之间的代谢转变

通过共同的中间代谢物，糖、脂质和氨基酸之间可以代谢转变，如丙氨酸可经丙酮酸进行糖异生转变为葡萄糖，葡萄糖可经乙酰 CoA 进行脂肪酸的合成。

葡萄糖分解代谢产生大量乙酰 CoA，乙酰 CoA 是合成胆固醇、脂肪酸的原料。糖酵解的中间产物磷酸二羟丙酮可转变为甘油，故葡萄糖可转变为脂肪。葡萄糖分解提供多种 α- 酮酸，可合成谷氨酸等非必需氨基酸。

氨基酸分解为 α- 酮酸，继续代谢为乙酰 CoA，可合成脂肪和胆固醇。除了赖氨酸和亮氨酸，其他氨基酸均可转变为糖。

脂肪动员生成甘油和脂肪酸。甘油可进行糖异生；脂肪酸分解生成乙酰 CoA，乙酰 CoA 不能转变为葡萄糖。

蛋白质的合成原料包含必需氨基酸和非必需氨基酸，糖、脂肪的中间产物能转变为一些非必需氨基酸。

链 接　“明星”代谢物——乙酰 CoA

乙酰 CoA 是糖、脂质、蛋白质代谢的共同中间代谢物，是三大物质代谢相互联系的枢纽物质。

乙酰 CoA 的来源主要有葡萄糖和糖原的有氧氧化；脂肪酸的 β- 氧化；甘油的氧化分解；酮体的分解；氨基酸脱氨基生成的 α- 酮酸的氧化分解。

乙酰 CoA 的去路主要有经三羧酸循环分解为 CO_2；合成脂肪酸、酮体、胆固醇。

因丙酮酸生成乙酰 CoA 的反应不可逆、三羧酸循环是单向循环，故乙酰 CoA 既不能转变为葡萄糖，也不能生成氨基酸。

第 3 节　特殊氨基酸的代谢

氨基酸经特殊代谢途径，可生成机体需要的多种活性物质，如生物活性胺、谷胱甘肽等，或是为合成重要物质提供原料。

一、氨基酸的脱羧基作用

氨基酸的脱羧基作用是指在氨基酸脱羧酶催化下，氨基酸分解为 CO_2 和胺类。氨基酸脱羧酶的辅酶是磷酸吡哆醛。该作用为机体提供多种生物活性胺。

（一）γ- 氨基丁酸

谷氨酸脱羧基生成 γ- 氨基丁酸（GABA）。γ- 氨基丁酸是神经递质，对中枢神经有抑制作用。临床以维生素 B_6 治疗妊娠性呕吐和小儿惊厥，维生素 B_6 在机体内活化为磷酸吡哆醛，后者为谷氨酸脱羧酶的辅酶，促进了 GABA 的生成，进而抑制神经兴奋引起的呕吐和惊厥。

$$\text{谷氨酸} \xrightarrow{\text{谷氨酸脱羧酶}} CO_2 + \gamma\text{- 氨基丁酸}$$

（二）5- 羟色胺

色氨酸经羟化后脱羧，生成 5- 羟色胺（5-HT）。5-HT 广泛存在于体内各种组织中，脑中含量较高。5-HT是一种重要的神经递质，对中枢神经起抑制作用，在外周组织，有收缩血管的作用。

$$\text{色氨酸} \xrightarrow{\text{色氨酸羟化酶}} \text{5-羟色氨酸} \xrightarrow{\text{脱羧酶}} CO_2 + \text{5-羟色胺}$$

（三）组胺

组氨酸脱去羧基生成组胺。组胺在体内分布广泛，肺、肝、肌组织及胃黏膜中含量较高。组胺可刺激胃蛋白酶及胃酸的分泌。在过敏反应、创伤等情况下，肥大细胞和嗜碱性粒细胞释放过量的组胺。组胺使血管扩张、毛细血管通透性增加，导致血压下降和局部水肿，甚至发生休克；组胺使平滑肌收缩，引起支气管痉挛而发生哮喘。

$$\text{组氨酸} \xrightarrow{\text{组氨酸脱羧酶}} CO_2 + \text{组胺}$$

（四）牛磺酸

半胱氨酸氧化脱羧生成牛磺酸。牛磺酸是结合胆汁酸的成分之一；脑中含有较多牛磺酸，牛磺酸可促进婴儿大脑和视网膜的发育；牛磺酸也与免疫功能有关。

$$\text{半胱氨酸} \xrightarrow{\text{色氨酸羟化酶}} \text{磺基丙氨酸} \xrightarrow{\text{脱羧酶}} CO_2 + \text{牛磺酸}$$

（五）多胺

某些氨基酸的脱羧基作用可以产生多胺类物质。例如，鸟氨酸脱羧基生成腐胺，然后转变成精脒和精胺。精脒和精胺有调节细胞生长的作用。肿瘤组织、胚胎、再生肝等生长旺盛的组织中，多胺的含量较高。临床通过测定患者血、尿标本中多胺的含量，可监测肿瘤患者的病情发展。

此外，某些氨基酸脱羧基产生的少数胺类对人体有害，如腐胺、尸胺、酪胺、苯乙胺等，需经肝脏代谢转化。肝功能障碍或肝硬化时，这些胺类未经转化即进入脑组织，生成假神经递质，干扰正常神经活动，导致大脑抑制，这也是造成肝性脑病的机制之一。

二、一碳单位的代谢

考点：一碳单位的概念、载体、生理功能

一碳单位是指某些氨基酸在分解代谢中产生的含有一个碳原子的有机基团。主要有甲基（$—CH_3$）、亚甲基（$—CH_2—$）、次甲基（$—CH=$）、甲酰基（$—CHO$）及亚氨甲基（$—CH=NH$）等。

（一）一碳单位的来源

体内的一碳单位主要来自丝氨酸、甘氨酸、组氨酸和色氨酸的分解。

（二）一碳单位的载体

一碳单位不能游离存在，由四氢叶酸（FH_4 或 THF）作为载体携带转运并参与代谢。一碳单位结合在 FH_4 的 N^5 及 N^{10} 位上。四氢叶酸在体内由叶酸还原生成。叶酸在二氢叶酸还原酶催化下，进行两次加氢反应转变为四氢叶酸，由辅酶NADPH提供氢。

$$\text{叶酸} \xrightarrow[NADPH+H^+ \rightarrow NADP^+]{\text{二氢叶酸还原酶}} \text{二氢叶酸} \xrightarrow[NADPH+H^+ \rightarrow NADP^+]{\text{二氢叶酸还原酶}} \text{四氢叶酸}$$

（三）一碳单位的生理作用

一碳单位是合成嘌呤和嘧啶核苷酸的重要原料，是进而合成DNA与RNA的重要基础，因此一碳单位代谢与细胞增殖、胚胎发育密切相关。

缺乏叶酸时，一碳单位生成和转运障碍，使核酸合成受阻，骨髓造血细胞增殖减慢，导致巨幼细胞性贫血。孕早期缺乏叶酸，胚胎细胞增殖发育受阻，出现胎儿神经管畸形。

三、芳香族氨基酸的代谢

考点
主要的氨基酸代谢缺陷症

芳香族氨基酸包括苯丙氨酸、酪氨酸和色氨酸。

（一）苯丙氨酸的代谢

苯丙氨酸代谢的主要途径是生成酪氨酸，由苯丙氨酸羟化酶催化，反应不可逆。因基因缺陷致苯丙氨酸羟化酶缺乏时，苯丙氨酸不能转变成酪氨酸，大量地进行转氨基，生成苯丙酮酸，苯丙酮酸在血液中蓄积，最终由尿排出，该病称为苯丙酮酸尿症（PKU）。苯丙酮酸对中枢神经系统有毒性，患儿表现为智力迟钝及其他神经疾患。

（二）酪氨酸的代谢

酪氨酸在体内可转变为多种活性物质。

1. 生成甲状腺激素　在甲状腺内，酪氨酸逐步碘化，缩合生成三碘甲状腺原氨酸（T_3）和四碘甲状腺原氨酸（T_4），两者合称甲状腺素。临床测定 T_3、T_4 是诊断甲状腺功能的主要指标。

2. 生成儿茶酚胺　酪氨酸经羟化、脱羧等反应逐步生成多巴胺、去甲肾上腺素和肾上腺素，三者统称儿茶酚胺，是体内重要的神经递质。

3. 生成黑色素　在黑色素细胞内，酪氨酸经酪氨酸酶等催化，逐步代谢生成黑色素。先天性缺乏酪氨酸酶者，黑色素合成障碍，患者皮肤毛发色浅或为白色，称白化病。

4. 氧化分解　酪氨酸转氨基生成对-羟苯丙酮酸，后者脱羧生成尿黑酸，再经尿黑酸氧化酶等催化，逐步分解为延胡索酸和乙酰乙酸，可继续氧化分解供能，也可以转变为葡萄糖和酮体。尿黑酸氧化酶缺陷可导致尿黑酸症，患者尿中含有尿黑酸，在碱性条件下，遇空气变黑（表 10-1）。

色氨酸的代谢包括：脱羧生成 5-HT，提供一碳单位，产生丙酮酸与酮体等。

表 10-1　先天性氨基酸代谢缺陷病

疾病名称	相关氨基酸	有缺陷的酶
苯丙酮酸尿症	苯丙氨酸	苯丙氨酸羟化酶
白化病	酪氨酸	酪氨酸酶
尿黑酸症	酪氨酸	尿黑酸氧化酶

自测题

一、名词解释

1. 必需氨基酸　2. 蛋白质的腐败作用
3. 转氨基作用　4. 一碳单位

二、单项选择题

1. 青少年氮平衡的状态应是
A. 氮的正平衡
B. 氮的负平衡
C. 氮的总平衡
D. 摄入氮量小于排出氮量
E. 以上都不是

2. 衡量蛋白质营养价值的关键因素是
A. 氨基酸的种类
B. 非必需氨基酸的种类

C. 必需氨基酸的数量
D. 必需氨基酸的种类、数量和比例
E. 非必需氨基酸的种类、数量和比例

3. 机体大多数器官脱氨基作用的方式是
A. 转氨基 B. 氧化脱氨基
C. 联合脱氨基 D. 脱羧基
E. 丙氨酸 - 葡萄糖循环

4. 体内 ALT 活性最高的组织是
A. 肝 B. 心肌 C. 骨骼肌
D. 肾 E. 脾

5. 尿素合成过程为
A. 鸟氨酸循环 B. 丙氨酸 - 葡萄糖循环
C. 三羧酸循环 D. 嘌呤核苷酸循环
E. 以上都不是

6. 血氨的最主要来源是
A. 氨基酸脱氨基作用生成的氨
B. 肠道中蛋白质腐败产生的氨
C. 肾小管谷氨酰胺水解产生的氨
D. 体内胺类物质分解释放出来的氨
E. 肠道尿素水解产生的氨

7. 体内氨的储存及运输形式是
A. 谷氨酸 B. 酪氨酸 C. 谷氨酰胺
D. 天冬氨酸 E. 丙氨酸

8. 合成尿素的组织或器官是
A. 肾 B. 肝 C. 骨骼肌
D. 肌肉 E. 脑

9. 人体内氨的主要代谢去路为
A. 合成谷氨酰胺
B. 合成嘌呤和嘧啶等含氮化合物
C. 以铵盐的形式由尿排出
D. 合成尿素随尿排出
E. 合成非必需氨基酸

10. 氨中毒引起脑功能障碍的主要原因是导致脑细胞中
A. 糖酵解减慢 B. 三羧酸循环减弱
C. 脂肪分解减慢 D. 尿素合成障碍
E. 生成谷氨酰胺障碍

11. 肝性脑病患者发生氨中毒的根本原因是
A. 肠道吸收氨过量
B. 氨基酸在体内分解代谢增强
C. 合成谷氨酰胺减少
D. 肝功能损伤导致尿素合成障碍
E. 肾功能不全导致尿素排泄障碍

12. 体内转运一碳单位的载体是
A. 叶酸 B. 维生素 B_{12} C. 二氢叶酸
D. 磷酸吡哆醛 E. 四氢叶酸

13. 一碳单位代谢障碍会导致体内合成减慢的物质是
A. 四氢叶酸 B. 核苷酸 C. 脂肪
D. 葡萄糖 E. 氨基酸

14. 肾上腺素、甲状腺素、黑色素合成的共同原料是
A. 缬氨酸 B. 半胱氨酸 C. 亮氨酸
D. 酪氨酸 E. 组氨酸

15. 苯丙酮酸尿症患者体内缺乏的酶是
A. 苯丙氨酸羟化酶
B. 酪氨酸酶
C. 丙氨酸氨基转移酶
D. 天冬氨酸氨基转移酶
E. 酪氨酸羟化酶

三、简答题

1. 氨基酸的脱氨基方式有哪些？脱氨基后的产物是什么？
2. 体内氨的来源和去路有哪些？
3. 简述肝性脑病的氨中毒学说。
4. 试解释临床采用谷氨酸钠治疗氨中毒的生化机制。
5. 一碳单位的生理意义是什么？

（韩 霞）

第 11 章 核苷酸代谢

一、核苷酸的生物学功能

核苷酸是核酸的基本结构单位，在体内发挥着多种重要的生物学功能：①作为核酸合成的原料，参与 DNA、RNA 的生物合成，这是核苷酸最主要的功能；②作为体内能量的利用形式，如 ATP 是能量代谢的中心物质，GTP 等也可提供能量；③作为活化中间代谢物的载体，如 UDP 为葡萄糖基载体，CDP 作为胆碱、乙醇胺、甘油二酯的活化载体用于合成磷脂等；④作为多种辅酶的重要组成成分，如 NAD^+、FAD、CoA 等；⑤作为信息分子，参与代谢调节，如 cAMP 和 cGMP 是细胞内信号传递的“第二信使”。

二、核酸的消化吸收

食物中的核酸大多以核蛋白的形式存在。核蛋白在胃中受胃酸的作用，分解成核酸与蛋白质。核酸主要在小肠中被消化，受胰液和肠液中各种水解酶的作用逐步水解，最终生成碱基、戊糖和磷酸 3 种基本成分。核苷酸及其水解产物均可被吸收，戊糖和磷酸可被机体利用，参与体内的代谢；而嘌呤和嘧啶主要被降解后排出体外，很少被机体利用。实际上，人体内的核苷酸主要由机体细胞自身合成，因此食物中的核苷酸不是人体健康所必需的营养物质。

案例 11-1

某些保健品商家宣称其核酸口服液具有“免疫调节、抗疲劳”等多种功效，你有何看法？经常服用核酸口服液或高嘌呤饮食对人体有何影响？有何科学依据？

三、体内核苷酸合成代谢的途径

体内核苷酸的合成有两条途径：①利用氨基酸、一碳单位、二氧化碳和 5- 磷酸核糖等简单物质为原料，经过一系列酶促反应合成核苷酸的过程，称为从头合成途径；②利用体内现成的碱基或核苷为原料，经过简单的反应合成核苷酸的过程，称为补救合成途径。一般情况下，从头合成途径是体内多数组织核苷酸合成的主要途径，而脑、骨髓等少数组织因缺乏从头合成途径的酶，只能进行补救合成。

第 1 节 嘌呤核苷酸代谢

考点
嘌呤碱从头合成的元素来源

一、嘌呤核苷酸的合成代谢

（一）嘌呤核苷酸的从头合成

1\. 合成部位　肝是主要部位，其次是小肠黏膜和胸腺。整个过程在细胞质中进行。

2. 合成原料　嘌呤碱从头合成的主要原料为甘氨酸、天冬氨酸、谷氨酰胺、一碳单位和 CO_2（图 11-1）。核苷酸合成还需要 5- 磷酸核糖，来自磷酸戊糖途径。

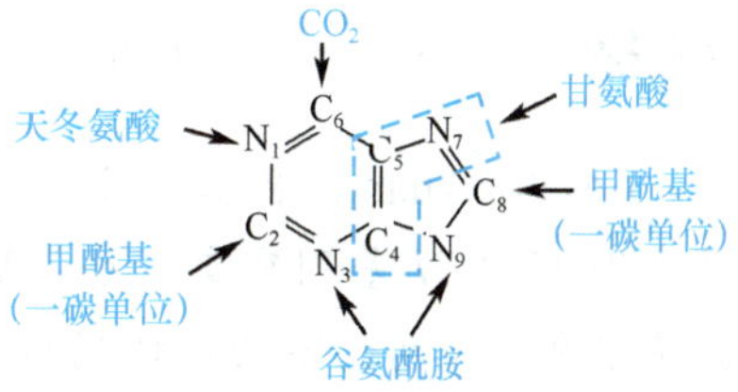

图 11-1　嘌呤碱合成的元素来源

3. 合成过程　嘌呤核苷酸从头合成的重要特点是从 5- 磷酸核糖起始，在其基础上把一些简单的原料逐步加上去形成嘌呤环。其过程复杂，可分为 3 个阶段：①由 ATP 提供能量，5- 磷酸核糖活化生成磷酸核糖焦磷酸（PRPP）。②经连续 10 步反应引入嘌呤环中各原子，合成次黄嘌呤核苷酸（IMP）。③ IMP 分别经两步反应转变为腺嘌呤核苷酸（AMP）和鸟嘌呤核苷酸（GMP）。AMP 和 GMP 之间可以相互转变，还可进一步磷酸化转变为相应的核苷二磷酸（ADP、GDP）和核苷三磷酸（ATP、GTP）（图 11-2）。

> **考点**
> 嘌呤核苷酸从头合成时，得到的第 1 个嘌呤核苷酸是 IMP

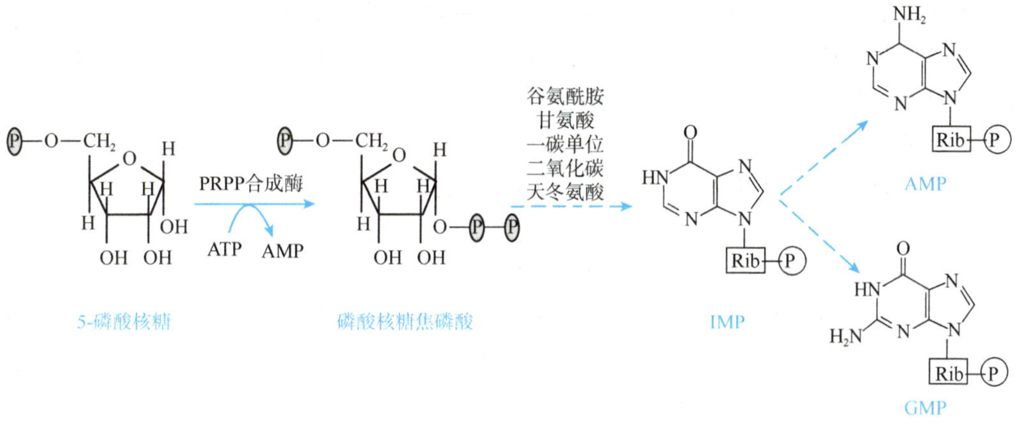

图 11-2　嘌呤核苷酸的合成

（二）嘌呤核苷酸的补救合成

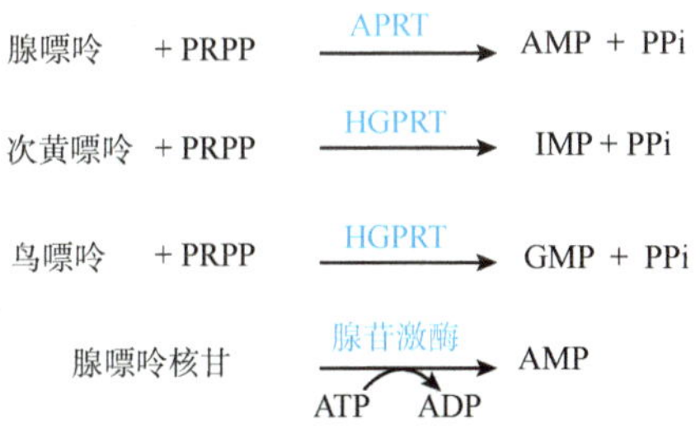

图 11-3　嘌呤核苷酸的补救合成

有两种酶参与嘌呤核苷酸的补救合成：腺嘌呤磷酸核糖转移酶（APRT）和次黄嘌呤 - 鸟嘌呤磷酸核糖转移酶（HGPRT），分别催化相应的碱基与 PRPP 提供的磷酸核糖生成 AMP、IMP 和 GMP。此外，腺嘌呤核苷可在腺苷激酶的催化下磷酸化生成 AMP（图 11-3），其他核苷也可由相应的激酶催化生成核苷酸。

> **考点**
> 进行补救合成的组织器官

嘌呤核苷酸补救合成途径的生理意义在于：①可以节省从头合成时对能量和一些氨基酸的消耗；②体内某些组织器官（如脑、骨髓等）由于缺乏从头合成的酶体系，只能进行补救合成。临床上 Lesch-Nyhan 综合征是由于基因突变导致 HGPRT 缺失而引起中枢神经系统代谢异常的疾病。

链接 Lesch-Nyhan 综合征

Lesch-Nyhan 综合征（又称自毁容貌症）是一种 X 染色体隐性遗传病，见于男性。患者因 *HGPRT* 基因突变，导致脑内嘌呤核苷酸的补救合成障碍而影响大脑发育，尿酸大量累积。目前仍不清楚该病的发病机制，缺乏有效的治疗方法。

该病的临床表现主要为痛风和中枢神经系统功能失常，如高尿酸血症、肌张力障碍、脑发育不全、智力低下，有攻击和自残行为，发病时会咬伤自己的嘴唇、手和足趾，毁坏自己的容貌。大部分患者死于儿童时期。

二、嘌呤核苷酸的分解代谢

案例 11-2

患者，男，23 岁。在聚餐时一共吃了 3 锅蒜香小龙虾，喝了 5 瓶啤酒，当晚因左脚拇趾疼痛剧烈而就医。经检查，患者左足第一跖趾关节明显红肿，压痛，活动受限，无皮肤破损。实验室检查：血尿酸高达 0.7mmol/L。医生诊断为痛风性关节炎，给予秋水仙碱、地塞米松等药物治疗后疼痛有所缓解，红肿消退。

问题：什么是痛风？对痛风患者进行护理时应注意哪些事项？

考点
嘌呤核苷酸分解代谢的终产物

嘌呤核苷酸的分解代谢主要在肝、小肠和肾中进行。细胞中的嘌呤核苷酸在核苷酸酶催化下水解生成嘌呤核苷，然后经核苷磷酸化酶的催化，生成嘌呤碱和 1- 磷酸核糖。后者在磷酸核糖变位酶的催化下转变为 5- 磷酸核糖而进一步代谢。嘌呤可参加核苷酸的补救合成，也可进一步水解，经黄嘌呤氧化酶的作用最终生成尿酸（uric acid）（图 11-4）。黄嘌呤氧化酶是尿酸生成的关键酶，遗传性缺陷或严重的肝脏损伤可导致该酶的缺乏。

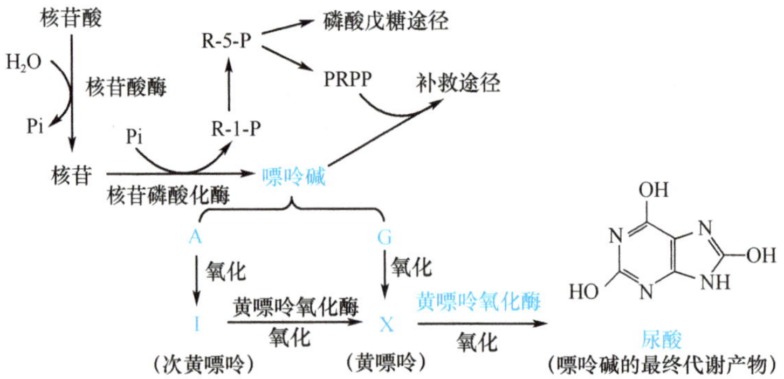

图 11-4 嘌呤核苷酸的分解代谢

考点
痛风症的病因

尿酸是人体嘌呤核苷酸分解代谢的终产物，随尿排出体外。正常生理情况下，嘌呤的合成与分解处于相对平衡状态，尿酸的生成与排泄较为恒定，正常人血浆中尿酸含量为 0.12 ～ 0.36mmol/L（2 ～ 6mg/dl）。当进食高嘌呤饮食或体内核酸大量分解（如白血病、恶性肿瘤等）或因肾病而尿酸排泄障碍时，血浆中尿酸升高。当血尿酸浓度超过0.42mmol/L（7mg/dl），由于尿酸水溶性较差而易形成结晶，可沉积于关节、软骨、软组织和肾等部位，导致关节炎、痛风石、尿路结石及肾病，称为痛风症（gout）。

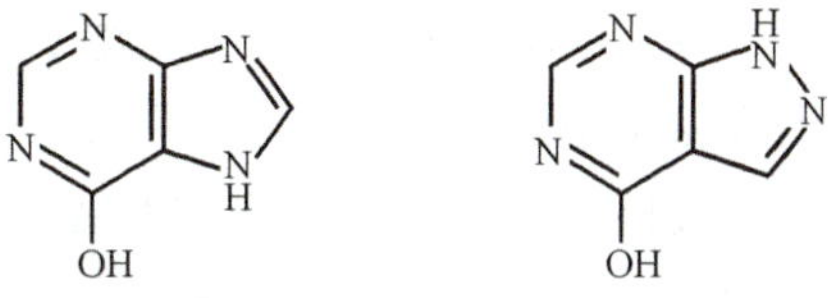

图 11-5 次黄嘌呤与别嘌醇的结构

考点 别嘌醇治疗痛风症的药理机制

临床上常用别嘌醇治疗痛风。别嘌醇与次黄嘌呤的结构类似（图 11-5），故可竞争性抑制黄嘌呤氧化酶活性，从而减少尿酸的生成。另外，别嘌醇与 PRPP 反应生成别嘌呤核苷酸，一方面可消耗 PRPP 而减少嘌呤核苷酸从头合成的原料，另一方面由于别嘌呤核苷酸与 IMP 结构相似，又可反馈抑制嘌呤核苷酸从头合成的酶。因此，别嘌醇既减少了嘌呤核苷酸的合成，又抑制了尿酸的生成，能有效降低血尿酸水平。

链 接 痛风的临床知识

1. 饮食 控制饮食总热量，限制高嘌呤食物（如动物内脏、海鲜等）和富含果糖饮料的摄入，并戒酒禁烟，多吃碱性食物，以防痛风急性发作并有利于尿酸排泄。

2. 护理 急性关节炎护理常规如受累关节制动，抬高患肢。每日饮水量应大于2000ml，以增加尿酸的排泄。

3. 急性痛风性关节炎的治疗 尽早使用秋水仙碱、非甾体抗炎药或糖皮质激素。

4. 缓解期的治疗 主要目的为降低血尿酸水平，预防急性发作。可服用抑制尿酸生成药物（如别嘌醇）、促进尿酸排泄药物和碳酸氢钠等。

5. 伴发疾病的治疗 痛风常并发高血压、高血脂、动脉硬化、2型糖尿病、慢性肾病等，应积极治疗。

6. 痛风预后 高尿酸血症与痛风是一种终身性疾病。多数患者在积极治疗下预后良好，而治疗延误或频繁发作可导致关节畸形、功能丧失，影响生活质量。尿酸盐沉积于肾可引起肾功能不全，预后不佳。

第 2 节 嘧啶核苷酸代谢

一、嘧啶核苷酸的合成代谢

（一）嘧啶核苷酸的从头合成

1. 合成部位 主要在肝的细胞质和线粒体中进行。

2. 合成原料 嘧啶核苷酸从头合成的主要原料为5-磷酸核糖、天冬氨酸、谷氨酰胺和 CO_2。胸腺嘧啶核苷酸的合成还需要一碳单位（$N^5, N^{10}—CH_2—FH_4$）。嘧啶碱合成的元素来源，见图 11-6。

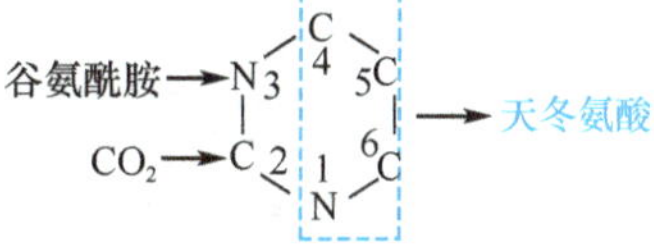

图 11-6 嘧啶碱合成的元素来源

3. 合成过程 与嘌呤核苷酸的从头合成不同，嘧啶核苷酸从头合成的特点是先以小分子物质为原料逐步合成嘧啶环，然后与5-磷酸核糖相连形成嘧啶核苷酸。首先合成尿嘧啶核苷酸（UMP），再由 UMP 转变为其他的嘧啶核苷酸。

考点 嘧啶核苷酸从头合成得到的第1个嘧啶核苷酸是UMP

（1）UMP 的合成：谷氨酰胺和 CO_2 在氨基甲酰磷酸合成酶Ⅱ（CPS-Ⅱ）催化下，生成氨基甲酰磷酸，后者与天冬氨酸逐步合成具有嘧啶环的乳清酸，然后与 PRPP 形成乳清酸核苷酸，进一步合成 UMP（图 11-7）。

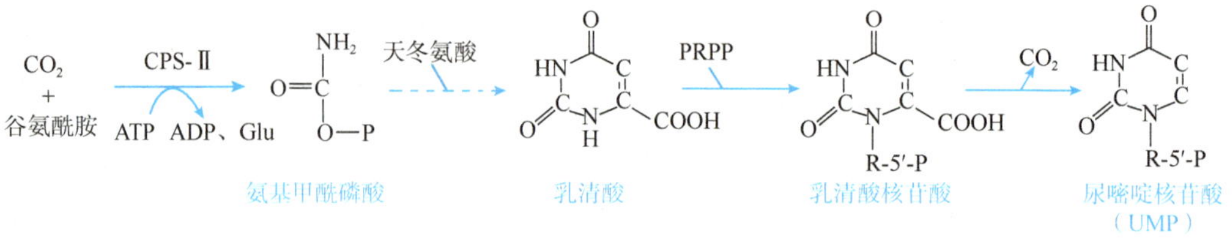

图 11-7 UMP 的合成

（2）CTP 的合成：UMP 经激酶催化生成 UTP 后，由谷氨酰胺提供氨基，在 CTP 合成酶催化下生成胞苷三磷酸（CTP）（图 11-8）。

（二）嘧啶核苷酸的补救合成

催化嘧啶核苷酸补救合成的酶主要有嘧啶磷酸核糖转移酶、尿苷激酶、胸苷激酶，催化的反应如下（图 11-9）。

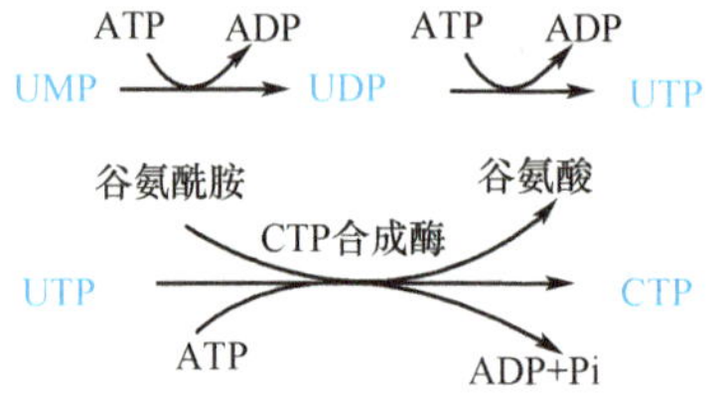

图 11-8 CTP 的生成

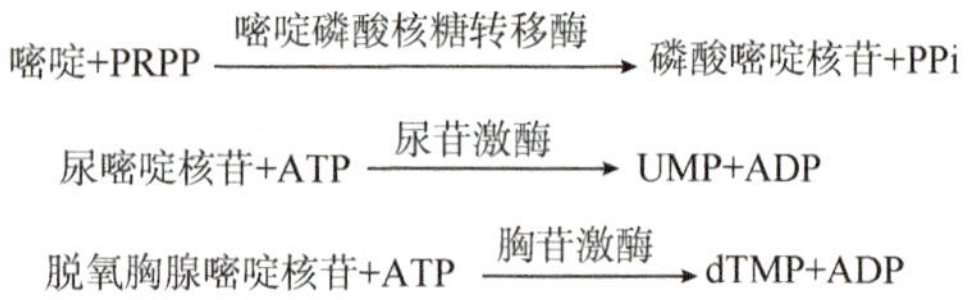

图 11-9 嘧啶核苷酸的补救合成

（三）脱氧核糖核苷酸的生成

1. NDP 还原为 dNDP 除 dTMP 外，其他脱氧核糖核苷酸由相应的核糖核苷酸在二磷酸核苷（NDP）水平上，经核糖核苷酸还原酶催化生成（图 11-10）。

脱氧核苷二磷酸再经激酶的催化，磷酸化而生成脱氧核苷三磷酸。

$$dNDP + ATP \longrightarrow dNTP + ADP$$

2. dUMP 甲基化生成 dTMP 体内 dTMP 的合成来自 dUMP 甲基化反应，由胸苷酸合酶催化，甲基供体为 N^5，N^{10}—CH_2—FH_4（图 11-11）。

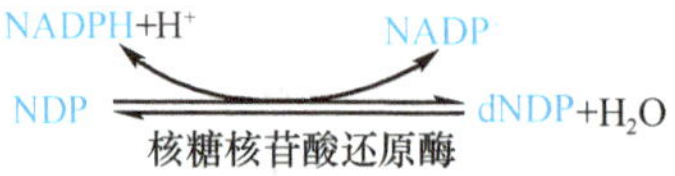

图 11-10 脱氧核糖核苷酸的生成

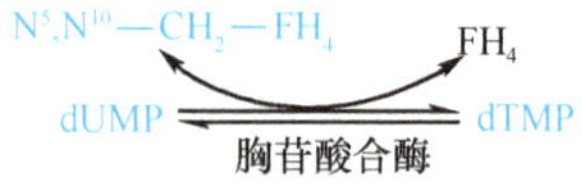

图 11-11 dTMP 的生成

考点
嘧啶核苷酸分解代谢的终产物

二、嘧啶核苷酸的分解代谢

嘧啶核苷酸在核苷酸酶和核苷磷酸化酶的作用下，先后脱去磷酸和核糖，生成相应的嘧啶碱，然后嘧啶开环分解为 NH_3、CO_2 和 β- 氨基酸（胞嘧啶、尿嘧啶产生 β- 丙氨酸；胸腺嘧啶产生 β- 氨基异丁酸）。β- 氨基酸可随尿排出或进一步代谢，NH_3 和 CO_2 可合成尿素后排泄（图 11-12）。

嘧啶碱的分解代谢主要在肝中进行。与嘌呤碱分解产生水溶性较差的尿酸不同，嘧啶碱的分解产物均易溶于水。

β- 氨基异丁酸是 DNA 的特征产物。摄入含 DNA 丰富的食物及经放射线治疗或化学治疗的肿瘤患者，其尿中 β- 氨基异丁酸排出量可明显增多。

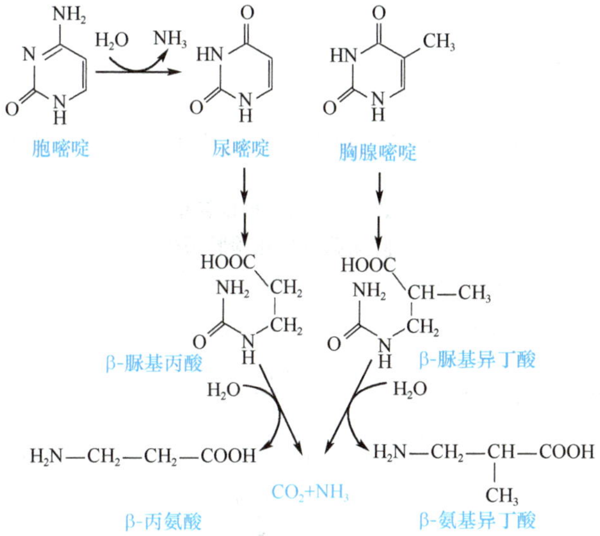

图 11-12 嘧啶核苷酸的分解代谢

自测题

一、名词解释

1. 痛风 2. 从头合成途径 3. 补救合成途径

二、单项选择题

1. 嘌呤核苷酸从头合成时首先生成的是

A. CMP B. AMP C. IMP

D. ATP E. GTP

2. 体内脱氧核苷酸是由（ ）直接还原而成。

A. 核糖 B. 核糖核苷 C. 核苷一磷酸

D. 核苷二磷酸 E. 核苷三磷酸

3. 合成 dTMP 的甲基供体是

A. N^{10}- 甲酰基四氢叶酸（N^{10}—CHO—FH_4）

B. N^5，N^{10}- 次甲基四氢叶酸（N^5，N^{10}═CH—FH_4）

C. N^5，N^{10}- 亚甲基四氢叶酸（N^5，N^{10}═CH_2—FH_4）

D. N^5- 甲基四氢叶酸（N^5—CH_3—FH_4）

E. N^5- 亚氨甲基四氢叶酸（N^5—CH═NH—FH_4）

4. dTMP 合成的直接前体是

A. dUMP B. TMP C. TDP

D. dUDP E. dCMP

5. DNA 分解的特征产物是

A. 尿酸 B. β- 氨基异丁酸

C. β- 丙氨酸 D. CO_2

E. NH_3

6. 当白血病患者经长时间放疗或化疗后，哪组化合物可在尿中明显增多

A. 苯丙酮酸 B. 肌苷、尿素

C. 尿酸、β- 氨基异丁酸 D. 丙酮、肌酸

E. 乙酰乙酸、β- 羟丁酸

三、简答题

1. 痛风的发病与哪种物质的分解代谢有关？简述其发病机制。

2. 别嘌醇治疗痛风的药理机制有哪些？

（刘 毅）

第 12 章

肝的生物化学

案例 12-1

单位每年组织体检，周女士做了几项血液生化检查，检验结果见表 12-1。

表 12-1　生化检查报告单

×××附属医院生化检验报告单

姓名：周女士	性别：女	年龄：50 岁	标本编号：17
送检科室：门诊	床号：	样本类型：血清	样本状态：正常
病历号：×××	条码号：××	备注	

项目名	结果	参考值范围	项目名	结果	参考值范围
总胆红素（TBIL）	9.47	6.4 ～ 20.5μmol/L	总胆固醇（CHO）	5.88 ↑	2.9 ～ 5.7mmol/ L
直接胆红素（DBIL）	3.28	0.0 ～ 6.0μmol/L	甘油三酯（TG）	1.06	0.4 ～ 1.9mmol/ L
间接胆红素（IBIL）	6.19	2 ～ 17μmol/L	高密度脂蛋白（HDL）	2.17 ↑	0.8 ～ 1.9mmol/ L
谷丙转氨酶（ALT）	22	7 ～ 40U/L	低密度脂蛋白（LDL）	3.33 ↑	2.1 ～ 3.1mmol/ L
谷草转氨酶（AST）	22	13 ～ 35U/L	载脂蛋白 A（apoA）	1.64 ↑	1.1 ～ 1.6g/L
碱性磷酸酶（ALP）	54	35 ～ 110U/L	载脂蛋白 B（apoB）	0.94	0.7 ～ 1.1g/L
γ- 谷氨酰转肽酶（GGT）	24	7 ～ 45U/L	载脂蛋白 A /B	1.74	
总胆汁酸（TBA）	6.78	0 ～ 12μmol/L	脂蛋白 a（LPa）	463 ↑	0 ～ 300mg/L
胆碱酯酶（CHE）	7918	5000 ～ 12 000U/L	同型半胱氨酸（HCY）	8.2	umol/L
尿素氮（BUN）	5.8	2.8 ～ 8.2mmol/L	总蛋白（TP）	75	65 ～ 85g/L
尿酸（UA）	331	90 ～ 420μmol/L	清蛋白（ALB）	43	40 ～ 55g/L
肌酐（CREA）	58	44 ～ 97mmol/L	球蛋白（GLB）	32	20 ～ 35g/L
胱抑素 C（CysC）	0.39	0 ～ 1.1mg/L	白 / 球比值	1.34	1.2 ～ 2.4
葡萄糖（GLU）	4.18	3.8 ～ 6.1mmol/L			

送检医生：□□□检验日期：2019-12-12 09：21：23 打印日期：2019-12-12 10：23：13 检验者：□□□审核者：□□□

仪器：BECKMAN　DXC800　　　本报告仅对所检测的标本负责

问题：哪些生化指标可以反映肝功能状况？

肝是人体最大的实质性器官，也是体内最大的腺体。正常成年人肝重约 1.5kg，约占体重的 2.5%。肝参与体内多种重要的物质代谢过程，并在物质的消化、吸收、排泄和生物转化等方面发挥重要作用。肝之所以具有多种生理功能，与其特有的组织结构及化学组成特点密不可分：①具有肝动脉和门静脉双重血液供应；②具有肝静脉和胆道系统双重输出通路；③具有丰富的血窦，利于肝细胞与血液间各种物质进行充分交换；④肝细胞内含有丰富的线粒体、内质网、微粒体及溶酶体等亚细胞结构；⑤酶体系种类丰富、繁多，有些为肝所独有。肝被誉为“物质代谢中枢”和“人体化工厂”。

第 1 节 肝在物质代谢中的作用

一、肝在糖代谢中的作用

考点 肝在糖代谢中的作用及发挥作用的方式

肝是维持血糖浓度相对稳定的主要器官。肝通过肝糖原的合成与分解、糖异生作用保持血糖浓度在正常范围之内，确保全身各组织，特别是大脑和红细胞的能量供应。

二、肝在脂质代谢中的作用

考点 肝在脂类代谢中的作用

肝在脂质的消化、吸收、分解、合成及运输等代谢方面均具有重要的作用。

1. 肝细胞合成分泌的胆汁酸盐促进脂质物质的消化和吸收。肝胆疾病时脂质消化吸收不良，可出现厌油、食欲下降、脂肪泻和脂溶性维生素缺乏等症状。

2. 肝是脂肪酸、甘油三酯、胆固醇、磷脂等脂质和 VLDL、HDL 等血浆脂蛋白合成的主要场所。

3. 肝是脂肪酸 β- 氧化的主要场所，同时酮体也只能在肝内合成。

三、肝在蛋白质代谢中的作用

考点 肝在蛋白质代谢中的作用

肝在人体蛋白质合成、分解和氨基酸代谢中起重要作用。

1. 肝是合成血浆蛋白质的重要器官　肝不仅合成自身所需大量蛋白质，还能合成大部分血浆蛋白。除 γ- 球蛋白由浆细胞合成外，血浆中的清蛋白、纤维蛋白原、凝血酶原、凝血因子、多种载脂蛋白及大部分 α- 球蛋白和 β- 球蛋白均由肝脏合成。当肝功能严重受损时主要是清蛋白合成减少，加之免疫刺激作用，浆细胞合成 γ- 球蛋白增加，使 A/G 值（1.5 ～ 2.5）降低甚至倒置（A/G ＜ 1），可作为慢性肝病的辅助诊断指标。由于清蛋白合成减少，血浆胶体渗透压降低，患者可出现组织水肿或腹水等症状。因凝血酶原、纤维蛋白原合成障碍，可出现凝血时间延长及出血倾向。

2. 肝是氨基酸分解和转变的重要场所　肝含有丰富的氨基酸代谢酶类。其中各种氨基转移酶含量多、活性高，特别是谷丙转氨酶（ALT）、谷草转氨酶（AST）。故肝细胞受损时，细胞膜通透性增大，细胞内酶释放，致使血清中 ALT、AST 的活性升高，临床上可作为反映肝细胞损害最灵敏的生化指标之一。

3. 其他　肝是将氨基酸脱氨基产生的氨合成尿素并解除氨毒的主要器官。

四、肝在核苷酸代谢中的作用

嘌呤核苷酸和嘧啶核苷酸的从头合成途径主要在肝中进行。

五、肝在维生素代谢中的作用

肝在维生素的吸收、储存和转化等方面起着重要的作用。

1. 肝合成和分泌的胆汁酸盐在促进脂质消化吸收的同时，促进了脂溶性维生素的吸收。

2. 肝是多种维生素的储存场所　维生素 A、维生素 D、维生素 K 及维生素 B_{12} 主要在肝中储存。

3. 肝参与维生素转化　肝可直接参与多种维生素的转化、活化，如将 β- 胡萝卜素转化为维生素 A；将维生素 D_3 转化为 25-（OH）-D_3；将维生素 B_1 转化为 TPP；将维

生素 B_2 转化为 FAD 与 FMN；将维生素 PP 转化为辅酶Ⅰ（NAD^+）和辅酶Ⅱ（$NADP^+$）等，以辅酶（或辅基）的形式参与物质代谢等。

第 2 节　肝的生物转化作用

一、生物转化概述

考点 生物转化的概念

非营养物质在机体内的代谢转变称为生物转化作用。非营养物质是指既不能构成组织细胞也不能氧化供能的物质，有些还有毒有害或有特殊的生理活性及药理作用。

1. 生物转化的对象　按照来源不同，可将体内进行生物转化的非营养物质分为内源性和外源性两类。①内源性物质：指体内产生的，如激素、神经递质和胺类、氨、胆红素等。②外源性物质：指机体从外界摄入到体内的物质，包括药物、毒物、各种食品添加剂（色素、防腐剂、增稠剂、香料）和环境化学污染物等。此外，还有肠道细菌腐败作用的产物如胺、酚类、吲哚和硫化氢等。

2. 生物转化的部位　肝是生物转化作用的主要器官。其他组织如肾、肺、皮肤、胎盘及胃肠道等也可进行一定的生物转化。

二、生物转化的反应类型

考点 生物转化的反应类型

肝内的生物转化过程包括多种酶促反应，可以简单地归纳为两相反应：第一相反应包括氧化反应、还原反应和水解等反应。有些物质即使经过第一相反应后，还不能达到目的，必须进行第二相反应——结合反应。

（一）第一相反应——氧化、还原、水解反应

大多数非营养物质进入肝细胞后，常常要先进行氧化反应，有些物质可被水解，少数物质被还原。

1. 氧化反应　此反应最为常见，反应过程由肝细胞光滑型内质网（微粒体）、线粒体及胞液中多种氧化酶系所催化。

（1）单加氧酶系：主要存在于肝细胞微粒体中，是肝中最重要的参与药物与毒物代谢的酶系。它是需要细胞色素 P_{450} 和 NADPH 的氧化酶系，又称羟化酶及混合功能氧化酶。其催化的总反应如下：

$$RH + NADPH + H^+ + O_2 \longrightarrow ROH + NADP^+ + H_2O$$

（2）单胺氧化酶系：存在于肝细胞线粒体中。肠道细菌产生的各种胺类，均可在此酶催化下氧化为醛和氨，从而丧失生物活性。反应通式如下：

$$RCH_2NH_2 + O_2 + H_2O \longrightarrow RCHO + NH_3 + H_2O_2$$

（3）脱氢酶系：分布于肝细胞微粒体及胞质中，包括醇脱氢酶（ADH）、醛脱氢酶（ALDH），均以 NAD^+ 为辅酶，分别催化醇类和醛类氧化，生成相应的醛类或酸类。例如：

$$\underset{\text{乙醇}}{CH_3CH_2OH} \xrightarrow{\text{醇脱氢酶}} \underset{\text{乙醛}}{CH_3CHO} \xrightarrow{\text{醛脱氢酶}} \underset{\text{乙酸}}{CH_3COOH}$$

链 接 开车不喝酒，喝酒不开车

乙醇作为饮料和调味剂被广为利用，进入体内的乙醇主要在肝进行生物转化。70kg 体重的成年人每小时可代谢 7 ～ 14g 乙醇，由 ADH 与 ALDH 将乙醇最终氧化成乙酸。人体肝内 ALDH 活性最高。饮酒后乙醛在体内堆积，会引起血管扩张、面部潮红、心动过速、脉搏加快等。因此，当喝酒过量，即一般血液中乙醇浓度超过 22mmol/L 时，会出现共济失调和步态不稳、近期记忆力严重丧失、时空定向力障碍等症状，驾车则易发生车祸。

2. 还原反应 肝细胞微粒体内含有偶氮还原酶和硝基还原酶，分别催化偶氮化合物和硝基化合物还原生成相应的胺类。偶氮化合物常见于食品色素、化妆品、纺织与印刷业等。硝基化合物多见于食品防腐剂、工业试剂等。例如：

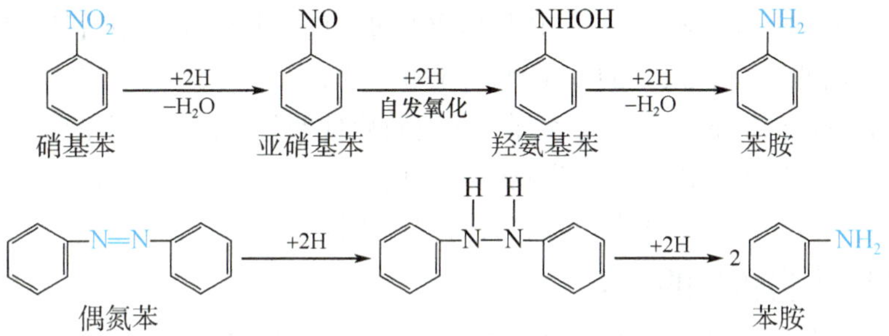

3. 水解反应 肝细胞微粒体和细胞质中含有多种水解酶类，如酯酶、酰胺酶、糖苷酶等，分别催化脂类、酰胺类及糖苷等化合物的水解。多数物质经此反应后活性减低或消除，也有少数反而呈现出活性。例如，局部麻醉药普鲁卡因在肝脏中很快被水解而失去其药理作用，而阿司匹林则需经酯酶水解生成水杨酸后才具有解热镇痛作用。

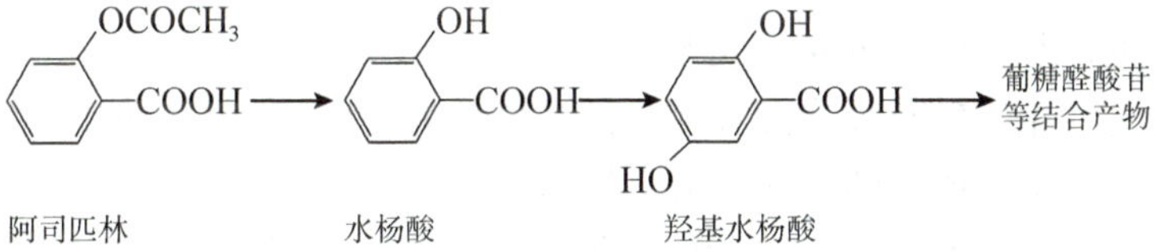

（二）第二相反应——结合反应

参加结合反应的物质种类较多，多数为极性较强的小分子物质，如葡糖醛酸、活性硫酸和谷胱甘肽等。

1. 葡糖醛酸结合反应 此反应最重要和最普遍，供体为尿苷二磷酸葡糖醛酸（UDPGA），底物为醇、酚、胺及羧酸类化合物。胆红素、类固醇激素、吗啡和苯巴比妥类药物等均可在肝与葡糖醛酸结合进行生物转化，增加极性，进而排出体外。例如，苯甲酸与葡糖醛酸的结合反应：

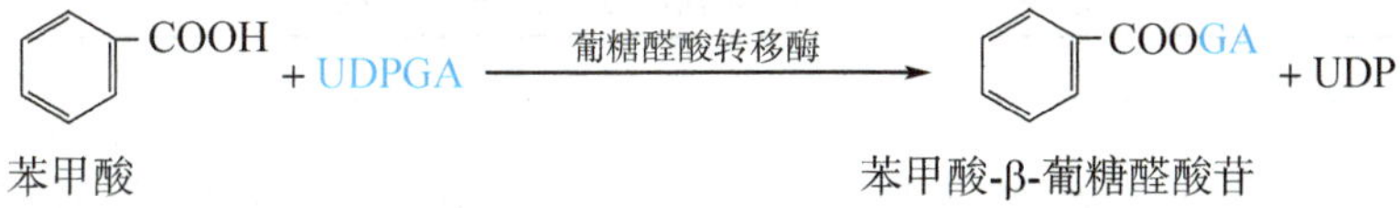

2. 硫酸结合反应 供体为活性硫酸基团 3′- 磷酸腺苷 -5′- 磷酸硫酸（PAPS）。各种醇、

酚和芳香胺类化合物均可在硫酸转移酶催化下与硫酸结合，反应产物是硫酸酯，如雌酮经此反应而灭活。当肝功能受损时，雌激素灭活减少，使体内雌激素水平过高，局部小动脉扩张，可出现男性乳房增生、蜘蛛痣或肝掌等症状。

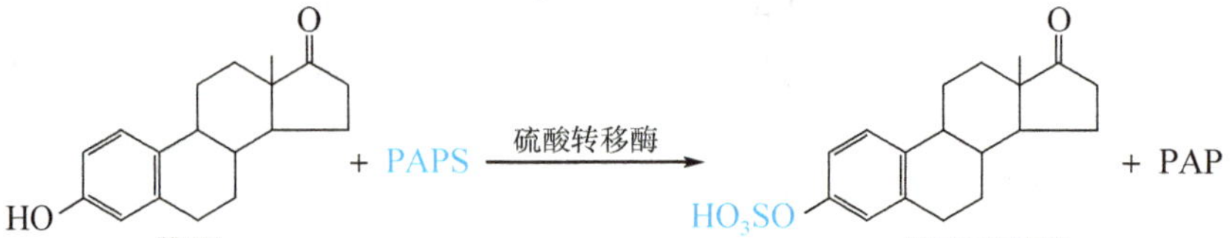

雌酮 雌酮硫酸酯

三、生物转化的生理意义

1. 增加某些非营养物质的极性和水溶性，从而使其易于从胆汁或尿排出 大部分非营养物质经过生物转化后水溶性增强，易于排出体外。

2. 改变某些物质的毒性、生理活性及药理作用 通过生物转化可将体内大部分有毒物质的毒性减低或消除（解毒），但有些物质经过肝的生物转化作用后其毒性反而增强，这就是生物转化的解毒、致毒的双重性。例如，黄曲霉素 B_1 本身毒性并不强，但进入体内经肝的生物转化生成的黄曲霉素环氧化物致癌性明显增高。很多激素在发挥完作用后，可随血液循环进入肝内，通过生物转化反应丧失生物活性，称为激素的灭活。有些药物经肝内生物转化反应后才表现或丧失药理作用性等。

四、影响生物转化的因素

影响生物转化作用的因素有很多，主要包括年龄、性别、疾病及药物的诱导与抑制等体内外各种因素。

1. 年龄 新生儿特别是早产儿肝中酶系发育不完善，对药物及毒物的转化能力不足，易发生药物及毒物中毒。老年人因器官退化，肝血流量及肾的廓清速率下降，药物在体内的半衰期延长，服药后药效较强，不良反应较大。故临床上对新生儿和老年人使用药物时要特别慎重，药物用量也要较成人更低。

2. 性别 某些生物转化反应存在明显的性别差异。例如，女性体内醇脱氢酶的活性一般高于男性，对氨基比林的转化能力也较男性强。

3. 疾病 肝功能低下可影响肝的生物转化功能，使药物或毒物的灭活速度下降，药物的治疗剂量与毒性剂量之间的差距减小，容易造成肝损害，因此对肝病患者用药也应慎重。

4. 药物的诱导与抑制 某些药物或毒物可诱导生物转化酶类的合成，使肝的生物转化能力增强。例如，长期服用苯巴比妥，可诱导肝微粒体单加氧酶系的合成，从而使机体对苯巴比妥类催眠药产生耐药性。

链 接 肝受损时的临床表现及其产生原因（表12-2）

表 12-2 肝受损时的临床表现及其产生原因

肝受损的临床表现		原因
糖代谢	低血糖	肝糖原储存下降，糖异生减弱
脂类代谢	厌油腻、脂肪泻	分泌胆汁酸盐的能力下降或排出障碍
	脂肪肝	极低密度脂蛋白合成减少

续表

	肝受损的临床表现	原因
蛋白质代谢	肝性脑病	尿素合成能力下降
	水肿或腹水	清蛋白合成减少
	凝血时间延长、出血倾向	凝血酶原、纤维蛋白原合成减少
维生素代谢	出血倾向、夜盲症	维生素 K、维生素 A 吸收、储存与代谢障碍
生物转化	蜘蛛痣、肝掌	雌激素灭活功能下降
胆色素代谢	黄疸	胆红素摄取、结合、排泄障碍

第 3 节 胆汁酸的代谢

案例 12-2

患者，男，51 岁。因经常外出应酬，并且有不吃早餐的习惯。4 个月前进食油腻食物后出现右上腹及剑突下疼痛，呈阵发性绞痛，放射至右侧肩部，无恶心、呕吐，无畏寒、发热、咳嗽。经检查诊断为胆囊结石。医生建议手术，摘除胆囊。

问题：1. 胆汁的主要成分是什么？

2. 胆汁的生理功能是什么？

3. 经常不吃早餐易患胆结石吗？

胆汁由肝细胞分泌，经肝内胆道系统流出并储存于胆囊，再通过胆管系统进入十二指肠，参与膳食中脂质的消化和吸收。正常成人平均每天分泌胆汁 300 ～ 700ml。胆汁的主要固体成分是胆汁酸，此外还有胆色素、胆固醇、磷脂、无机盐、黏蛋白、多种酶类（如脂肪酶、磷脂酶、淀粉酶等）及其他排泄物，进入体内的药物、毒物及重金属盐均可经生物转化后随胆汁排出。因此，胆汁既是一种消化液，也可作为排泄液。

一、胆汁酸的分类

考点：四类胆汁酸的成分名称

胆汁酸按结构分为游离型胆汁酸和结合型胆汁酸两种。游离型胆汁酸包括胆酸、鹅脱氧胆酸、脱氧胆酸和少量石胆酸 4 种；结合型胆汁酸是上述游离型胆汁酸分别与甘氨酸或牛磺酸相结合生成的产物。

胆汁酸根据来源可分为初级胆汁酸和次级胆汁酸两大类。由肝细胞直接合成的胆汁酸称为初级胆汁酸，包括胆酸、鹅脱氧胆酸及相应结合型胆汁酸。初级胆汁酸在肠道被细菌作用生成的胆汁酸称为次级胆汁酸，包括脱氧胆酸、石胆酸及相应结合型胆汁酸（表 12-3）。

表 12-3 胆汁酸的分类

按来源分类	按结构分类	
	游离型胆汁酸	结合型胆汁酸
初级胆汁酸	胆酸	甘氨胆酸、牛磺胆酸
	鹅脱氧胆酸	甘氨鹅脱氧胆酸、牛磺鹅脱氧胆酸

续表

按来源分类	按结构分类	
	游离型胆汁酸	结合型胆汁酸
次级胆汁酸	脱氧胆酸	甘氨脱氧胆酸、牛磺脱氧胆酸
	石胆酸	—

结合型胆汁酸的水溶性大于游离型胆汁酸，所以胆汁中所含的胆汁酸以结合型为主，以钠盐或钾盐的形式存在，形成相应的胆汁酸盐，简称胆盐。

二、胆汁酸的生成及肠肝循环

（一）初级胆汁酸的生物合成

肝细胞以胆固醇为原料合成初级胆汁酸是胆固醇在体内降解的主要代谢去路。正常成人每天合成 1 ～ 1.5g 胆固醇，其中 0.4 ～ 0.6g 在肝内转化为初级胆汁酸，并随胆汁排入肠道。初级胆汁酸的生成过程非常复杂，需要经过多步酶促反应才能完成（图 12-1）。

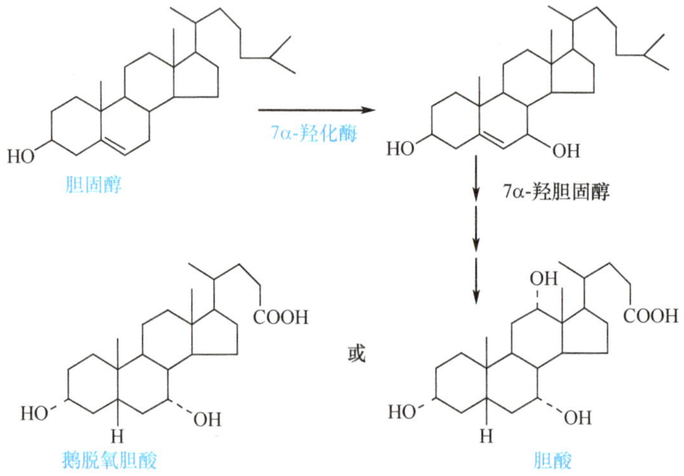

图 12-1　初级游离型胆汁酸

胆固醇首先在胆固醇 7α- 羟化酶的催化下生成 7α- 羟胆固醇，然后又经过还原、羟化、氧化断侧链和加辅酶 A 等多步反应，最后生成具有 24 碳的初级游离胆汁酸，即胆酸和鹅脱氧胆酸，它们分别与甘氨酸或牛磺酸结合生成相应的初级结合胆汁酸。这种结合作用使其极性增强，亲水性更大，利于胆汁酸在肠腔内促进脂质乳化作用，并能有效防止胆汁酸过早地被胆管及小肠重吸收。

胆固醇 7α- 羟化酶是胆汁酸合成的关键酶，糖皮质激素和生长激素可以提高该酶的活性。甲状腺素可诱导该酶的 mRNA 合成，因此甲状腺素可降低血浆胆固醇水平，导致甲亢患者血清胆固醇浓度偏低。

（二）次级胆汁酸在肠道由肠菌作用的生成

进入肠道的初级胆汁酸在协助脂类物质消化吸收后，在小肠下段及大肠中受肠菌作用发生 7α- 脱羟基反应，胆酸转变为脱氧胆酸，鹅脱氧胆酸转变为石胆酸，称为次级游离型胆汁酸（图 12-2）。

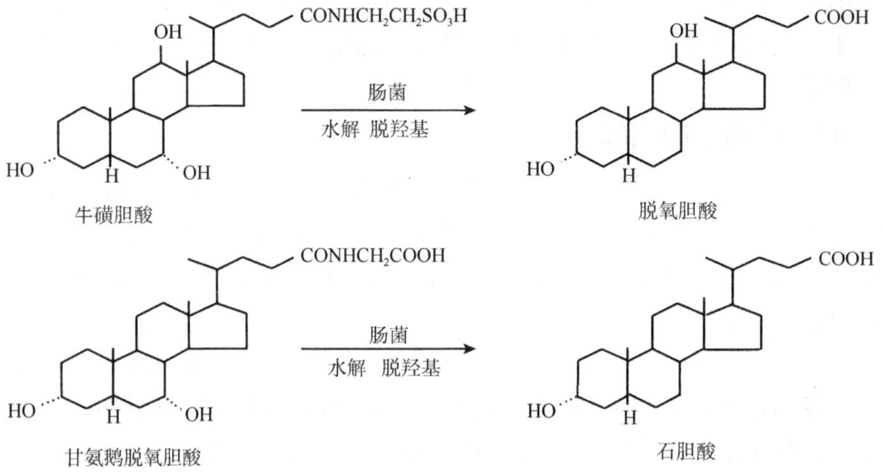

图 12-2 次级胆汁酸的生成

脱氧胆酸与牛磺酸或甘氨酸结合，生成次级结合型胆汁酸，即甘氨脱氧胆酸和牛磺脱氧胆酸。石胆酸溶解度小，不与甘氨酸或牛磺酸结合。

（三）胆汁酸的肠肝循环

排入肠道的各种胆汁酸中约有 95% 以上被重吸收，其中以回肠部对结合型胆汁酸的主动重吸收为主，其余在小肠及大肠被动重吸收。重吸收的胆汁酸经门静脉重回到肝。在肝细胞内，游离型胆汁酸可再重新合成为结合型胆汁酸，并与肝内新合成的初级结合型胆汁酸一同再随胆汁排入小肠。这样形成“胆汁酸的肠肝循环”（图 12-3）。

考点
胆汁酸肠肝循环的过程、生理意义

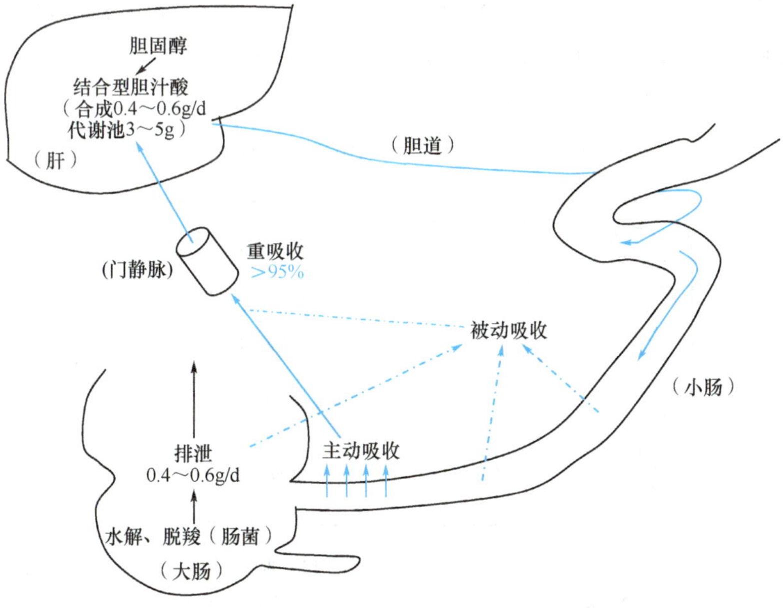

图 12-3 胆汁酸的肠肝循环

胆汁酸肠肝循环的生理意义在于使有限的胆汁酸能反复利用，促进脂质的消化与吸收。由于肝每天合成胆汁酸的量为 0.4 ～ 0.6g，肝胆的胆汁酸池里的胆汁酸共 3 ～ 5g，即使全部排入小肠也难以满足饱餐后小肠内脂质乳糜化的需要。但人体每天进行 6 ～ 12 次肝肠循环，从肠道吸收的胆汁酸总量可达 12 ～ 32g，能满足机体对胆汁酸的生理需求。

三、胆汁酸的生理功能

1. 促进脂质的消化吸收（乳化） 胆汁酸分子既含亲水性的羟基和羧基，又含疏水性的甲基和烃核，能够降低油 / 水两相之间的表面张力，成为较强的乳化剂，使疏水的脂质在水中乳化成直径只有 3 ～ 10μm 的细小微团，增加了脂肪酶的附着面积，有利于脂质物质的消化和吸收。

2. 维持胆汁中胆固醇的可溶状态，抑制胆固醇的析出 人体内约 99% 的胆固醇随胆汁从肠道排出体外，其中 1/3 以胆汁酸形式、2/3 以直接形式排出体外。胆汁中胆固醇难溶于水，胆汁在胆囊浓缩后胆固醇较易沉淀析出，形成胆结石。胆汁酸盐与卵磷脂协同作用可使胆固醇分散形成可溶性微团，使之不易结晶沉淀。

考点
血红素合成的特点

第 4 节 血红素的代谢

一、血红素的生成

血红素是红细胞的主要成分血红蛋白的辅基，也是肌红蛋白、细胞色素、过氧化氢酶及过氧化物酶等的辅基。血红素属于铁卟啉化合物，由卟啉环与 Fe^{2+} 螯合而成。血红素的主要合成部位是骨髓和肝，成熟红细胞不含线粒体，故不能合成血红素。

（一）血红素的合成过程

血红素的合成原料是琥珀酰 CoA、甘氨酸和 Fe^{2+} 等。整个合成过程可分为 4 个阶段。合成的起始和终末阶段在线粒体，中间过程在细胞质中进行。

血红素生物的合成过程，见图 12-4。

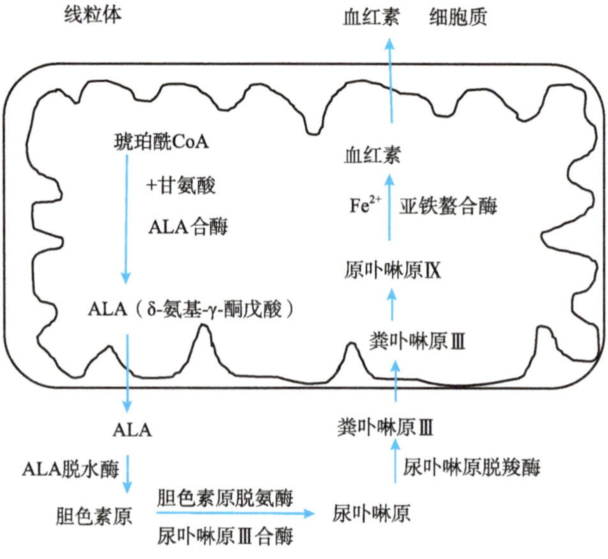

图 12-4 血红素生物合成过程

（二）血红素生物合成的调节

1. ALA 合酶　血红素合成的关键酶是 ALA 合酶，主要受代谢产物游离血红素、高铁血红素的反馈抑制，ALA 合酶的辅酶是磷酸吡哆醛，因此维生素 B_6 缺乏可影响血红素的合成。睾酮在肝内可转化为 5β- 二氢睾酮，诱导 ALA 合酶的合成，从而促进血红素合成。异源物如巴比妥类、灰黄霉素、致癌物、杀虫剂等，可间接诱导 ALA 合酶的合成，促进血红素合成。

2. ALA 脱水酶与亚铁螯合酶　重金属如铅中毒可抑制 ALA 脱水酶和亚铁螯合酶的活性，从而使血红素合成受阻。

3. 促红细胞生成素（EPO）　EPO 由肾合成，可促进有核红细胞的成熟及血红素、血红蛋白的合成。

二、血红素的分解

胆色素是铁卟啉类化合物在体内的主要分解代谢产物，包括胆绿素、胆红素、胆素原和胆素，这些化合物主要随胆汁排出体外。

考点
胆色素的概念

血红素在血红素单加氧酶催化下分解产生铁、一氧化碳和胆绿素。胆绿素在胆绿素还原酶的作用下生成胆红素。胆红素是人胆汁的主要色素，呈橙黄色，具有毒性，可引起脑组织不可逆的损害，胆红素代谢异常与临床诸多病理生理过程有关。然而，胆红素对人体也有一定的益处，是体内较强的抗氧化剂。

（一）胆红素的生成

人体内的胆红素 80% 来源于衰老红细胞中血红蛋白的分解，其他 20% 来自肌红蛋白、过氧化物酶、过氧化氢酶及细胞色素类等含铁卟啉类化合物。

正常人红细胞的平均寿命约为 120 天。衰老的红细胞在肝、脾、骨髓等单核 - 吞噬细胞系统中破坏后释放出其中的血红蛋白。血红蛋白随后分解为珠蛋白和血红素。珠蛋白可分解为氨基酸供机体重新利用，血红素分解代谢生成胆红素（图 12-5）。

生理条件下，胆红素脂溶性强，极易透过细胞膜。例如，胆红素透过血脑屏障进入脑组织，能抑制大脑 RNA 和蛋白质的合成及糖代谢；与神经核团结合产生胆红素脑病，干扰脑细胞的正常代谢及功能。

（二）胆红素的转运

胆红素生成后释放入血，在血浆中主要以胆红素 - 清蛋白复合物形式存在和运输。胆红素与清蛋白结合后，既限制其自由通过生物膜，同时也增加血浆对胆红素的转运能力。这种复合物尚未进入肝进行结合反应，故称为未结合胆红素。胆红素和清蛋白的结合是非特异性的、可逆性的。例如，当清蛋白含量降低或某些有机阴离子如磺胺类药物、水杨酸、胆汁酸和脂肪酸等竞争性结合清蛋白时，胆红素则游离出来。所以，新生儿生理性黄疸期或有黄疸倾向的人，应慎用上述药物。未结合胆红素不能直接与重氮试剂反应，只有在加入乙醇或尿素等后才能与重氮试剂反应，生成紫红色偶氮化合物，故未结合胆红素又称为间接胆红素、游离胆红素、血胆红素。未结合胆红素不能由肾小球滤过，所以尿液中无未结合胆红素。

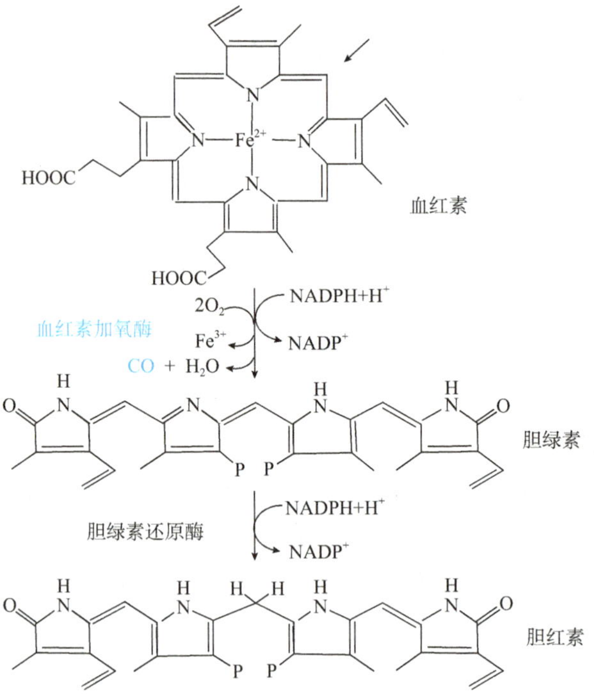

图 12-5 胆红素的生成过程

链 接 新生儿黄疸

新生儿黄疸是指新生儿时期，由于胆红素代谢异常引起血中胆红素水平升高，而出现皮肤、黏膜及巩膜黄染为特征的病症。本病有生理性和病理性之分。生理性黄疸在出生后 2 ～ 3 天出现，4 ～ 6 天达到高峰，7 ～ 10 天消退。早产儿持续时间长。生理性黄疸除有轻微食欲缺乏外，无其他临床症状。若出生后 24 小时即出现黄疸，2 ～ 3 周仍不退，甚至继续加重加深或消退后重复出现或生后一周至数周内出现黄疸，均为病理性黄疸。常见的新生儿病理性黄疸有溶血性黄疸、感染性黄疸、阻塞性黄疸、母乳性黄疸。病理性黄疸持续时间长，危害大，婴儿表现为食欲差、尖叫甚至四肢抽搐，严重时造成呼吸衰竭而死亡。

（三）胆红素在肝中的转变

肝细胞对胆红素的代谢包括摄取、转化和排泄 3 个方面。

肝细胞对胆红素有极强的亲和力，当血浆中的胆红素 - 清蛋白复合物运输到肝脏后，与清蛋白迅速解离的胆红素被肝细胞摄取。胆红素进入肝细胞内，主要与两种载体蛋白——Y 蛋白和 Z 蛋白相结合，其中以 Y 蛋白为主。

胆红素 -Y 蛋白复合物被转运到滑面内质网后，在 UDPGA 转移酶的催化下，生成葡糖醛酸胆红素，即结合胆红素。此外，尚有少量胆红素与硫酸结合生成胆红素硫酸酯。与葡糖醛酸结合的胆红素可以直接迅速地与重氮试剂发生反应，故结合胆红素又称为直接胆红素。经肝的生物转化的结合反应，将脂溶性、有毒的游离胆红素转变成水溶性、无毒的结合胆红素后，使其不易透过细胞膜和血脑屏障引起组织中毒，是胆红素在体内解毒的主要方式。结合胆红素易随胆汁排入肠道继续代谢。例如，胆道阻塞或其他原因导致胆红素排泄障碍，结合胆红素就可能逆流入血，导致血浆结合胆红素水平升高。结合胆红素也可由肾小球滤过，随尿排出。两种胆红素性质的比较，见表 12-4。

考点 未结合胆红素、结合胆红素的特点

表 12-4 未结合胆红素与结合胆红素的性质比较

	未结合胆红素	结合胆红素
其他名称	游离胆红素、间接胆红素、血胆红素	酯型胆红素、直接胆红素、肝胆红素
概念	指未与葡糖醛酸结合的胆红素	指与葡糖醛酸结合的胆红素
重氮试剂反应	缓慢、间接阳性	迅速、直接阳性
溶解性	脂溶性	水溶性
经肾随尿排出	不能	能
透过细胞膜的能力	大	小
对脑的毒性作用	大	小

（四）胆红素在肠道中的变化及胆素原的肠肝循环

在生理条件下，约有 97% 的胆红素被肝细胞转化为结合胆红素随胆汁排入肠道。在回肠下段及结肠处的肠道细菌作用下，结合胆红素先脱去葡糖醛酸，再经多次加氢还原生成无色化合物，包括中胆素原、尿胆素原和粪胆素原等，统称为胆素原。大部分胆素原随粪便排出体外，在肠道下段，这些无色的胆素原接触空气被氧化成黄褐色的胆素，它是构成粪便的主要色素。正常人每天排出的胆素总量为 40 ～ 280mg。

肠道中生成的胆素原（10% ～ 20%）可被肠黏膜细胞重吸收，经门静脉入肝。其中约 90% 可再随胆汁排入肠道，形成胆素原的肠肝循环。其余约 10% 的胆素原进入体循环，随血液运输到肾脏从尿中排出，尿胆素原接触空气后被氧化成尿胆素，是尿的主要色素。正常人每天随尿排出尿胆素原 0.5 ～ 4.0mg。临床上将尿胆素原、尿胆素、尿胆红素称为尿三胆，是黄疸类型鉴别诊断的常用指标。正常人尿中检测不到尿胆红素。胆色素代谢与胆素原的肠肝循环过程，见图 12-6。

三、血清胆红素与黄疸

考点 黄疸的概念

健康人体内血浆中胆红素的含量甚微，正常范围在 3.4 ～ 17.1μmol/L，其中约 80% 是未结合胆红素。凡是能够导致体内胆红素生成过多，或肝对胆红素摄取、转化、排泄过程发生障碍等因素均可引起血清胆红素浓度升高。当血清胆红素含量超过 17.1μmol/L，称为高胆红素血症。胆红素为橙黄色物质，过量的胆红素可扩散进入组织，引起皮肤、巩膜和黏膜等组织黄染明显，这种现象称为黄疸。当血清胆红素浓度在 17.1 ～ 34.2μmol/L 时，肉眼尚观察不到皮肤与巩膜的黄染现象，称为隐性黄疸。当血清胆红素高于 34.2μmol/L 时，肉眼可见皮肤、黏膜和巩膜等组织出现黄染，即为临床上的显性黄疸。黄疸的程度与血清胆红素的浓度密切相关。根据黄疸发病原因的不同，将黄疸分 3 类：溶血性黄疸、肝细胞性黄疸和阻塞性黄疸。

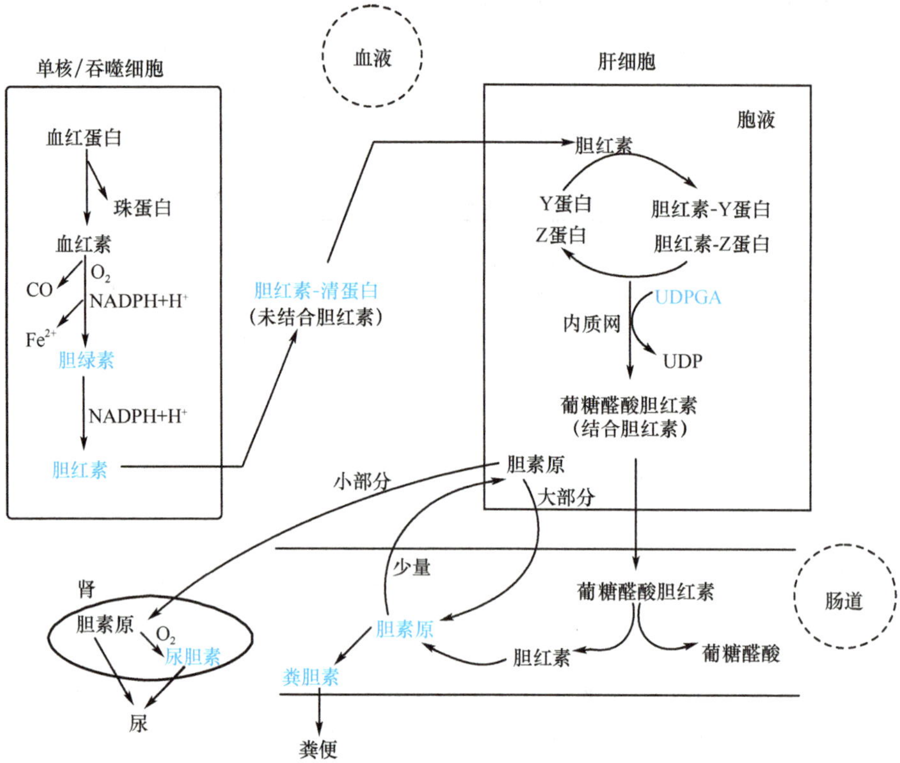

图 12-6 胆色素代谢与胆素原的肠肝循环过程

1. 溶血性黄疸 也称肝前性黄疸，是由于各种原因导致红细胞大量破坏，在单核-吞噬细胞系统产生胆红素过多，超过肝细胞的处理能力，造成血液未结合胆红素浓度过高。此时，血中结合胆红素的浓度改变不大，尿胆红素阴性。由于肝对胆红素的摄取、转化和排泄增多，从肠道吸收的胆素原增多，造成尿胆素原增多，粪胆素原增多。某些疾病如恶性疟疾、镰状细胞贫血、过敏、蚕豆病等，或是药物使用和输血不当均可引起溶血性黄疸。

2. 肝细胞性黄疸 也称肝原性黄疸，由于肝细胞和肝内毛细胆管广泛病变引起肝功能受损。一方面造成肝细胞摄取、转化未结合胆红素的能力降低，导致血中未结合胆红素浓度增高；另一方面由于肝细胞肿胀，使毛细胆管阻塞，胆汁排泄障碍或肝细胞坏死使毛细胆管与肝血窦直接相通，结合胆红素反流入血，造成血中结合胆红素浓度增高。通过肠肝循环到达肝的胆素原也可经损伤的肝组织进入体循环，并从尿中排出。所以，临床检验可以发现血清未结合胆红素和结合胆红素均升高，尿胆红素阳性，尿胆素原可升高，但如果胆小管堵塞严重，则尿胆素原反而降低。肝细胞性黄疸常见于肝实质性疾病，如各种肝炎、肝硬化、肝脏肿瘤及中毒（如氯仿、四氯化碳中毒）等引发的肝损伤。

3. 阻塞性黄疸 也称肝后性黄疸，由于各种原因引起胆管系统阻塞，胆汁排泄障碍，使胆小管和毛细胆管内压力增大，通透性增加，致使结合胆红素反流入血，使血清结合胆红素明显升高。而血清未结合胆红素无明显改变。由于结合胆红素可以从肾排出体外，故尿胆红素检查阳性。尿的颜色加深，胆管阻塞使肠道生成胆素原减少，粪胆素原和胆素减少，完全阻塞的患者粪便可变成灰白色或白陶土色。阻塞性黄疸常见于胆管炎症、肿瘤（胰头癌）、胆结石或先天性胆管闭锁等疾病。正常情况与 3 种类型黄疸的实验室检查变化，见表 12-5。

表 12-5　正常情况与 3 种黄疸的血清、尿和粪便的实验室检查变化

分析项目	比较项目	正常情况	溶血性黄疸	肝细胞性黄疸	阻塞性黄疸
血清胆红素浓度	总胆红素	< 17.2μmol/L	> 17.2μmol/L	> 17.2μmol/L	> 17.2μmol/L
	未结合胆红素	< 13.7μmol/L	↑↑	↑	↑
	结合胆红素	0 ～ 3.4μmol/L	正常或轻度↑	↑↑	↑↑
尿液	颜色	浅黄	加深	加深	变浅
尿三胆	胆素原	少量	↑	不一定	↓
	胆素	少量	↑	不一定	↓
	胆红素	阴性	阴性	阳性	阳性
粪便	颜色	黄色	加深	变浅或正常	变浅或陶土色
	胆素原或胆素	正常	↑	↓或正常	↓

自测题

一、名词解释

1. 生物转化　2. 胆汁酸的肠肝循环
3. 胆色素　4. 黄疸

二、单项选择题

1. 肝脏不具备下列哪种功能
A. 储存糖原和维生素　B. 合成尿素
C. 合成消化酶　D. 进行生物转化
E. 合成清蛋白

2. 肝脏对糖代谢最主要的作用是
A. 肝糖原的分解作用　B. 肝糖原的合成作用
C. 糖异生作用　D. 将糖转变为脂肪
E. 维持血糖浓度的相对稳定

3. 肝脏合成最多的血浆蛋白是
A. α- 球蛋白　B. β- 球蛋白　C. 清蛋白
D. 纤维蛋白原　E. 凝血酶原

4. 生物转化中最常见的第一相反应是
A. 氧化反应　B. 还原反应　C. 水解反应
D. 结合反应　E. 合成反应

5. 胆固醇转变为胆汁酸的关键酶是
A. 1α- 羟化酶　B. 25α- 羟化酶
C. 7α- 羟化酶　D. HMG-COA 还原酶
E. 裂解酶

6. 胆固醇析出沉淀主要与下列哪种因素有关
A. 胆盐浓度　B. 卵磷脂浓度
C. 胆固醇浓度　D. 胆固醇难溶于水
E. 胆盐和卵磷脂与胆固醇的协同

7. 下列属于初级未结合胆汁酸的是
A. 脱氧胆酸　B. 鹅脱氧胆酸
C. 甘氨脱氧胆酸　D. 牛磺胆酸
E. 石胆酸

8. 体内胆色素生成的主要原料来自
A. 胆固醇　B. 类固醇激素
C. 胆酸　D. 铁卟啉化合物
E. 肌酸

9. 关于结合胆红素的错误叙述是
A. 与葡糖醛酸结合
B. 与重氮试剂起反应为间接阳性
C. 水溶性大
D. 不能进入脑组织产生毒性
E. 能通过肾由尿排出

10. 溶血性黄疸的原因是
   A. 大量红细胞被破坏
   B. 肝功能下降
   C. 肝内外胆道阻塞
   D. 肝细胞膜通透性增大
   E. 以上都不对

三、简答题

1. 肝脏在物质代谢中起哪些作用？异常时有何表现？
2. 简述生物转化的生理意义和特点。
3. 简述胆汁酸的生理功能。
4. 简述未结合胆红素与结合胆红素异同点。

（李朝红）

第13章

水与电解质的代谢

水和无机盐既是人体必需的营养素，也是构成体液的主要成分。体液是指人体内的水、溶解在水中的无机盐及有机物的总称。体液中的溶质如无机盐、蛋白质、有机酸等常以离子状态存在，故称为电解质。水与电解质平衡是维持人体内环境恒定最重要的条件。正常情况下，体液各种成分的含量与分布相对稳定，以利于体内新陈代谢，保证生命活动的正常进行。当内外环境发生剧烈变化和某些疾病时，常可能导致体液的含量、分布和组成发生变化，称为水、电解质平衡失调。其对机体会产生各种不良影响，可引起严重后果，甚至可危及生命。

第 1 节　体　　液

一、体液的含量与分布

正常成人体液约占体重 60%，以细胞膜为间隔，体液可分为细胞内液和细胞外液两大部分。细胞外液包括血浆和细胞间液（或组织液），其中淋巴液、消化液、脑脊液、渗出液、漏出液、关节滑液等是细胞外液的特殊部分，细胞外液是细胞生存的内环境。细胞外液约占体重的 20%，其中血浆约占体重的 5%，细胞间液约占体重的 15%；细胞内液约占体重的 40%（图 13-1）。

考点
体液的组成及各部分占体重的比例

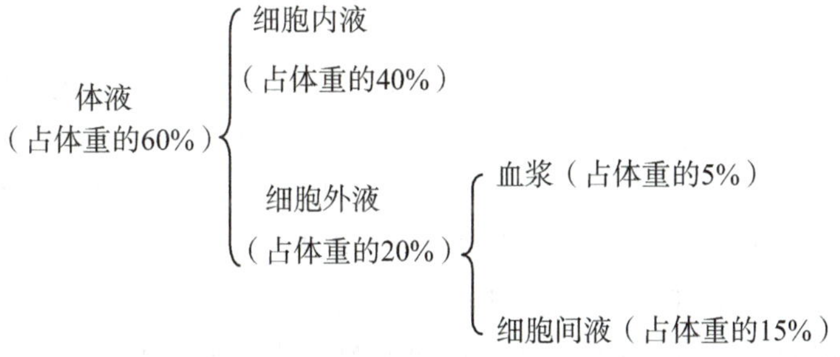

图 13-1　体液的含量与分布

正常人体内体液的含量和分布随年龄、性别和身体的胖瘦程度有明显的个体差异，年龄越小，体液占体重的百分比越大。新生儿、婴儿和儿童的体液总量分别约占其体重的 80%、70% 和 65%。新生儿对水的调节功能较弱，不能耐受缺水，故较成年人易发生脱水。

不同组织的含水量也各不相同：肌肉组织含水量达到 75% ～ 80%，而脂肪组织含水量只有 15%～30%，因男性和体型较瘦者脂肪组织较少，体液含量占体重的比例较高，故对缺水的耐受能力更大。

二、体液中电解质的组成、分布及含量

（一）电解质组成、分布及含量

体液中电解质组成、分布及含量见表 13-1。

表 13-1 体液中电解质的组成、分布及含量

电解质		血浆		细胞间液		细胞内液	
		离子（mmol/L）	电荷（mmol/L）	离子（mmol/L）	电荷（mmol/L）	离子（mmol/L）	电荷（mmol/L）
阳离子	Na^+	145	145	139	139	10	10
	K^+	4.5	4.5	4	4	158	158
	Mg^{2+}	0.8	1.6	0.5	1	15.5	31
	Ca^{2+}	2.5	5	2	4	3	6
	合计	152.3	156	145.5	148	186.5	205
阴离子	Cl^-	103	103	112	112	1	1
	HCO_3^-	27	27	25	25	10	10
	HPO_4^{2-}	1	2	1	2	12	24
	SO_4^{2-}	0.5	1	0.5	1	9.5	19
	蛋白质	2.25	18	0.25	2	8.1	65
	有机酸	5	5	6	6	16	16
	有机磷酸					23.3	70
	合计	138.75	156	144.75	148	79.9	205

（二）体液中电解质的分布特点

考点
体液中电解质的分布特点

1. 正常情况下体液各部分呈电中性 从表 13-1 可见，正常情况下体液各部分的阴离子和阳离子的摩尔电荷浓度是相等的，故体液呈电中性。

2. 细胞内外液的离子分布差异很大 从表 13-1 可见，细胞外液的阳离子以 Na^+ 为主，阴离子以 Cl^- 及 HCO_3^- 为主。细胞内液的阳离子以 K^+ 为主，阴离子以 HPO_4^{2-} 和蛋白质阴离子为主。Na^+、K^+ 在细胞外液、细胞内液分布的显著差异是由于细胞膜上的 Na^+，K^+-ATP 酶（又称钠泵或钠 - 钾泵）能主动地把 Na^+ 排出细胞外，同时将 K^+ 转入细胞内的缘故。

3. 细胞内液与细胞外液的渗透压基本相等 虽然细胞内液电解质总量高于细胞外液，但因细胞内液蛋白质含量高且二价离子（如 HPO_4^{2-}、SO_4^{2-}、Mg^{2+}）较多，而这些电解质产生的渗透压较小，因此，细胞内液与细胞外液的渗透压基本相等。

4. 血浆蛋白质含量远远高于细胞间液 血浆和细胞间液均属细胞外液，绝大多数离子含量相近，但是蛋白质含量却有明显差异。血浆蛋白质含量远远高于细胞间液，这对于维持血容量和血浆与细胞间液之间水的交换有重要意义。

第2节 水与电解质的生理功能

一、水的生理功能

水是人体内各种组成中含量最多的成分，也是人体所必需的营养素。水在维持人体正常代谢活动和生理活动方面起重要作用。

考点 水的生理功能

（一）促进并参与物质代谢

体内的代谢反应主要是在有水的环境中进行的，营养物质和代谢产物等多数都可溶解于水中，从而加速化学反应进行。水还可直接参与水解反应、水化反应和加水脱氢等反应。

（二）运输功能

水是良好的溶剂，且黏度小、流动性大，有利于运输营养物质和代谢产物。

（三）调节体温

水的比热大，能吸收或放出较多的热量而自身的温度变化不大。水的蒸发热大，只需蒸发少量汗液就能散发大量的热。水的流动性大，能随血液循环迅速分布全身，从而使物质代谢产生的热迅速运输到体表散发，故水有调节体温的作用。

（四）润滑作用

水具有良好的润滑作用，如唾液有利于吞咽食物及咽部湿润；泪液能防止眼球干燥；关节滑液可减少运动时关节面之间的摩擦。

（五）维持组织的形态与功能

体内的水以自由水和结合水两种形式存在。结合水是指与蛋白质、核酸和蛋白多糖等物质结合而存在的水，无流动性，因而使组织、器官具有独特的形态和生理功能。例如，心肌含水约79%，血液含水约83%，但由于心肌主要含结合水，可使心脏具有一定的形态、硬度和弹性；而血液中主要含自由水，故能循环流动。

二、电解质的生理功能

（一）维持体液的容量和渗透压

Na^+、K^+、Cl^-、HPO_4^{2-} 在维持细胞内外液晶体渗透压方面起着重要作用。Na^+、Cl^- 是维持细胞外液容量和晶体渗透压的主要离子。K^+、HPO_4^{2-} 则是维持细胞内液容量和晶体渗透压的主要离子。

（二）维持体液的酸碱平衡

人体各组织细胞只有在适宜的 pH 环境才能维持各种酶促反应的正常进行。正常人血浆和细胞间液的 pH 为 7.35 ～ 7.45，体液中的电解质可组成许多缓冲体系，如碳酸氢盐缓冲体系、磷酸氢盐缓冲体系等，参与体内酸碱平衡的调节。

（三）维持神经肌肉正常的应激性

考点 无机盐对神经肌肉、心肌的应激性的影响

神经肌肉的应激性与多种无机离子的浓度和比例有关，其关系如下：

$$\text{神经肌肉的应激性} \propto \frac{[Na^+]+[K^+]}{[Ca^{2+}]+[Mg^{2+}]+[H^+]}$$

当血浆 Na^+、K^+ 的浓度增高时，神经肌肉的应激性增高；当血 Na^+、K^+ 浓度过低时，神经肌肉的应激性降低，可出现肌肉软弱无力，甚至麻痹。而血 Ca^{2+}、Mg^{2+} 浓度增高时，神经肌肉的应激性就会降低；Ca^{2+} 浓度过低时，神经肌肉的应激性反而增高，因此小儿

缺钙时，常出现手足搐搦甚至惊厥。

Ca^{2+} 和 K^{+} 对心肌的效应与上式相反，其关系如下：

$$心肌的应激性 \propto \frac{[Na^{+}]+[Ca^{2+}]+[OH^{-}]}{[K^{+}]+[Mg^{2+}]+[H^{+}]}$$

高血钾时，由于 K^{+} 对心肌有抑制作用，则可使心舒张期延长，心率减慢，严重时可使心搏停止于舒张期。低血钾时，常出现心律失常，心搏停止于收缩期。Na^{+} 和 Ca^{2+} 可拮抗 K^{+} 对心肌的作用，据此常用钠盐或钙盐治疗高血钾对心肌所致的毒性作用。

（四）参与细胞的正常新陈代谢

1. 是酶的辅助因子或激活剂 如碳酸酐酶中的 Zn^{2+}、各种磷酸激酶中的 Mg^{2+}、淀粉酶中的 Cl^{-} 及细胞色素体系中的 Fe^{2+} 等。

2. 参与或影响物质代谢 糖原合成、蛋白质合成需要 K^{+} 参加；而在糖原分解、蛋白质分解时，则有 K^{+} 的释放。Mg^{2+} 参与蛋白质、核酸、脂类和糖类的合成，Ca^{2+} 是激素作用的第二信使。

第3节 水的代谢

一、水的摄入

考点
水的来源与去路

1. 饮水 是水的主要来源，成人一般每天摄入水量约 1200ml。人体每天饮水量随生活习惯、气温条件和劳动强度的不同而有较大的差别。

2. 食物水 正常成人每天从食物（米饭、馒头、蔬菜等）摄入的水量约 1000ml。

3. 代谢水 也称内生水，是指糖、脂肪和蛋白质等营养物质氧化分解产生的水，每天的量约为 300ml。

二、水的排出

1. 肾排出 这是水的主要去路，正常成人每天的尿量为 1000 ～ 2000ml，平均 1500ml，尿量受饮水量、环境气候和劳动强度等多种因素的影响变化较大。人体每天约由尿排出至少 35g 的固体代谢废物，主要是尿素、肌酐、尿酸等代谢产物。每克固体溶质至少需要 15ml 水才能使之溶解，故成人每天至少需要排尿 500ml 才能将这些代谢废物排出体外，否则将会导致代谢废物潴留在体内而引起中毒。临床上把每天尿量少于 500ml 称为少尿，少于 100ml 称为无尿。

2. 皮肤蒸发 正常成人在不出汗的条件下，每天由皮肤蒸发的水分约为 500ml。这种经皮肤蒸发的水分，称为非显性出汗，因含电解质很少，可看成纯水。当高温下作业或剧烈运动后，皮肤会大量出汗，这种以出汗的形式排水称为显性出汗，通过皮肤汗腺分泌。出汗量随环境温度、运动量或劳动强度等不同而有很大差异。显性汗是低渗溶液，在排水的同时还伴有 Na^{+} 和 Cl^{-} 的排出及少量 K^{+} 的排出。故高温作业、强体力劳动或剧烈运动大量出汗时，在补充水分的基础上，还要补盐。

3. 呼吸蒸发 肺呼吸时以水蒸气的形式丢失水。成人每天由呼吸蒸发排出的水约为 350ml。

4. 粪便排出 正常成人粪便含水分很少，每天经粪便排出的水大约为 150ml，其中所含电解质也极少。每天各种消化腺分泌进入胃肠道的消化液约有 8000ml，为血浆量的两倍。正常情况下，约有 98% 以上的消化液被肠道重吸收，只有不到 2%（约 150ml）的消化液随粪便丢失。因此，在严重呕吐、腹泻、胃肠减压、肠瘘等引起消化液大量丢失时，应根据丢失消化液的具体情况来补充水和电解质种类。

正常成人每天水的出入量基本相等，见表 13-2。

表 13-2　正常成人每日水的出入量

摄入	入量（ml/d）	排出	出量（ml/d）
饮水	1200	肾排出	1500
食物水	1000	皮肤蒸发	500
代谢水	300	呼吸蒸发	350
		粪便排出	150
合计	2 500	合计	2 500

由此可知，正常成人每天水的摄入和排出保持着动态平衡，大约为 2500ml。但当机体完全不能进水时，人体每天仍会丢失 1500ml 水分（最低尿量 500ml、非显性出汗 500ml、肺呼出 350ml、粪便排出 150ml）。这是人体每天必然丢失的水量，也称为最低生理需水量。临床上对昏迷或不能进食和饮水的患者，每天至少需补充 1500ml 水分才能维持正常的生命活动。

考点
最低生理需水量

链 接　何谓缺水

体液的丢失称为缺水。根据其丢失体液成分的比例不同，常将缺水分为 3 种类型：失水多于失盐称高渗性缺水；失盐多于失水称低渗性缺水；水盐同时成比例丢失，细胞外液渗透压无明显变化称等渗性缺水，是外科最常见的缺水类型。

第 4 节　电解质的代谢

一、钠、氯的代谢

1. 含量与分布　正常成人体内钠的含量为 45 ～ 50mmol/kg 体重（相当于 1g/kg 体重）。其中约 45% 分布于细胞外液，45% 分布于骨，其余 10% 分布于细胞内液。血钠浓度为 135 ～ 145mmol/L。

考点
正常成人血钠、血氯的浓度

正常成人体内氯的含量约为 33mmol/kg 体重，主要分布在细胞外液中。血氯浓度为 98 ～ 106mmol/L。

2. 吸收与排泄　人体每天摄入的钠和氯主要来自食盐（NaCl）。成人每天氯化钠的需要量为 4.5 ～ 9.0g。其摄入量因饮食习惯不同有很大差别，通常每天的摄入量在 7.0 ～ 15.0g。大量研究表明，钠的摄入量与高血压发病呈正相关。世界卫生组织建议正常成人每日摄入的食盐量以不超过 5g 为宜。

正常情况下，食入的钠和氯经胃肠道几乎全部被吸收。一般很少因膳食而缺钠，仅在严重腹泻、呕吐或长期大量出汗时才导致钠的丢失，必要时可按照每日 NaCl 的需要量给予患者生理盐水 500 ～ 1000ml。

考点
肾脏排钠的特点

钠和氯主要由肾排出，少量由粪便及汗排出。肾对钠的排泄有很强的调节能力，当血钠浓度高时，肾小管对钠的重吸收作用降低，过量的钠可以很快通过肾排出体外。当血钠浓度降低时，肾小管对钠的重吸收作用增强，当机体完全停止钠的摄入时，肾排钠量可以降至极低，甚至趋近于零。所以肾脏排钠的特点是：多吃多排，少吃少排，不吃不排。

案例 13-1

患者，女，50 岁，体重 60kg。腹泻 3 天，入院时少尿、乏力、四肢厥冷。体检示：体温 36℃，脉搏 120 次 / 分，呼吸 25 次 / 分，血压 115/70mmHg；口唇干燥，眼窝下陷，皮肤弹性差，但无口渴；尿比重 1.015，血钠 140mmol/L。

问题：该患者可能存在什么体液紊乱，为什么？

考点
正常成人血钾的浓度

二、钾的代谢

1. 含量与分布　正常成人体内钾含量约为 45mmol/kg（相当于 2g/kg 体重）。其中 98% 分布在细胞内液，细胞外液仅约占 2%。血钾浓度为 3.5 ～ 5.5mmol/L，而红细胞内钾浓度约为 105mmol/L。红细胞内钾浓度远远高于血钾，因此，测定血钾时一定要防止溶血。

考点
补钾原则

由于钾进入细胞需依赖“钠泵”的主动转运，且平衡速度较慢，静脉补钾大约需 15 小时才能使细胞内外的钾达到平衡，心脏病患者则需 45 小时左右才能达到平衡。因此，临床上需要多次测定血钾才能准确反映体内钾的含量，以防止出现假性高值。在缺钾的补钾治疗过程中，严禁静脉推注而应尽量选择口服或静脉缓慢滴注，应坚持四不宜原则：补钾液体的浓度不宜过高、剂量不宜过大、不宜过快和不宜过早（必须在肯定患者肾功能正常即能正常排尿以后才能静脉补钾）。

2. 钾的代谢与物质代谢和酸碱平衡的关系

（1）钾的代谢受物质代谢的影响：当糖原、蛋白质合成时，钾从细胞外进入细胞内，反之，糖原、蛋白质分解时钾由细胞内释放到细胞外。因此，在组织生长旺盛和创伤修复期，或静脉输注葡萄糖溶液和胰岛素时，由于蛋白质或糖原合成加强，钾进入细胞内，可使血钾降低，故应注意适当补钾。严重创伤（烧伤或大手术后），组织大量破坏或者感染、缺氧及溶血等情况下，由于蛋白质分解代谢增强，细胞内的钾释放到细胞外，则可导致血钾明显升高，特别是肾衰竭时更为明显。

（2）钾的代谢受酸碱平衡的影响：酸中毒时，细胞外的 H^+ 浓度增高，作为机体内的一种调节机制，部分 H^+ 由血浆进入细胞内，而细胞内的 K^+ 出细胞与之交换，使细胞外液的 K^+ 浓度升高，同时肾小管上皮细胞泌 H^+ 作用增强，泌 K^+ 作用减弱，尿中排出 K^+ 减少，所以酸中毒可引起高血钾；反之碱中毒时，细胞外液 H^+ 浓度下降，H^+ 由细胞内转移到细胞外，而 K^+ 则由细胞外进入细胞内，结果细胞外液的 K^+ 浓度降低，同时肾小管上皮细胞泌 H^+ 作用减弱，泌 K^+ 作用增强，所以碱中毒可引起低血钾。

3. 吸收与排泄　正常成人每天钾的需要量约 2.5g，主要来自蔬菜、水果、谷类、动物内脏、肉类等食物，日常膳食就能满足人体对钾的生理需要。从食物中摄入的钾约 90% 经消化道吸收，其余未被吸收的部分则从粪便排出。严重腹泻时，粪便中钾的丢失量可达正常时的 10 ～ 20 倍。1 岁以下的婴儿容易出现腹泻，加之钾的摄入与其所需的量相比超出不多，故伴有钾的缺乏较成人更多见。

钾主要经肾排出，肾对钾的排泄能力很强，而且迅速，需要时肾排钾可增至 100 倍，其排出量与摄入量大致相等。但是，肾对钾的控制能力远不如对钠严格而有效，每日至少要排钾 10mmol/L。肾对钾的排泄特点是多吃多排、少吃少排、不吃也排。即使在不摄入钾 1 ～ 2 周的情况下，肾每天仍然排钾 5 ～ 10mmol/L。因此，对长期不能进食而需由静脉补充营养的患者，要注意适当补钾。此外，小部分钾可经粪便和汗液排出。

考点 肾脏排钾的特点

链 接 高血钾与低血钾

高血钾是指血钾高于 5.5mmol/L。钾的摄入过多、排泄障碍及细胞内钾转至细胞外均可引起高血钾。主要表现为神志淡漠、肌肉酸痛、肢体湿冷、心动过缓，严重时出现心搏骤停，停止于舒张期。低血钾是指血钾低于 3.5mmol/L。钾的摄入不足、排出量增多及细胞外钾进入细胞内，均可引起低血钾。主要表现为四肢软弱无力、极度倦怠、吞咽困难、腹胀、肠麻痹、心律失常。严重时心搏可停止于收缩期。

三、钙、磷代谢

1. 钙、磷在体内的含量与分布 钙是人体内含量最多的无机元素之一，仅次于碳、氢、氧和氮，正常成人体内钙总量为 700 ～ 1400g。磷在人体内的含量次于碳、氢、氧、氮和钙，为 400 ～ 800g，其中 99.3% 的钙和 85.7% 的磷以羟基磷灰石 [$3Ca_3(PO_4)_2Ca(OH)_2$] 的形式参与构成骨盐存在骨骼和牙齿中，其余部分存在体液和软组织中。

2. 钙、磷的生理功能 体液中的钙和磷有多种功能。

考点 钙的生理功能

（1）钙的生理功能：钙主要以离子状态发挥作用。主要功能包括①构成骨盐；②降低神经肌肉的应激性，增强心肌的收缩；③降低毛细血管壁及细胞膜通透性；④是多种酶的激活剂或抑制剂；⑤是凝血因子之一，参与血液的凝固；⑥作为激素的第二信使，参与细胞间信号转导等。

（2）磷的生理功能：磷主要以磷酸根的形式发挥作用，主要功能包括①与钙共同参与构成骨盐；②参与物质代谢的调节，如蛋白质磷酸化和脱磷酸化；③磷是体内许多重要物质的组成成分，如核苷酸、核酸、磷脂、磷蛋白等；④参与体内的能量生成、储存及利用；⑤血浆中无机磷酸盐构成的缓冲对参与体液的酸碱平衡的调节等。

3. 钙、磷的吸收与排泄

考点 影响钙磷吸收的因素

（1）钙、磷的吸收：正常成人每日需钙 0.6 ～ 1.0g，儿童、孕妇和哺乳期妇女需要量增加，每日需钙 1.0 ～ 1.5g。膳食中的钙主要在酸度较大的小肠上段吸收，特别是十二指肠和空肠上段为最有效的吸收区。钙的吸收率一般为 25% ～ 40%，钙的吸收率主要受下列因素影响：

1）活性维生素 D：1, 25-$(OH)_2$-D_3 是促进钙、磷吸收的最重要的因素，它能促进肠黏膜细胞中钙结合蛋白的合成，从而促进小肠对钙的吸收。因此，临床上对缺钙患者补充钙剂的同时，补充一定量的维生素 D，能收到更好的治疗效果。

2）降低消化道 pH 能促进钙的吸收：由于溶解状态的钙盐容易吸收，而酸性条件有利于钙的溶解，所以凡是能使消化道 pH 下降的食物成分（如乳酸、某些氨基酸等）都能促进钙的吸收，临床补钙常用乳酸钙、葡萄糖酸钙等；而食物中的碱性磷酸盐、草酸盐和植酸盐可与钙结合，形成难溶性钙盐，从而阻碍钙的吸收。

3）钙的吸收率与年龄成反比：婴儿期食物钙的吸收率在 50% 以上，儿童吸收率约 40%，成人只能吸收 20% 左右，40 岁以后，钙吸收率明显下降，平均每增长 10 岁，钙吸收率减少 5% ～ 10%。这是导致老年人骨质疏松的主要原因。

4）食物中钙磷的比例也影响钙、磷的吸收：实验证明钙磷比例为 2 ∶ 1 时，有利于钙的吸收。

正常成人每日需磷量为 1.0 ～ 1.5g。食物中普遍含磷，磷主要以酸性磷酸盐（$H_2PO_4^-$）、磷脂或磷蛋白形式存在，易于吸收。磷吸收的主要部位在空肠，吸收率约为 70%，凡是影响钙吸收的因素也影响磷的吸收。

（2）钙、磷的排泄：人体每天排出的钙约 80% 由肠道排出，20% 由肾排出。磷的排泄途径也是经肠道与肾，但与钙相反，20% ～ 40% 由肠道排出，60% ～ 80% 随尿排出。

考点
正常成人血钙的浓度

4. 血钙与血磷

（1）血钙：血液中的钙几乎全部存在于血浆中，因此血钙通常指血浆钙。正常成人血钙浓度为 2.25 ～ 2.75mmol/L。血钙可分为可扩散钙和非扩散钙两部分。非扩散钙是指与血浆蛋白质（主要是清蛋白）结合的钙，它不易透过毛细血管壁，也不易从肾小球滤过丢失，约占血钙总量的 45%。可扩散钙是指能透过毛细血管壁的钙，其中大部分是游离状态的离子钙，约占血钙总量的 50%，还有一部分是与柠檬酸或其他小分子化合物结合的钙，约占血钙总量的 5%。

血钙 2.25～2.75mmol/L（9～11mg/dl）
- 蛋白结合钙（占45%）---------------- 非扩散钙
- 柠檬酸钙等（占5%）---------------- } 可扩散钙
- 钙离子（占50%）----------------

考点
血浆 pH 对血钙的影响

血浆中只有钙离子才能直接发挥生理作用，Ca^{2+} 浓度过低可引起手足搐搦，过高则可引起肌无力。对于心肌，Ca^{2+} 浓度过高则其收缩增强，甚至可使心搏停止在收缩状态。因此，静脉注射钙盐时必须缓慢。

血浆中离子钙与蛋白质结合钙之间能相互转变，两者之间存在着动态平衡关系：

$$\text{蛋白质结合钙} \underset{[HCO_3^-]}{\overset{[H^+]}{\rightleftharpoons}} Ca^{2+} + \text{蛋白质}$$

这种平衡受血浆 pH 的影响。pH 下降时，血浆清蛋白带负电荷减少，与之结合的钙游离出来，使 Ca^{2+} 升高；相反，当 pH 升高时，血浆中 Ca^{2+} 与蛋白质结合加强，此时即使血钙总量不变，但 Ca^{2+} 浓度下降，故会出现低钙症状。临床上碱中毒时产生的抽搐就是这个原因。血浆 Ca^{2+} 浓度的关系式如下：

$$[Ca^{2+}] = K\frac{[H^+]}{[HCO_3^-]}\text{（式中 K 为常数）}$$

（2）血磷：通常是指血浆中无机磷酸盐的含量。正常成人血磷为 1.0 ～ 1.6mmol/L，儿童稍高。

血浆中钙磷含量之间关系密切，正常成人每 100ml 血浆中钙、磷浓度以毫克表示时，它们的乘积为 35 ～ 40。当 [Ca]×[P] ＞ 40，则表示钙和磷以骨盐形式沉积于骨组织，骨钙化正常；若两者乘积小于 35，则提示骨的钙化将发生障碍，甚至促使骨盐溶解，影响成骨作用，易引起佝偻病或软骨病。

考点 血钙、血磷的关系及意义

5. 钙磷代谢的调节　体内调节钙磷代谢的主要因素有 3 种，即甲状旁腺素、降钙素和 1, 25-（OH）$_2$-D$_3$，参与调解作用的靶器官为骨、小肠和肾。

（1）甲状旁腺激素（PTH）：是由甲状旁腺主细胞分泌的，由 84 个氨基酸残基组成的单链多肽激素。其分泌与血钙浓度呈负相关，当血钙浓度降低时，PTH 分泌增加，当血钙浓度升高时，PTH 分泌就降低。

考点 调节钙磷代谢的激素名称及总作用

1）对骨的作用：PTH 具有溶骨作用，可使间叶细胞转化为破骨细胞并抑制破骨细胞转化为骨细胞，从而使骨组织中破骨细胞数目增多，促使骨盐的溶解，使血钙和血鳞的浓度升高。

2）对肾的作用：PTH 可促进肾远曲小管对钙的重吸收，抑制肾近曲小管对 HPO_4^{2-} 的重吸收，因此，可使尿钙排出减少，尿磷排出增加，血磷降低。

3）对小肠的作用：PTH 通过激活肾中 α_1- 羟化酶，使 25-（OH）-D$_3$ 转变为活性的 1, 25-（OH）$_2$-D$_3$，后者促进小肠对钙的吸收，使血钙、血磷升高。

PTH 具有升高血钙、降低血磷，促进溶骨和脱钙的作用。

（2）降钙素（CT）：是由甲状腺滤泡旁细胞（C 细胞）分泌的单链 32 肽激素，它的分泌与血钙浓度呈正相关，血钙升高可促进 CT 的分泌，血钙降低则抑制 CT 的分泌。

1）对骨的作用：CT 抑制间叶细胞转化为破骨细胞，又促进破骨细胞转化为成骨细胞，使破骨细胞数目减少并抑制破骨细胞活性，从而抑制骨盐溶解；增强成骨细胞活性，使钙和磷在骨中沉积，结果导致血钙、血磷降低。

2）对肾的作用：CT 可抑制肾近曲小管对钙和磷的重吸收，促进尿钙和尿磷的排出。

3）对小肠的作用：CT 还可抑制肾 α_1- 羟化酶，使 1, 25-（OH）$_2$-D$_3$ 的合成减少，从而间接抑制肠道对钙、磷的吸收。

CT 的主要作用是降低血钙和血磷。

（3）1, 25-（OH）$_2$-D$_3$：维生素 D$_3$ 分别经肝微粒体 25- 羟化酶和肾小管上皮细胞 1α- 羟化酶的催化生成 1, 25-（OH）$_2$-D$_3$，它是维生素 D$_3$ 的活性形式。

1）对骨的作用：1, 25-（OH）$_2$-D$_3$ 对骨组织兼有溶骨和成骨双重作用。一方面，1, 25-（OH）$_2$-D$_3$ 加速间叶细胞形成新的破骨细胞，增强破骨细胞的活性，从而促进溶骨作用，骨盐溶解，骨质中钙和磷释放入血。另一方面，由于小肠对钙和磷的吸收增强，其结果是使血中的钙和磷增高，故又促进了骨的生长和钙化。

2）对小肠的作用：促进小肠吸收钙和磷，维持血钙和血磷的正常浓度，这是活性 1, 25-(OH)$_2$-D$_3$ 最主要的功能。1, 25-(OH)$_2$-D$_3$ 可促进小肠黏膜细胞内钙结合蛋白的合成，钙结合蛋白与 Ca^{2+} 有高度的亲和力，同时增强细胞刷状缘上 Ca^{2+}-ATP 酶的活性，增强肠道对钙的主动吸收。

3）对肾的作用：1, 25-（OH）$_2$-D_3 可直接促进肾近曲小管对钙和磷的重吸收，使尿钙和尿磷的排出减少。

1, 25-（OH）$_2$-D_3 的主要作用是升高血钙和血磷，促进骨的生长和钙化。

自测题

一、名词解释

1. 体液 2. 最低生理需水量 3. 血浆钙磷乘积 4. 非扩散性钙

二、单项选择题

1. 正常成人每天由呼吸蒸发排出的水约为
   A. 200ml B. 350ml C. 400ml D. 500ml E. 600ml
2. 正常成人每日的最低尿量是
   A. 100ml B. 300ml C. 400ml D. 500ml E. 600ml
3. 细胞内液与细胞外液的离子组分及其特点是
   A. 细胞内液阴离子以 Cl^- 为主
   B. 细胞内、外液的渗透压不相等
   C. 细胞内液阴离子以 HCO_3^- 为主，阳离子以 Na^+ 为主
   D. 细胞外液阴离子以 HPO_4^{2-} 为主
   E. 细胞内液阴离子以 HPO_4^{2-} 和蛋白质阴离子为主，阳离子以 K^+ 为主
4. 细胞外液的主要阳离子是
   A. 钠离子 B. 钾离子 C. 钙离子 D. 镁离子 E. 铁离子
5. 人体钾的最主要的排泄途径为
   A. 粪便 B. 汗 C. 尿 D. 分泌物 E. 毛发
6. 人体内含量最多的无机盐是
   A. 钙盐 B. 铜盐 C. 镁盐 D. 钠盐 E. 钾盐
7. 下列哪项不是 Ca^{2+} 的作用
   A. 参与血液凝固过程
   B. 增强神经肌肉兴奋性
   C. 是激素的第二信使
   D. 降低毛细血管的通透性
   E. 降低神经肌肉兴奋性
8. 骨盐的主要成分是
   A. NaOH B. 蛋白质结合钙 C. 羟基磷灰石 D. NaCl E. 柠檬酸钙
9. 正常成人每 100ml 血浆中钙磷浓度以 mg 表示时，钙磷乘积为
   A. 5 ～ 10 B. 15 ～ 20 C. 25 ～ 30 D. 35 ～ 40 E. 40 ～ 45
10. 能升高血钙、降低血磷的激素是
   A. 维生素 D_3 B. 降钙素 C. 1, 25-（OH）$_2$-D_3 D. 甲状腺素 E. 甲状旁腺激素

三、简答题

1. 简述体液在电解质含量和分布上有何特点。
2. 叙述水的来源与去路。
3. 叙述无机盐的生理功能。
4. 测定血钾时为什么一定要防止溶血的发生？静脉输钾时要注意什么？
5. 简述钙、磷的生理功能。
6. 调节钙、磷代谢的因素有哪些，是如何发挥调节作用的？
7. 说出血浆中钠、氯、钾、钙的正常含量。

（周 青）

第14章 酸碱平衡

人体的体液环境必须具有适宜的酸碱度，才能维持机体内各组织细胞正常的生命活动。血浆 pH 正常范围是 7.35 ～ 7.45，平均为 7.40。尽管组织细胞在进行代谢过程中不可避免地要产生大量的酸性物质和少量的碱性物质，而且也会有酸性和碱性物质随食物进入体内，但机体通过血液的缓冲作用、肺的呼吸作用和肾的排酸保碱作用，使体液 pH 维持在相对恒定的范围内，这一过程称为酸碱平衡，这三方面的作用在整体内部相互协调、制约。如果体内产生的或外界进入的酸性物质或碱性物质过多，超过了机体所能调节的范围，或是肺、肾等器官调节机制障碍，就会导致酸碱平衡紊乱，从而出现酸中毒或碱中毒。

考点
酸碱平衡的概念

第 1 节　体内酸性和碱性物质的来源

一、酸性物质的来源

体内酸性物质主要来自于糖、脂肪、蛋白质的分解代谢，故动物性食物（如肉类、鱼类等）和谷类食物（如大米、面粉等）称为成酸食物。此外，食物中的乙酸、乳酸、柠檬酸及一些药物如氯化铵、阿司匹林、维生素 C 等也是体内酸性物质的来源。

（一）挥发酸

挥发酸指碳酸，是机体在代谢过程中产生的最多的酸性物质。糖、脂肪和蛋白质在分解代谢中最终产生 CO_2 和 H_2O，二者结合生成 H_2CO_3。H_2CO_3 随血液循环运至肺部后分解成气体 CO_2，从肺呼出体外，所以称为挥发酸。正常成人在安静状态下每日产生的 CO_2 为 300 ～ 400L，相当于 10 ～ 20mol 碳酸，是体内酸的主要来源。运动和代谢率增加时，CO_2 生成显著增加，可通过肺调节挥发性酸，称为酸碱的呼吸性调节。

考点
挥发性酸、固定酸的概念

（二）固定酸

固定酸指物质代谢过程中产生的丙酮酸、乳酸、乙酰乙酸、硫酸、磷酸和尿酸等酸性物质，它们不能经肺呼出，只能通过肾由尿排出，又称非挥发性酸。成人每日产生的固定酸释放出的 H^+ 为 50 ～ 100mmol，与每天产生的挥发性酸相比要少得多。丙酮酸、乳酸、酮体等酸性中间产物在体内可以继续氧化，正常情况下不会堆积，但在代谢紊乱时可以发生堆积。硫酸、磷酸、尿酸等酸性终产物则必须经肾由尿排出。固定酸可通过肾进行调节，称为酸碱的肾性调节。

二、碱性物质的来源

（一）食物来源

人体的碱性物质主要来源于食物，食物中特别是蔬菜、水果中含有较多的有机酸盐，如柠檬酸、苹果酸的钠盐或钾盐。有机酸盐的有机酸根均可与 H^+ 起反应，分别转化为柠檬酸、苹果酸，再进一步被氧化成 CO_2 和 H_2O 排出体外。余下的 Na^+ 或 K^+ 则可与 HCO_3^- 结合生成碳酸氢钠或碳酸氢钾，使体内碱性物质含量增加。所以蔬菜、水果类食物属于成碱食物。

（二）代谢产生

人体的碱性物质少量自体内代谢产生，主要来自于氨基酸脱氨基所产生的氨。

在正常膳食条件下，体内酸性物质来源多于碱性物质，因此，机体对酸碱平衡的调节以对酸的调节为主。

第 2 节　机体对酸碱平衡的调节

一、血液的缓冲作用

考点
血浆、红细胞中的主要缓冲对

（一）血液缓冲体系

血液缓冲体系是由弱酸（缓冲酸）及其相对应的弱酸盐组成，又称为缓冲对。

1. 血浆的缓冲体系　主要为碳酸盐的缓冲体系、磷酸盐缓冲体系及血浆蛋白缓冲体系。

$$\frac{NaHCO_3}{H_2CO_3}、\frac{Na_2HPO_4}{NaH_2PO_4}、\frac{NaPr}{HPr}\quad（Pr：血浆蛋白）$$

2. 红细胞的缓冲体系　包括碳酸盐的缓冲体系、磷酸盐缓冲体系及血红蛋白及氧合血红蛋白缓冲体系。

$$\frac{KHCO_3}{H_2CO_3}、\frac{K_2HPO_4}{KH_2PO_4}、\frac{KHb}{HHb}、\frac{KHbO_2}{HHbO_2}\quad（Hb：血红蛋白；HbO_2：氧合血红蛋白）$$

血浆缓冲体系中，以碳酸氢盐缓冲体系最重要，主要缓冲固定酸；红细胞中以血红蛋白及氧合血红蛋白缓冲体系最为重要，主要缓冲挥发酸。

3. 血浆 pH 的计算　血浆中 $NaHCO_3/H_2CO_3$ 缓冲体系之所以重要，一方面是因为其含量多，缓冲能力强；更重要的是此体系容易调节，其中 $NaHCO_3$ 可由肾调节，H_2CO_3 可通过肺调节，还有其浓度比值决定了血浆的 pH。

血浆 pH 主要取决于碳酸氢盐缓冲系统中 $NaHCO_3$ 与 H_2CO_3 浓度的比值，正常人血浆中二者比值为 20 ∶ 1，根据亨德森 - 哈塞巴（Henderson- Hassalbalch）方程式，血浆 pH 为

$$pH = pK_a + \lg\frac{[NaHCO_3]}{[H_2CO_3]}$$

pK_a 是碳酸解离常数的负对数，在 37℃为 6.1。生理条件下，血浆 $[NaHCO_3]$ 约为 24mmol/L，$[H_2CO_3]$ 约为 1.2mmol/L。将以上数值带入方程式：

$$pH = pK_a + \lg\frac{[NaHCO_3]}{[H_2CO_3]} = 6.1 + \lg\frac{24}{1.2} = 6.1 + \lg\frac{20}{1} = 6.1 + 1.3 = 7.4$$

由此可见，只要血浆中 $[NaHCO_3]$ / $[H_2CO_3]$ 值保持 20 ∶ 1，血浆的 pH 都为 7.4，即血浆 pH 取决于缓冲体系中两种成分的浓度比，而不是它们的绝对浓度。若其中一方浓度发生改变，只要另一方做相应的变化，使其比值保持不变，则血浆 pH 不变。一般来说，$NaHCO_3$ 的浓度反映体内代谢情况，故又称为代谢因素；H_2CO_3 的浓度可反映肺的通气

情况，故又称为呼吸因素。

（二）血液缓冲体系的作用

1. 对固定酸的缓冲作用 固定酸（HA）进入血液时，主要是 $NaHCO_3$ 进行缓冲，使酸性较强的固定酸转变为酸性较弱的 H_2CO_3。

考点 碱储的概念

H_2CO_3 经血液循环流经肺时再进一步分解为 CO_2 和 H_2O，CO_2 再经肺呼出体外，从而减弱了固定酸对血液 pH 的影响。反应如下：

$$HA+NaHCO_3 \longrightarrow NaA+H_2CO_3$$

$$H_2CO_3 \longrightarrow CO_2+H_2O$$

血浆中的 $NaHCO_3$ 主要用来缓冲固定酸，是血浆中含量最多的碱性物质，在一定程度上代表血浆对固定酸的缓冲能力，故习惯上把血浆 $NaHCO_3$ 称为碱储。血浆中其他缓冲体系对固定酸也有一定的缓冲作用，但含量低，作用小，如 NaPr 和 Na_2HPO_4 也能缓冲固定酸。

$$HA+NaPr \longrightarrow NaA+HPr$$

$$HA+Na_2HPO_4 \longrightarrow NaA+NaH_2PO_4$$

2. 对挥发性酸的缓冲作用 对挥发性酸的缓冲作用主要由血红蛋白和氧合血红蛋白缓冲体系进行，使 CO_2 从肺排出体外。

当血液流经组织细胞时，由于组织细胞与血液之间存在 CO_2 分压差。组织细胞代谢产生的 CO_2 可经毛细血管壁扩散进入血浆和红细胞。红细胞内含有丰富的碳酸酐酶（CA），因此 CO_2 在红细胞内迅速生成大量的碳酸。同时 $KHbO_2$ 解离释放出 O_2 后转变成 KHb，H_2CO_3 被 KHb 缓冲生成 $KHCO_3$ 和 HHb（酸性较 H_2CO_3 弱），所以血液 pH 无明显变化。反应如下：

$$CO_2+H_2O \longrightarrow H_2CO_3\text{（快而多）}$$

$$K\text{-}HbO_2 \longrightarrow K\text{-}Hb+O_2\text{（}O_2\text{ 进入组织细胞）}$$

$$K\text{-}Hb+H_2CO_3 \longrightarrow H\text{-}Hb+KHCO_3$$

通过以上反应，红细胞内生成大量 $KHCO_3$。为保持红细胞和血浆之间 HCO_3^- 的平衡，HCO_3^- 从红细胞向血浆扩散，但红细胞内 K^+ 不能随 HCO_3^- 一起扩散，因此血浆中等量的 Cl^- 进入细胞以维持正负电荷的平衡，这种通过红细胞膜所进行的，HCO_3^- 与 Cl^- 的交换过程称为氯离子转移。

当血液流经肺时，随着 O_2 不断吸入，H-Hb 与 O_2 结合成 H-HbO_2，H-HbO_2 的酸性较强，可解离出 H^+，H^+ 与 HCO_3^- 结合成 H_2CO_3，然后在碳酸酐酶的作用下，H_2CO_3 分解成 CO_2 和 H_2O。CO_2 最终经肺呼出。

$$HHb+O_2 \longrightarrow HHbO_2$$

$$HHbO_2+KHCO_3 \longrightarrow KHbO_2+H_2CO_3$$

$$H_2CO_3 \longrightarrow CO_2+H_2O$$

此时，由于红细胞中 HCO_3^- 浓度迅速下降，血浆中的 HCO_3^- 便向红细胞内扩散，同时红细胞中的 Cl^- 扩散进入血浆，进行等量交换，以维持电中性（图 14-1）。

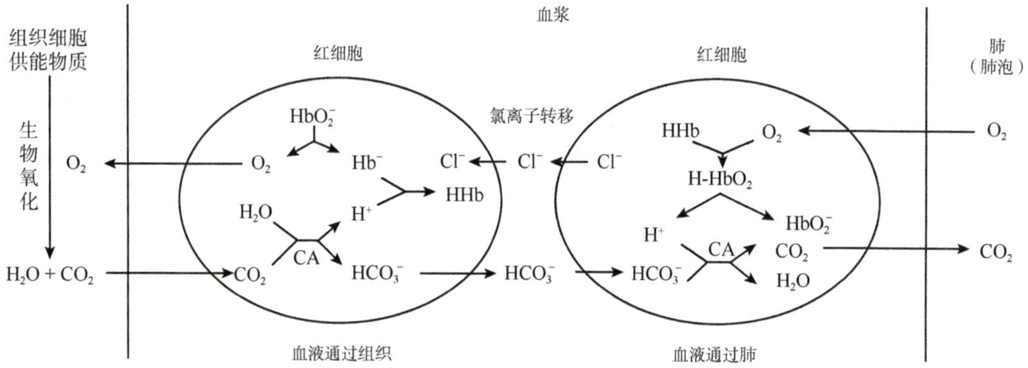

图 14-1 血红蛋白对挥发性酸的缓冲作用

3. 对碱性物质的缓冲作用 碱性物质（BOH）进入血液后，它主要受到缓冲对中碳酸的缓冲，所以习惯上将碳酸称为酸储，NaH_2PO_4 和 HPr 对碱也能起到一定的缓冲作用。反应如下：

$$BOH+H_2CO_3 \longrightarrow BHCO_3+H_2O$$

$$BOH+NaH_2PO_4 \longrightarrow BNaHPO_4+H_2O$$

$$BOH+HPr \longrightarrow BPr+H_2O$$

反应生成的 $BHCO_3$ 和 $BNaHPO_4$ 可由肾随尿排出。

血液缓冲体系的缓冲能力有一定的限度。在对酸性物质进行缓冲后，血浆 $NaHCO_3$ 含量因消耗而减少，同时伴有 H_2CO_3 浓度的升高；对碱性物质进行缓冲后，则使 H_2CO_3 浓度降低，$NaHCO_3$ 浓度升高。当这种变化达到一定程度时，则可改变血浆中 $NaHCO_3$ 和 H_2CO_3 浓度的比值。但是，在正常情况下，这种改变是轻微的，原因是机体还可通过肺和肾的进一步调节使其保持稳定。

二、肺对酸碱平衡的调节

考点
肾对酸碱平衡的调节过程

肺通过排出 CO_2 量的多少来调节血中 H_2CO_3 的浓度。肺排出 CO_2 的量是受延髓呼吸中枢控制的，当 CO_2 浓度增高时，血液中 PCO_2 升高，刺激呼吸中枢兴奋，呼吸频率加快加深，肺通气加强，排出 CO_2 量增多，从而使血中 H_2CO_3 浓度随之降低。反之，当 CO_2 浓度减少时，血中 PCO_2 降低，呼吸中枢受抑制，呼吸频率减慢、变浅，CO_2 排出量减少，血中 H_2CO_3 浓度升高。通过肺对 CO_2 呼出的多少来调节血中 H_2CO_3 浓度，从而维持 $[NaHCO_3]/[H_2CO_3]$ 的正常值，使血浆 pH 保持相对恒定。

三、肾对酸碱平衡的调节

肾对酸碱平衡的调节主要是通过排出多余的酸及对 $NaHCO_3$ 的重吸收来维持血浆 $NaHCO_3$ 的浓度。肾的这种调节作用是通过肾小管上皮细胞泌氢、泌氨，从而进行 H^+-Na^+ 交换来实现的。肾是调节酸碱平衡最重要的器官，肾的调节作用发挥最迟，但最彻底。

（一）$NaHCO_3$ 的重吸收

肾重吸收 $NaHCO_3$ 能力很强，90% 在肾近曲小管重吸收，其余在肾远曲小管和髓衅。肾小管上皮细胞内含有碳酸酐酶（CA），在该酶的催化下 CO_2 与 H_2O 反应生成 H_2CO_3，H_2CO_3 又解离为 H^+ 和 HCO_3^-。H^+ 被肾小管上皮细胞分泌到肾小管管腔中，从管腔中回收 Na^+，两者转运方向相反，称 H^+-Na^+ 交换或 H^+-Na^+ 逆向转运。

小管液中的 Na^+ 进入小管细胞，与细胞内的 HCO_3^- 结合成 $NaHCO_3$ 后进入管周小动脉重新回至血液。分泌进入小管液中的 H^+ 与小管液中 HCO_3^- 结合成碳酸，碳酸再分解为 CO_2 和 H_2O，CO_2 可扩散进入肾小管细胞内。此过程没有 H^+ 的真正排出，只有管腔中的 $NaHCO_3$ 全部重吸收回血液，故称为 $NaHCO_3$ 的重吸收（图 14-2）。

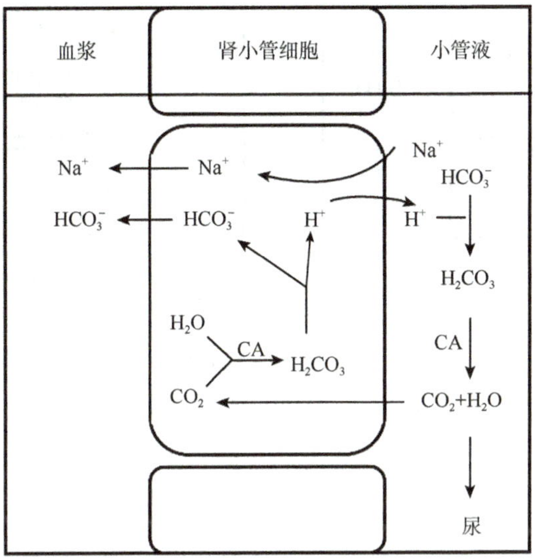

图 14-2 肾小球滤液中 $NaHCO_3$ 的重吸收

（二）尿液的酸化

肾小管上皮细胞分泌到肾小管管腔中的 H^+ 还可以与小管液中 Na_2HPO_4 解离的 Na^+ 进行交换。交换的结果是：进入肾小管上皮细胞的 Na^+ 与 HCO_3^- 重吸收进入血液形成 $NaHCO_3$；小管液中的 Na_2HPO_4 转变为 NaH_2PO_4 随尿排出。正常情况下，小管液（原尿）中的 $[Na_2HPO_4]$ /$[NaH_2PO_4]$ 值是 4 ∶ 1，随着交换的进行，$[Na_2HPO_4]$/$[NaH_2PO_4]$ 的值逐渐下降，小管液（终尿）中的 pH 也随之下降，称为尿液的酸化（图 14-3）。当小管液中 pH 降至 4.8 时，$[Na_2HPO_4]$ /$[NaH_2PO_4]$ 值变为 1 ∶ 99。说明 Na_2HPO_4 已基本上全部转化为 NaH_2PO_4。

（三）NH_3 的分泌

肾小管上皮细胞内有谷氨酰胺酶，能催化谷氨酰胺水解生成谷氨酸和氨（NH_3）。此外，氨也可来自氨基酸的脱氨基作用。因此，肾远曲小管细胞具有泌 NH_3 功能。NH_3 分泌到小管腔后与原尿中的 H^+ 结合成 NH_4^+，原尿中的 H^+ 浓度下降。NH_4^+ 与小管液中的 Na^+ 交换，结合强酸根离子（如 Cl^-、SO_4^{2-} 等）生成铵盐（如氯化铵、硫酸铵等）随尿排出。此种交换称为 NH_4^+-Na^+ 交换（图 14-4）。

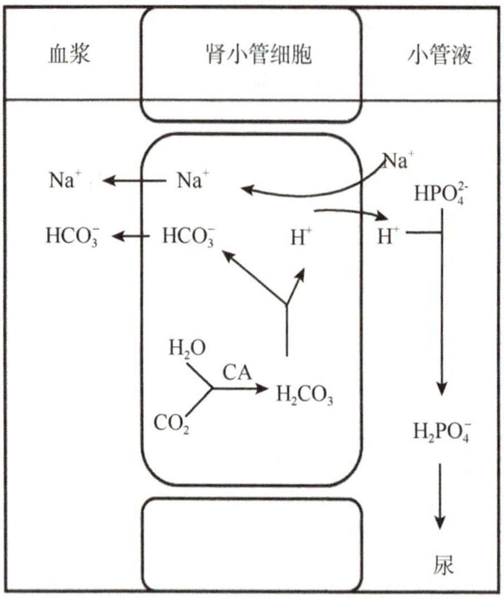

图 14-3 尿液的酸化

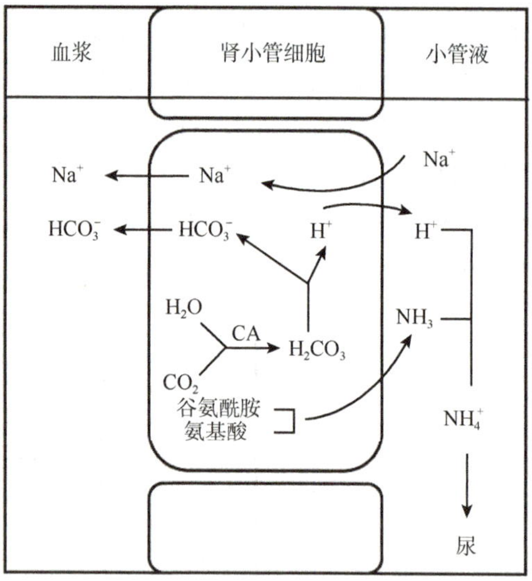

图 14-4 铵盐的排泄

综上所述，肾主要通过排除过多的酸性物质及对 $NaHCO_3$ 重吸收使 pH 相对恒定。若体内碱性物质过多，则肾就减少 $NaHCO_3$ 的重吸收，甚至停止吸收，此时排出碱性尿液。

案例 14-1

患者，男，40 岁，有 10 年糖尿病史，因昏迷状态住院。体格检查：血压 80/55mmHg，脉搏 101 次 / 分，呼吸 28 次 / 分。生化检查：血糖 11.3mmol/L、β- 羟丁酸 1.2mmol/L、尿素 8.0mmol/L、K^+ 5.0mmol/L、Na^+ 160mmol/L、Cl^- 104mmol/L；pH 7.139、PCO_2 4.06 kPa、PO_2 9.91kPa、HCO_3^- 9.9mmol/L、AG 35mmol/L；尿：酮体（+++），糖（+++）。

问题：该患者是否出现了酸中毒？如有，属于何种类型？为什么？

第 3 节 酸碱平衡失常类型及主要生化指标

考点
酸碱平衡失常的基本类型

一、酸碱平衡失常的基本类型

常见酸碱平衡失常的原因包括：①体内酸性或碱性物质产生过多或不足；②肺或肾的疾病使其功能障碍；③电解质代谢的异常，如高钾血症或低钾血症等常可引起酸碱平衡失常。

酸碱平衡失常可分为呼吸性和代谢性两大类型。呼吸性酸碱平衡失常首先发生改变的是呼吸因素（H_2CO_3）。代谢性酸碱平衡失常首先发生改变的是代谢因素（$NaHCO_3$）。在早期，由于机体有代偿能力，$[NaHCO_3]/[H_2CO_3]$ 值仍正常，因此血液 pH 也正常，这种情况称为代偿性酸碱平衡失常；若病情继续发展，超出了机体的代偿限度，则 $[NaHCO_3]/[H_2CO_3]$ 值就会升高或降低，血液 pH 也会相应地升高或降低，这种情况称为失代偿性酸碱平衡失常。

（一）呼吸性酸中毒

1. 概念 呼吸性酸中毒是由于呼吸功能障碍，CO_2 蓄积，使血浆中 H_2CO_3 浓度原发性升高所致。

2. 原因 呼吸道及肺部疾病，如哮喘、肺气肿等；呼吸中枢受抑制，如用麻醉药、吗啡、安眠药过量等导致通气障碍而致的 CO_2 排出受阻。

3. 特点 血浆 PCO_2、H_2CO_3 浓度升高，血浆 $NaHCO_3$ 浓度继发性升高。

4. 机体的代偿 当血浆 PCO_2 及 H_2CO_3 浓度升高时，肾小管细胞泌 H^+、泌 NH_3 作用增强，$NaHCO_3$ 重吸收增多，使血浆中 $NaHCO_3$ 的浓度继发性升高，结果 $[NaHCO_3]/[H_2CO_3]$ 值为 20 ：1，血浆 pH 仍在正常范围，称为代偿性呼吸性酸中毒。当血浆 H_2CO_3 浓度过高，超出机体的代偿能力时，则 $[NaHCO_3]/[H_2CO_3]$ 值下降，血浆 pH 降低至 7.35 以下，称为失代偿性呼吸性酸中毒。

（二）呼吸性碱中毒

1. 概念 呼吸性碱中毒是由于肺通气过度，CO_2 呼出过多，使血浆 H_2CO_3 浓度原发性降低导致。

2. 原因 呼吸中枢兴奋（药物中毒等）、脑部疾病、癔症、发热、甲状腺功能亢进等是呼吸性碱中毒的基本发生机制。呼吸性碱中毒比较少见。

3. 特点 血浆 PCO_2、H_2CO_3 浓度降低，血浆 $NaHCO_3$ 浓度继发性降低。

4. 机体的代偿 当血浆 PCO_2 和 H_2CO_3 浓度降低时，肾小管细胞分泌 H^+ 和 NH_3 作用降低，$NaHCO_3$ 重吸收减少，血浆 $NaHCO_3$ 的浓度继发性降低，$[NaHCO_3]/[H_2CO_3]$ 值仍然为 20 ：1，血浆 pH 仍在正常范围，称为代偿性呼吸碱中毒。当血浆 H_2CO_3 浓度过低，超出机体的代偿能力时，则 $[NaHCO_3]/[H_2CO_3]$ 值增大，pH 升高至 7.45 以上，称为失代偿性呼吸性碱中毒。

（三）代谢性酸中毒

1. 概念 代谢性酸中毒是由于体内固定酸产生过多或排出障碍，而使血浆 $NaHCO_3$ 浓度原发性降低所致。代谢性酸中毒是最常见的酸碱平衡失常类型。

2. 原因 固定酸产生过多，如糖尿病、饥饿和酒精中毒等出现的酮症酸中毒；休克、心力衰竭、呼吸衰竭等出现的乳酸酸中毒；肾疾病，如肾衰竭时导致泌 H^+、泌 NH_3 能力减退；碱性物质丢失过多，如腹泻、肠瘘等导致 $NaHCO_3$ 丢失过多。

3. 特点 血浆 $NaHCO_3$ 浓度降低，血浆 H_2CO_3 浓度继发性降低。

4. 机体的代偿 固定酸首先由血液中的 $NaHCO_3$ 缓冲，结果血浆 $NaHCO_3$ 浓度降低，H_2CO_3 浓度升高，pH 降低。一方面可刺激呼吸中枢兴奋，使呼吸加深加快，CO_2 呼出增多，使血浆 H_2CO_3 浓度下降；另一方面，可使肾小管细胞泌 H^+、泌 NH_3 作用增强，促进了 $NaHCO_3$ 的重吸收和固定酸的排出。根据血液 pH 是否正常，分为代偿性和失代偿性代谢性酸中毒。

（四）代谢性碱中毒

1. 概念 代谢性碱中毒是由于各种原因导致血浆 $NaHCO_3$ 含量原发性增高所致。

2. 原因 酸性物质丢失过多如剧烈呕吐及胃液引流使富含 HCl 胃液大量丢失；

HCO_3^- 输入过多如矫正代谢性酸中毒时滴注过多的 $NaHCO_3$，常为医源性；低钾血症等。

3. 特点　血浆 $NaHCO_3$ 原发性升高，血浆 H_2CO_3 浓度继发性升高。

4. 机体的代偿　代谢性碱中毒时，血浆 $NaHCO_3$ 浓度升高，血浆 pH 升高，使呼吸中枢受抑制，呼吸变浅变慢，CO_2 排出量减少，从而使血浆 H_2CO_3 浓度升高。同时，肾小管细胞泌 H^+、泌 NH_3 作用减弱，减少了 $NaHCO_3$ 的重吸收，使 $NaHCO_3$ 随尿的排出量增加，使血浆 $NaHCO_3$ 的浓度降低。根据血液 pH 是否正常，分为代偿性和失代偿性代谢性碱中毒。

二、判断酸碱平衡的主要生化指标

考点　几个生化指标的意义

链 接　血气分析

血气是指血液中所含的氧气和二氧化碳气体。血气分析即血液气体分析，是血液中有关氧气和二氧化碳气体测定的指标。由于血液 pH 与肺的呼吸功能密切相关，呼吸过程中不断吸取氧气并呼出二氧化碳。因此，血气分析和血液 pH 测定组成一个分析系统，临床上将血液 pH 测定和血气分析统称为血气分析。血液 PO_2、PCO_2 及 pH 是血气分析的 3 个主要项目，在临床上具有重要的意义，在指导呼吸衰竭和 H^+ 代谢紊乱的诊断治疗方面具有关键性的作用。

（一）血液 pH

血液 pH 表示血液的酸碱度，一般指动脉血的 pH，正常值为 7.35 ～ 7.45，pH 低于 7.35 为失代偿性酸中毒，高于 7.45 为失代偿性碱中毒。由于机体具有强大的代偿能力，pH 在正常范围内，可以表示酸碱平衡正常，也可表示处于代偿性酸、碱中毒阶段，应进一步分析。

（二）二氧化碳分压

二氧化碳分压（PCO_2）是指物理溶解在血液中的 CO_2 所产生的张力，正常动脉血 PCO_2 值为 4.5 ～ 6.0kPa（35 ～ 45mmHg），平均为 5.3kPa。PCO_2 可反映肺通气的情况，临床上 PCO_2 是呼吸性酸碱中毒的诊断指标。

$PCO_2 > 6.0$kPa，提示肺通气不足，体内 CO_2 排出障碍，见于原发性呼吸性酸中毒；$PCO_2 < 4.5$kPa，提示肺通气过度，CO_2 排出过多，见于原发性呼吸性碱中毒。PCO_2 的改变除了原发性外，也可以是继发性的。可以因代谢性酸中毒而代偿性地引起 PCO_2 降低；因代谢性碱中毒而代偿性地引起 PCO_2 增高。

（三）标准碳酸氢盐和实际碳酸氢盐

标准碳酸氢盐（SB）是指全血在标准条件下（Hb 的氧饱和度为 100%，温度为 37℃，PCO_2 为 5.3kPa），所测得血浆中 HCO_3^- 的含量。由于 PCO_2 已调到标准状况下，故 SB 不受呼吸性成分的影响，因此是代谢性成分的指标。

实际碳酸氢盐（AB）是指在隔绝空气的条件下，取全血标本测得血浆中 HCO_3^- 的真实含量。AB 的正常变动范围为（24±2）mmol/L，平均为 24mmol/L，既反映血中代谢性成分的含量，也受呼吸性成分的影响。

正常情况下 SB =AB。AB > SB 时，表示 PCO_2 > 5.3kPa，说明 CO_2 蓄积，可见于呼吸性酸中毒；AB < SB 时，表示 PCO_2 < 5.3kPa，说明 CO_2 呼出过多，可见于呼吸性碱中毒；AB = SB，且两者均低于正常值，表明有代谢性酸中毒；AB = SB，且两者均高于正常值，表明有代谢性碱中毒。

（四）阴离子间隙

血浆中主要的阳离子是 Na^+，称可测定阳离子，其余为未测定阳离子（UC）；主要的阴离子是 Cl^- 和 HCO_3^-，称为可测定阴离子，其余为未测定阴离子（UA）。阴离子间隙（AG）是指未测定阴离子与未测定阳离子之差，即 AG = UA−UC。临床上常用可测定阳离子与可测定阴离子的差值表示：$AG = [Na^+] - ([Cl^-]+[HCO_3^-])$。正常参考值为 8 ～ 16mmol/L，平均为 12mmol /L。组成阴离子间隙的阴离子有有机酸、硫酸、磷酸和蛋白质等阴离子。AG 可增高也可降低，但增高的意义较大。AG 增高常见于固定酸增多的情况。机体发生代谢性酸中毒时，常伴随上述阴离子的紊乱，所以 AG 的改变对鉴别不同类型的代谢性酸中毒有指导意义。当 AG > 16mmol/L 时，出现代谢性酸中毒，如乳酸、酮体等固定酸增多，使血浆 HCO_3^- 浓度减低，AG 增大。AG 降低见于低蛋白血症等。

自测题

一、名词解释

1. 酸碱平衡　2. 挥发性酸　3. 固定酸

二、单项选择题

1. 血液中缓冲固定酸最强的缓冲系统是
   A. NaPr/HPr　B. KHb/HHb
   C. $NaHCO_3/H_2CO_3$　D. $KHbO_2/HHbO_2$
   E. Na_2HPO_4/NaH_2PO_4
2. 下列哪个不是红细胞中的缓冲对
   A. $NaHCO_3/H_2CO_3$　B. K_2HPO_4/KH_2PO_4
   C. $KHbO_2/HHbO_2$　D. KHb/HHb
   E. $KHCO_3/H_2CO_3$
3. 体内固定酸主要是通过
   A. 呼吸排出　B. 粪便排出　C. 胆汁排出
   D. 汗液排出　E. 肾排出
4. 习惯上所谓“碱储”是指 100ml 血液中
   A. NaH_2PO_4 含量　B. $NaHCO_3$ 含量
   C. Na_2HPO_4 含量　D. $KHCO_3$ 含量
   E. NaHb 含量
5. 维持正常机体酸碱平衡最重要的器官是
   A. 肺　B. 皮肤　C. 胃肠道
   D. 肾　E. 肝
6. 临床上最常见的酸碱平衡失常是
   A. 呼吸性酸中毒　B. 呼吸性碱中毒
   C. 代谢性酸中毒　D. 代谢性碱中毒
   E. 混合型酸碱失调

三、简答题

1. 血液中有哪些缓冲对？为什么说 $NaHCO_3/H_2CO_3$ 缓冲对最重要？
2. 简述肺在酸碱平衡调节中的作用。
3. 简述人体排出固定酸的途径和方式。
4. 哪些原因可导致呼吸性酸中毒？
5. 测定 AG 对诊断酸碱平衡失常有何意义？

（周　青）

参考文献

晁相蓉，余少培，赵佳，2017. 生物化学 . 北京：中国科学技术出版社
冯作化，药立波，2016. 生物化学与分子生物学 .3 版 . 北京：人民卫生出版社
高国全，2017. 生物化学 .4 版 . 北京：人民卫生出版社
何旭辉，陈志超，2019. 生物化学 .2 版 . 北京：人民卫生出版社
何旭辉，吕士杰，2014. 生物化学 .7 版 . 北京：人民卫生出版社
李刚，昌增益，2018，国际生物化学与分子生物学联盟增设第七大类酶：易位酶 . 中国生化与分子生物学报 34（12）：Ⅰ～Ⅱ
梁力建，2009. 外科学 . 6 版 . 北京：人民卫生出版社
林果为，王吉耀，葛均波，2017. 实用内科学 .15 版 . 北京：人民卫生出版社
马文丽，2012. 生物化学 . 北京：科学出版社
钱晖，侯筱宇，2017. 生物化学与分子生物学 .4 版 . 北京：科学出版社
邱烈，王文玉，2012. 生物化学 .2 版 . 西安：第四军医大学出版社
施红，2015. 生物化学 .9 版 . 北京：中国中医药出版社
孙秀发，凌文华，2016. 临床营养学 .3 版 . 北京：科学出版社
童红梅，2016. 生物化学 . 北京：中国协和医科大学出版社
王卫平，孙锟，常立文，2017. 儿科学 .9 版 . 北京：人民卫生出版社
喻姣花，谭翠莲，杨春，2008. 临床护士“三基”自测外科护理分册 . 北京：人民军医出版社
张学军，郑捷，2018. 皮肤性病学 .9 版 . 北京：人民卫生出版社
赵瑞巧，2014. 生物化学 .2 版 . 北京：人民卫生出版社
周春燕，药立波，2018. 生物化学与分子生物学 .9 版 . 北京：人民卫生出版社
朱圣庚，徐长法，2016. 生物化学 .4 版（上）. 北京：高等教育出版社
朱圣庚，徐长法，2016. 生物化学 .4 版（下）. 北京：高等教育出版社

实验基本知识与操作技术

一、实验课的目的与要求

（一）实验课的目的

1. 通过实验验证生化基本理论，加深对相关理论知识的理解，培养学生对生物化学的学习兴趣。

2. 通过实验学习并掌握生化基本操作技术和基本技能，培养独立工作能力，为临床护理实际应用打下基础。

3. 通过实验培养学生独立思考、严肃认真、实事求是的科学态度及分析解决问题的能力。

（二）实验课的要求

1. 学生进入实验室必须穿隔离服（护士服或医士服）。

2. 每次实验前应复习与实验有关的基础理论知识，明确实验目的，了解实验原理、操作步骤及注意事项，写好预习实验报告，并带到实验室做实验。

3. 实验中要按照实验指导老师的要求，严格实验操作规程，认真操作。试剂用完后应立即盖严，放回原处。实验结果不良时，分析错误及产生原因，必要时重做。

4. 仔细观察实验现象和结果，做好实验记录，综合分析。实验后及时总结，认真、独立、按时完成实验报告。

5. 爱护实验仪器，在了解仪器性能和操作规程之前，不得贸然使用，更不可擅自拆卸或将部件带到室外。实验过程中，如发现设备损坏或运转异常，应立即报告老师。

6. 保持实验室卫生，实验结束后，及时清理玻璃仪器（试管、吸管、器皿等），试剂瓶摆放整齐，整理好实验操作台。值日生应当打扫实验室卫生，倒净废物垃圾。检查电源是否断开，水龙头和门窗是否关好。洗干净手再离开。

7. 注意用水、用电、易燃易爆品及生物安全。

（三）实验记录与报告的书写

1. 实验前要书写预习报告，包括题目、日期、目的、原理、试剂及仪器、操作步骤、注意事项等。

2. 在实验过程中应及时将观察到的实验现象、实验结果和原始数据如实记录在实验报告上。

3. 实验后，根据实验现象、原始记录得出结论并分析与讨论。总结实验中的成功与失败之处。

实验报告书写要求文句通畅、简练、字体工整。严禁互相抄袭实验报告。

二、基本实验操作技术

（一）实验的基本操作技术

1. 玻璃仪器的洗涤和干燥　实验所用玻璃仪器按用途可分为量器类、容器类和专用玻璃仪器三大类。量器类（量杯、量筒、容量瓶、吸量管、滴定管等）和容器类（烧杯、试剂瓶、滴瓶、离心管、试管等）是生物化学实验常用的玻璃仪器，它们的洁净和干燥直接影响实验结果的准确性，因此要掌握玻璃仪器的洗涤和干燥方法。

（1）洗涤：①玻璃容器的洗涤，如烧杯、试管等洗涤时可先用蘸有肥皂水或合成洗涤剂的毛刷刷洗，再用自来水冲洗，直至容器内壁不挂水珠，最后用少量蒸馏水冲洗3次，倒置晾干。注意：洗前检查毛刷顶端铁丝是否裸露，洗刷时不可用力过猛，以免损坏仪器。②玻璃量器的洗涤，计量类玻璃仪器，使用后清除废液，先用自来水冲洗干净，再用蒸馏水冲洗 3 次即可。必要时置于铬酸洗液或其他洗涤液中浸泡数小时，取出，待沥净洗液后，再用自来水充分冲洗，最后用蒸馏水冲洗 2 ～ 3 次。③新购置玻璃仪器的洗涤，用 2% ～ 4% 稀盐酸浸泡 4 ～ 6 小时，以除去表面附着的游离碱。浸泡后用自来水冲洗干净，再用蒸馏水冲洗 3 次，干燥备用。

清洁的标准：玻璃仪器洗净后，以倒置后内壁不挂水珠为清洁标准。

（2）干燥：玻璃仪器的干燥方法可根据不同仪器的种类而定。一般情况下，洗净后的玻璃仪器，若不急用，应倒放在晾架上，试管洗净后直接倒置在试管架上，令其自然干燥。若有急用，可放在烘箱中烤干，但量器类玻璃仪器，如容量瓶、吸量管、滴定管、烧杯、结构复杂的玻璃仪器等，严禁烘烤。此类仪器，如急用可采用水泵抽气法干燥。

2. 液体的定量转移

（1）吸量管的使用：吸量管有奥氏吸量管、移液管和刻度吸量管三类，目前常用的是刻度吸量管，每根吸量管上有许多等分的刻度，刻度标记有自上而下和自下而上两种，规格为 0.1ml、0.2ml、0.5ml、1ml、2ml、5ml、10ml 等。吸量管的选取原则：在一次完成移液的前提下，应选用容量较小的吸量管，对于同一次实验中同一种试剂的移取，应选用同一支吸量管。

刻度吸量管的操作：①执管，用右手拇指和中指（辅以环指）执吸量管上部，使吸量管保持垂直，示指按管上口调节流速，刻度朝向操作者。②取液，把吸量管插入液体，用吸耳球吸取液体至所需刻度上方 2 ～ 3cm，移开吸耳球，迅速用示指压紧管口，然后抽离液面（必要时用滤纸片将管尖端外围拭净）。③调刻度，用示指控制液体至所需刻度（此时液体凹面、视线和刻度应在同一水平线上）。④放液，移开示指，让液体自然流入容器内。此时，管尖应接触容器内壁，但不应插入容器的原有液体中（否则管尖会沾上容器内试剂，再移液时致使试剂交叉污染）。待液体流尽，将最后液滴吹出或转动吸量管使其沿容器内壁流出。⑤洗涤，吸取血浆、尿及黏稠试剂的吸量管，用后应及时用自来水冲洗干净。如果吸取一般试剂的吸量管，待实验完毕后再清洗。

注意：①对于刻度由上至下的吸量管应尽量使用上端刻度。②管尖残液是否需吹，视具体情况而定。一般来说，1ml 及 1ml 以下的均需吹出；大于 1ml 的视标记而定。如吸量管上方标有 “吹” 字，则残液需吹出；标有 “快” 字或无特殊说明，应使残液自然流下。

（2）微量移液器的使用：微量移液器是一种精密的取液仪器。可用来量取微升（μl）级别的液体，操作简单，规格有 10μl、20μl、50μl、100μl、200μl、1000μl 等多种形式。可调微量移液器的结构见实验图 0-1。

1）量程的调节：旋转顶部操作按钮，可在容量显示窗中看到相应刻度。

2）握姿：右手（或左手）握住移液器，拇指按在操作按钮上。

3）安装吸头：吸头一般放在吸头盒中，为一次性使用，多次使用时要进行高压灭菌。使用时，将微量移液器底端垂直插入盒中吸头内，轻轻用力压，逆时针旋转 180° 安装，切勿用力过猛。

4）吸液：吸液前，排空吸头，将微量移液器按至第一停点，再将吸头垂直浸入液面，将吸头插入液面下 2 ～ 3mm，缓慢松开拇指，切记不能过快，停留靠壁 1 ～ 2 秒，从液体中取出，即完成取样。必要时可用滤纸拭去附于吸头表面的液体（注意：不用接触吸头孔口）。

5）放液：放液时吸头紧贴容器内壁并倾斜 10° ～ 40° ，尽可能地放于容器底端，再用拇指将操作按钮按至第一停点，稍微停顿 1 秒后，再按至第二停点将剩余液体全部压出。待排尽全部液体后，吸头应沿容器壁向上滑动，取出后再松开拇指，使其复位。

6）放置：加样器使用完毕后，按下退吸头按钮将吸头除去，调回最大量程存放。

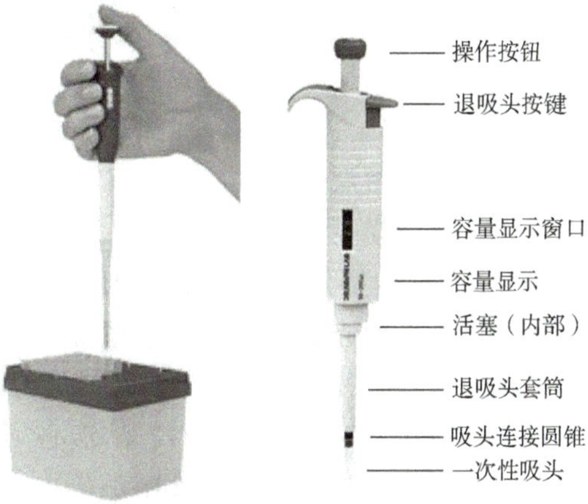

实验图 0-1 可调微量移液器

（3）液体的混匀：生物化学实验中大部分的化学反应都是在试管中进行的，样品和试剂的混匀是保证化学反应充分进行的有效措施。欲使反应充分进行，必须使反应体系内各种物质分子充分接触。因此，每加入一种试剂后，必须充分混匀，这是实验成败的关键之一。常用的混匀方法有以下几种：①旋转法，手持容器，使溶液做离心旋转，适用于未盛满液体的试管或小口器皿如锥形瓶。②指弹法，一手执试管上端，另一只手轻弹试管下部，使管内溶液做旋涡运动。③搅动法，使用干玻璃棒搅匀，多用于溶解烧杯中的固体。④混匀器法，将容器置于混匀器的震动盘上，逐渐用力下压，使内容物旋转。⑤颠倒法，当容器口细且液体量较多时，可用瓶盖等按紧管口，颠倒数次，使液体混匀。无论用哪一种方法混匀，都应防止试管内液体溅出或被污染。严禁用拇指直接堵住试管口颠倒混匀，以防化学源性或生物源性伤害发生。

（4）恒温技术：将容器放入恒温水浴箱，调节温度设定钮至所需温度。水浴箱中水量要充足，实验过程中要随时监测温度，并及时调节。

3. 分光光度分析技术　是生物化学研究领域一项最基本且十分重要的定量分析技术。

（1）原理：有色溶液颜色的深浅与其中呈色物质的含量成正比。在定量分析中，利用比较有色物质溶液的颜色深浅来测定物质含量的分析方法称为比色法。被测物质中，有的本身就是有色物质，但多数被测物质本身无色或颜色很浅，需加入某些化学试剂使被测物质与之发生反应生成有色物质。利用物质对一定波长光线吸收的程度测定物质含量的方法，称为分光光度法。

分光光度法依据 Lambert-Beer（朗伯 - 比耳）定律。设一束单色光 I_0 射入溶液，由于部分光线被溶液吸收，通过的光线为 I_t，则 I_t 与 I_0 之比为透光度 T（%）。则 $T = I_t / I_0 \times 100\%$。透光度（$T$）的倒数（$1/T$）反映了物质对光的吸收程度。在实际应用时，取（$1/T$）的对数值表示吸光度的大小，用 A 表示，即：$A = \lg(1/T) = -\lg T$

吸光度（A）又称光密度（OD）。

根据 Lambert-Beer 定律推导，当一束平行单色光通过均匀、无散射现象的溶液时，在单色光强度、溶液温度等不变条件下，溶液的吸光度（A）与溶液的浓度（C）及液层厚度（L）的乘积成正比，即 $A = KCL$。

在实际比色时，标准溶液与被测溶液使用完全相同的比色杯，即液层厚度（L）相同；K 为常数，测定同一种物质时，K 相同。所以，上式简化为仅是溶液的吸光度（A）与其浓度（C）之间的关系，即溶液的浓度越大，吸光度越大。可以通过测定吸光度求出某一溶液的浓度。设：测定管的吸光度和浓度分别为 $A_{测}$ 和 $C_{测}$，标准管吸光度和浓度分别为 $A_{标}$ 和 $C_{标}$，根据 $A = KCL$，推出

$$A_{测}:A_{标}=C_{测}:C_{标}$$

则：

$$C_{测}=A_{测}/A_{标}\times C_{标}$$

上式中，$C_{标}$ 为已知，$A_{测}$ 和 $A_{标}$ 可在比色时读出数值，把这些数值代入公式，即可求出测定管中溶液的浓度。

（2）分光光度计的基本结构：分光光度计种类和型号较多，现以 722 型分光光度计为例介绍。722 型分光光度计的内部包括光路系统和电子电路系统，主要部件有光源灯、单色光器、入射光及出射光调节系统、比色杯、光电管电子放大器等。仪器的光学系统为棱镜分光器，并采用自准光路以获得单色光束。

测定有色溶液的吸光度时，溶液必须是透明的。入射光的波长应该是溶液对光能有最大吸收的波长，这就要求选用单色光（溶液颜色的互补色），使入射光的光能在通过溶液时被最大限度地吸收，使透过光的光能明显减少。因此，测定时应根据溶液的颜色选用适当波长的光线。分光光度计能提供波长范围极窄且接近于单色光的入射光。测定有色溶液时，选用入射光的波长在可见光范围内（波长 400 ～ 760nm）。

（3）722 型分光光度计的使用要点：不同型号可参考相应说明书。

1）开机预热：接通电源，打开开关指示钮，调节灵敏度，选择所需波长，预热 20 分钟。

2）调零与调 100%：按动功能键至“T”（透谢比）模式。

A. 调零：将遮光体置入样品架，合上样品室盖，按动仪器的“0%”按钮至屏幕出现 000.0 或— 000.0 便可完成调零。

B. 调 100%：将空白样品放入样品架第一个空格，合上样品室盖，按动 100% 按钮，延时数秒后显示 100.0。

调零与调 100% 反复进行三次，仪器稳定后完成调节，调零与调 100% 时不要打开

样品室盖。

3）测定：按动功能键切换到 A 模式，将标准液、测定液分别倒入比色杯中，并将比色杯依次放入样品架，合上比色箱盖。轻轻拉动比色槽拉杆，听到“哒”声后，说明比色杯对准光路，在屏幕上读出相应数值即为吸光度 A，分别记录数值 $A_{标}$和 $A_{测}$，反复测定 3 次。

4）计算：将上述 3 次测定结果求平均值再代入公式计算：$C_{测} = A_{测} / A_{标} \times C_{标}$，求出 $C_{测}$。

5）关机：比色完毕，关闭电源，拔下插头，恢复各旋钮至原来位置。取出比色杯，盖上比色箱盖，套上布罩。将比色杯冲洗干净后，倒置晾干。

注意事项：①拿比色杯时，拿毛玻璃面，不要用手触摸比色杯光面；②如果将样品倒入比色杯时有液体沾在比色杯外面，要用擦镜纸擦清或吸干；③比色杯中的液体不要太多或太少，最好在比色杯的 2/3 ～ 3/4。

（晁相蓉）

实验一　血清蛋白醋酸纤维薄膜电泳

【实验目的】

1. 掌握血清蛋白醋酸纤维薄膜电泳的基本原理及其临床意义。
2. 熟悉电泳仪器的使用和操作。

【实验原理】

带电颗粒在电场中向与其电性相反的电极方向移动的现象称为电泳。电泳过程中带电颗粒的移动速度与其电荷数量、分子量的大小、电场强度及介质的黏度等有关。其中带电颗粒的电荷数量受周围介质 pH 的影响，电场强度则取决于电泳时所加的电压。

血清中各种蛋白质的等电点不同，一般在 4.0 ～ 7.5。在 pH 8.6 的缓冲液中，血清中各种蛋白质均带不同数量的负电荷，此外，由于各种蛋白质的分子大小、形状也不相同，在电场中就会以不同的速度向正极移动。带电荷多而分子小者，泳动快；反之，则较慢。利用醋酸纤维薄膜电泳的方法将血清蛋白质分离出 5 条清晰的色带，从正极端依次为清蛋白、α_1- 球蛋白、α_2- 球蛋白、β- 球蛋白及 γ- 球蛋白（实验图 1-1）。

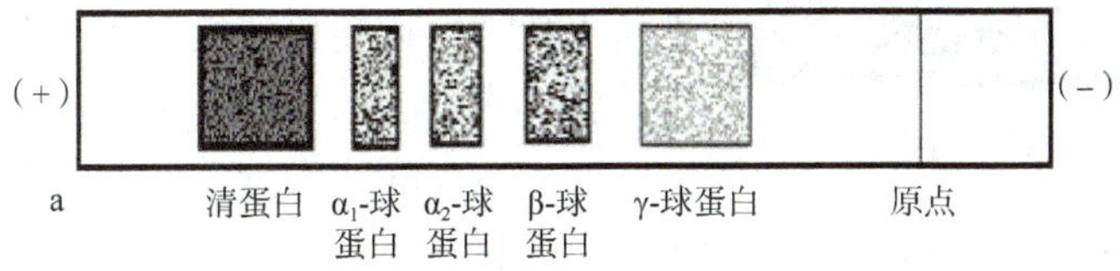

实验图 1-1　电泳条带

【实验器材】

电泳槽、电泳仪。醋酸纤维薄膜（8cm×2cm）、微量刻度移液器、镊子、直尺、铅笔、载玻片、盖玻片、培养皿、滤纸、透明胶带纸、纱布等。

【实验试剂】

1. 巴比妥缓冲液（pH8.6） 称取 1.66g 巴比妥、12.76g 巴比妥钠，加蒸馏水约 500ml，加热溶解，冷却后用蒸馏水定容至 1000ml。置 4℃保存，备用。

2. 染色液 称取 0.5g 氨基黑 10B，加甲醇 50ml、冰醋酸 10ml、蒸馏水 40ml，混匀溶解，置有塞试剂瓶中储存。

3. 漂洗液 取 95% 乙醇 45ml、冰醋酸 5ml 和蒸馏水 50ml，混匀，置有塞试剂瓶内储存。

4. 健康人血清。

【实验方法】

1. 准备 用镊子取醋酸纤维薄膜 1 张，在无光泽面距一端 1.5cm 处用铅笔轻画一直线作为点样位置（实验图 1-2），然后将其放在 pH 8. 6 的巴比妥缓冲液中，待完全浸透即薄膜无白斑后（大约 20 分钟），把膜条从缓冲液中取出，夹在两层滤纸中吸去多余的缓冲液。

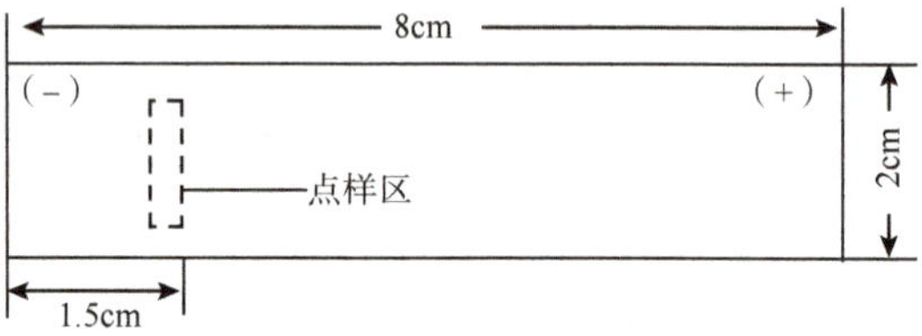

实验图 1-2 点样位置确定

在电泳槽中，各倒等体积（350 ～ 400ml）的电泳缓冲液。在电泳槽的 4 个膜支架上，放两层纱布，使纱布两边浸入电泳槽的缓冲液内。当纱布全部浸润后，用镊子轻轻拉平、拉直使纱布紧贴在膜支架上。

实验图 1-3 电泳槽

2. 点样 用盖玻片边缘蘸取血清样品，使样品连续、均匀、适量，将此边缘垂直按压在点样线上，待血清完全渗入薄膜后垂直移开。

3. 电泳 用镊子夹住醋酸纤维薄膜点样端，点样面朝下，先将另一段平贴在阳极端电泳槽支架的滤纸桥支架上，后将膜条上点样端再平贴在阴极滤纸桥支架上，避免血清接触到纱布，薄膜应拉平绷直（实验图 1-3）。平衡约 5 分钟后通电，调节电流为 0.5mA /cm 膜宽度（20 张薄膜则为 20mA），电泳时间为 45 分钟。电泳后，关闭电泳仪，切断电源。

4. 染色 电泳完毕后，用镊子小心将薄膜条取出并浸入染色液中，染色 5 分钟。

5. 漂洗 将膜条从染色液中取出（尽量沥尽染色液），置于漂洗液中，漂洗数次直至可清晰分辨出 5 条色带为止（实验图 1-4）。

6. 记录和分析实验结果 漂洗完毕后将薄膜取出，放在滤纸上。将薄膜粘贴在实验报告本上。根据薄膜上的 5 条色颜色深浅、形状、大小及相对位置进行描述，记录在实验报告本上，并判断分析其结果。

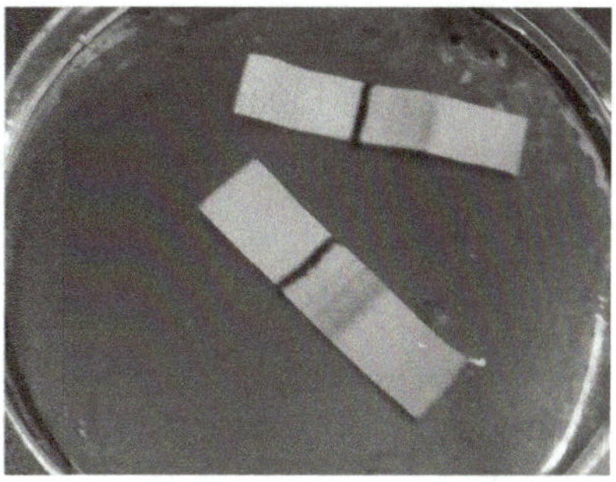

实验图 1-4　漂洗后薄膜

【注意事项】

（1）薄膜的浸润与选膜是电泳成败的关键之一。

（2）点样时，应将薄膜表面多余的缓冲液用滤纸吸去，程度以不干不湿为宜。

（3）点样时动作要轻，用力不能太大，以免损坏膜片或印出凹陷影响电泳区带分离效果。

（4）点样应点在薄膜的无光泽面上，点样量要适量，不宜过多或过少。

（5）电泳时应将薄膜的点样端置于电泳槽的阴极端，且点样面向下。

（6）应控制染色时间。时间太长，薄膜底色不易脱去；时间太短，着色不易区分，或造成条带染色不均匀，必要时可复染。

【临床意义】

1. 慢性肝炎、肝硬化时，清蛋白显著降低，γ- 球蛋白升高 2 ～ 3 倍。

2. 肾病综合征时，清蛋白降低，α_2- 球蛋白及 β- 球蛋白升高。

3. 结缔组织疾病（如红斑狼疮、类风湿关节炎等）时，清蛋白降低，γ- 球蛋白显著升高。

（李朝红）

实验二　酶的专一性

【实验目的】

通过唾液淀粉酶对淀粉和蔗糖作用结果的不同，验证酶对所作用的底物的选择性，即酶的专一性。

【实验原理】

人唾液中含有的淀粉酶作用于淀粉，催化淀粉水解生成麦芽糖和少量葡萄糖，而不能催化蔗糖水解。麦芽糖和葡萄糖均属还原性糖，经加热可使班氏试剂中二价铜离子（Cu^{2+}）还原成一价亚铜离子（Cu^{+}），生成砖红色的氧化亚铜（Cu_2O）沉淀。由于淀粉酶的特异性，其不能催化蔗糖水解，且蔗糖不是还原性糖，不与班氏试剂反应，没有砖红色的氧化亚铜（Cu_2O）沉淀产生。因此，本实验通过是否与班氏试剂反应生成砖红色的 Cu_2O 沉淀来观察唾液淀粉酶对所作用底物的专一性。

【实验器材】

试管、试管架、滴管、小烧杯、恒温水浴箱（37℃）、沸水浴、记号笔。

【实验试剂】

1. 1 % 淀粉溶液　取可溶性淀粉 1.0g，加 5ml 蒸馏水，调成糊状，再加 80ml 蒸馏水，加热并不断搅拌，使其充分溶解，放冷后用蒸馏水稀释至 100ml。

2. 1 % 蔗糖溶液　称取 1g 蔗糖，加蒸馏水至 100ml 完全溶解。

3. pH6.8 缓冲液　取 0. 2mol /L Na_2HPO_4 溶液 772ml，0.1mol / L 柠檬酸溶液 228ml，混合后即成。

4. 班氏试剂　溶解结晶硫酸铜（$CuSO_4 \cdot 5H_2O$）17.3g 于 100ml 热的蒸馏水中，冷却后稀释至 150ml，此为第一液。另取柠檬酸钠 173g 和无水碳酸钠 100g，加水 600ml，加热溶解，冷却后稀释至 850ml，此为第二液。最后把第一液缓慢倒入第二液中，混匀后即成。

【实验方法】

1. 稀释唾液的制备　将痰咳净，用水漱口（除去食物残渣），含蒸馏水约 30ml，做咀嚼运动，2 分钟后吐入小烧杯中备用。

2. 煮沸唾液的制备　取上述唾液约 10ml 于新试管中，置于沸水浴中煮沸 5 分钟，使酶变性失活，取出备用。

3. 验证酶的专一性　取 3 支试管、标号，按下表所示加入试剂（实验表 2-1）。

实验表 2-1　验证酶的专一性

试剂（滴）	（试管号）1	（试管号）2	（试管号）3
缓冲液（pH 6.8）	20	20	20
淀粉溶液（1%）	10	—	10
蔗糖溶液（1%）	—	10	—
稀释唾液	5	5	—
煮沸唾液	—	—	5
结果			

各管摇匀后，置于 37℃水浴中保温 10 分钟，取出各管分别加班氏试剂 20 滴，置沸水浴中煮沸 10 分钟，观察结果。

【注意事项】

1. 唾液制备时，一定要先漱口，清除口腔中的食物残渣。由于不同的人或不同的时间采集的唾液淀粉酶活性存在差异，甚至有时差异很大，所以唾液的稀释倍数可根据个人唾液淀粉酶活性进行调整，一般稀释 20 ～ 200 倍。

2. 实验中应严格防止交叉污染，所用滴管不得混用，试管应清洗干净后再使用。

3. 沸水浴中要注意试管不能碰触锅底和四壁，要悬于水中，并且试管口不要对着他人。

【思考题】

1. 试管在 37℃水浴中保温 10 分钟的作用是什么？

2. 观察、记录 3 支试管煮沸后的颜色反应，并说明原因（实验表 2-2）。

实验表 2-2　3 支试管的颜色反应及原因分析

试管编号	颜色反应（结果）	原因分析
1		
2		
3		

（杨文君）

实验三　温度和 pH 对酶促反应速度的影响

【实验目的】

通过观察不同的温度、pH 条件下，唾液淀粉酶对淀粉的水解结果的差异，理解温度、pH 对酶促反应速度的影响。

【实验原理】

温度和 pH 均能影响酶促反应速度。本实验利用淀粉酶催化淀粉逐步水解产生分子量不等的过渡性产物——糊精，最终产生麦芽糖的过程，来观察不同温度和 pH 条件下，淀粉酶活性的高低。加入碘液的作用是为了判断不同条件下，反应的生成物。糊精分子按从大到小的顺序与碘作用依次产生蓝色、蓝紫色、紫色、红色等。淀粉遇碘呈蓝色，麦芽糖遇碘不显色。

根据颜色反应，可以了解淀粉的水解程度。在不同温度、不同酸碱度下，唾液淀粉酶活性不同，淀粉的水解程度也不一样。因此，通过与碘反应的颜色判断淀粉被水解的程度，进而了解温度、pH 对酶活性的影响。

【实验器材】

试管、试管架、滴管、小烧杯、恒温水浴箱（37℃）、沸水浴、冰浴、记号笔。

【实验试剂】

1. 1 % 淀粉溶液　取可溶性淀粉 1.0g，加 5ml 蒸馏水，调成糊状，再加 80ml 蒸馏水，加热并不断搅拌，使其充分溶解，放冷后用蒸馏水稀释至 100ml。

2. pH6.8 缓冲液　取 0.2mol/L Na_2HPO_4 溶液 772ml，0.1mol/L 柠檬酸溶液 228ml，混合后即成。

3. pH3.0 缓冲液　取 0.2mol/L Na_2HPO_4 溶液 205ml，0.1mol/L 柠檬酸溶液 795ml，混合后即成。

4. pH8.0 冲液　取 0.2mol/L Na_2HPO_4 溶液 972ml，0.1mol/L 柠檬酸溶液 28ml，混合后即成。

5. 稀碘溶液　取碘 2.0g、碘化钾 4. 0g，溶于 1000ml 蒸馏水中，储于棕色瓶中备用。

【实验方法】

1. 稀释唾液的制备　将痰咳净，用水漱口（除去食物残渣），含蒸馏水约 30ml，做咀嚼运动，2 分钟后吐入小烧杯中备用。

2. 温度对酶促反应的影响　取 3 支试管编号后，按下表加入试剂（实验表 3-1）。

实验表 3-1　温度对酶促反应的影响

试剂（滴）	（试管号）1	（试管号）2	（试管号）3
缓冲液（pH 6.8）	20	20	20
淀粉溶液（1%）	10	10	10
置入不同温度	0℃（冰浴）	37℃	100℃（沸水浴）
结果			

将各管放置于相应温度 10 分钟后，分别向 3 支试管加入 5 滴稀释唾液，混匀后重

新将 3 支试管放回原温度水浴 10 分钟。

取出，分别向 3 支试管中滴加 1 滴碘液，观察 3 支试管溶液的颜色变化，并记录结果于表中。

3. pH 对酶促反应的影响　取 3 支试管编号后，按下表加入试剂（实验表 3-2）。

实验表 3-2　pH 对酶促反应的影响

试剂（滴）	（试管号）1	（试管号）2	（试管号）3
缓冲液（pH 3.0）	20	—	—
缓冲液（pH 6.8）	—	20	—
缓冲液（pH 8.0）	—	—	20
淀粉溶液（1%）	10	10	10
稀释唾液	5	5	5
结果			

各管摇匀后，置于 37℃水浴中保温。5 ～ 10 分钟后取出各管分别加入 1 滴碘液，观察 3 支试管溶液的颜色变化，并记录结果于表中。（注意使各管保温时间相同）

【思考题】

观察、记录实验现象并对现象做出解释。思考何谓最适温度和最适 pH？

1. 温度对酶促反应速率的影响（实验表 3-3）。

实验表 3-3　温度对酶促反应速率的影响

试管编号	颜色反应（结果）	原因分析
1（0℃）		
2（37℃）		
3（100℃）		

2. pH 对酶促反应速率的影响（实验表 3-4）。

实验表 3-4　pH 对酶促反应速率的影响

试管编号	颜色反应（结果）	原因分析
1（pH 3.0）		
2（pH 6.8）		
3（pH 8.0）		

（杨文君）

实验四　血糖测定——GOD 法

【实验目的】

掌握葡萄糖氧化酶法测定血糖的原理，学会试验方法，培养严谨的科学态度和熟练的基本操作技能。

【实验原理】

葡萄糖氧化酶（GOD）在有氧气和水的条件下，能够催化葡萄糖氧化为葡萄糖酸，并释放出过氧化氢（H_2O_2）。过氧化氢在过氧化物酶的催化下能将色原性氧受体4-氨基安替比林和酚氧化缩合成红色醌类化合物——醌亚胺，过氧化氢还原成水和氧气。其酶促反应为：

$$\text{葡萄糖}+O_2+H_2O \xrightarrow{\text{葡萄糖氧化酶（GOD）}} \text{葡萄糖酸}+H_2O_2$$

$$2H_2O_2+\text{4-氨基安替比林}+\text{酚} \xrightarrow{\text{过氧化物酶（POD）}} \text{醌亚胺（红色）}+4H_2O+O_2$$

红色醌亚胺的生成量与葡萄糖含量成正比，且醌亚胺在505nm波长附近有特征性吸收峰。因此可以通过测定醌亚胺505nm波长的光吸收值，计算溶液中葡萄糖的含量。

【实验器材】

试管、试管架、刻度管、微量移液器、恒温水浴箱（37℃）、分光光度计、记号笔等。

【实验试剂】

葡萄糖标准液（5.5mmol/L）、酶酚混合试剂均来源于市售试剂盒，蒸馏水。

【实验方法】

1. 取3支试管、标号，按下表加入试剂（实验表4-1）。

实验表4-1 血糖测定

试剂（ml）	测试管（T）	标准管（S）	空白管（B）
血清	0.02	—	—
葡萄糖标准液（5.5mmol/L）	—	0.02	—
蒸馏水	—	—	0.02
酶酚混合试剂	3.0	3.0	3.0
结果			

2. 各管摇匀后，置于37℃水浴中保温15分钟。

3. 在波长505nm下，以空白管调零，测定标准管和测试管的吸光度值。亦可采用半自动生化分析仪检测。

4. 计算

$$\text{血糖浓度（mmol/L）}=\frac{\text{测试管吸光度值}}{\text{标准管吸光度值}}\times\text{葡萄糖标准液的浓度（5.5mmol/L）}$$

正常空腹血糖浓度为3.9～6.1mmol/L。

【注意事项】

1. 葡萄糖氧化酶法还可直接用于脑脊液葡萄糖含量的直接测定，但是不能用于尿液葡萄糖的含量测定。尿液中的尿酸等干扰物质浓度过高，会干扰过氧化物酶反应，造成结果假性偏低。

2. 使用微量取样器量取样品和标准葡萄糖溶液时，要规范使用，保证标本及标准液的取量准确，保证结果的可靠。

3. 严重黄疸、溶血及乳糜样血清应先制备无蛋白血滤液，然后再进行测定。

【临床意义】

1. 生理性高血糖 可见于摄入高糖饮食后或因情绪紧张肾上腺素分泌增加时。

2. 病理性高血糖 常见于胰岛素分泌绝对或相对不足的糖尿病患者。内分泌腺功能障碍患者也会出现高血糖，如甲状腺功能亢进、肾上腺皮质功能及髓质功能亢进时，引起对抗胰岛素的激素分泌过多。颅内压增高，如颅外伤、颅内出血、脑膜炎等使颅内压增高，刺激血糖中枢，引起高血糖。脱水引也可起血糖轻度增高，如呕吐、腹泻和高热等情况。

3. 生理性低血糖 可见于饥饿和剧烈运动时。

4. 病理性低血糖 可见于胰岛B细胞增生或胰岛B细胞瘤等导致胰岛素分泌过多；对抗胰岛素的激素分泌不足，如垂体前叶功能减退、肾上腺皮质功能减退和甲状腺功能减退而使生长素、肾上腺皮质激素分泌减少；严重肝病患者，由于肝储存糖原及糖异生功能低下，肝脏不能有效调节血糖。

【思考题】

1. 肝脏如何调节血糖浓度?

2. 人体内调节血糖浓度的激素有哪些?

3. 测血糖浓度时为什么选择空腹血?

（杨文君）

实验五 肝中酮体的生成

【实验目的】

1. 了解组织匀浆的制备方法。

2. 通过对比实验结果，证明酮体生成是肝特有的功能。

3. 以认真、严谨的态度完成实验，并对实验结果进行分析。

【实验原理】

酮体是乙酰乙酸、β-羟丁酸和丙酮3种物质的总称。肝细胞中含有合成酮体的酶系，以丁酸为底物与新鲜的肝组织匀浆混合后一起保温，即有酮体生成。酮体中的乙酰乙酸、丙酮可与显色粉中的硝普钠作用，生成紫红色化合物。肌肉中没有酮体生成酶系，同样处理的肌匀浆不产生酮体，因此无显色反应。通过本实验可鉴定酮体的生成部位。

【实验器材】

匀浆器或研钵、剪刀、恒温水浴箱、白瓷反应板、试管、试管架、滴管、量筒、离心机。

【实验试剂】

1. 生理盐水。

2. 洛克溶液 NaCl 0.9g，KCl 0.042g，$CaCl_2$ 0.024g，$NaHCO_3$ 0.02g，葡萄糖 0.1g，

将上述各试剂倒入烧杯中，加蒸馏水 100ml，溶解后混匀，置冰箱保存备用。

3. 0.5mol/L 丁酸溶液　取 44.0g 丁酸溶解于 0.1mol/L NaOH 溶液中，溶解后用 0.1mol/L NaOH 溶液稀释至 1000ml。

4. 0.1mol/L 磷酸盐缓冲液（pH7.6）　准确称取 $Na_2HPO_4 \cdot 2H_2O$ 7.74g 和 $NaH_2PO_4 \cdot H_2O$ 0.897g，用蒸馏水溶解，定容至 500ml。

5. 15 % 三氯乙酸溶液。

6. 显色粉　硝普钠 1g、无水碳酸钠 30g、硫酸铵 50g，混合后研碎。

【实验方法】

1. 肝匀浆和肌匀浆的制备：取小鼠（或兔子）一只，断头处死，迅速剖腹取出肝和肌肉，剪碎后分别放入匀浆器（或研钵）中，加入生理盐水（按重量：体积为 1 ：3），制成匀浆。

2. 取 4 支试管，编号，按下表操作（实验表 5-1）。

实验表 5-1　肝中酮体的生成

试剂（滴）	（试管号）1	（试管号）2	（试管号）3	（试管号）4
洛克溶液	15	15	15	15
0.5mol/L 丁酸溶液	30	—	30	30
0.1mol/L 磷酸盐缓冲液	15	15	15	15
肝匀浆液	20	20	—	—
肌匀浆液	—	—	—	20
蒸馏水	—	30	20	—

3. 将各管摇匀，置于 37℃恒温水浴中保温 40 ～ 50 分钟。

4. 取出各管，分别加入 15% 三氯乙酸 20 滴，混匀，离心 5 分钟（3000r/min）。

5. 分别吸取各管上清液 10 滴于白瓷反应板的 4 个凹槽中，然后向各凹槽加显色粉一小匙（约 0.1g）。

6. 观察并记录每个凹槽所发生的颜色反应。

【注意事项】

1. 混匀后吸取肝匀浆与肌匀浆。

2. 取显色粉后立即盖上瓶盖，取量以覆盖半凹槽为准。

【思考题】

1. 观察并记录各管的颜色，根据颜色变化分析其原因。

2. 分析酮体生成的部位及意义。

（刘　毅）

实验六 血清总蛋白测定——双缩脲法

【实验目的】

掌握双缩脲法测定总蛋白的原理及注意事项，熟练掌握操作步骤，了解血清总蛋白测定的主要临床意义。

【实验原理】

血清中所有的蛋白质统称为血清总蛋白，正常人含量为 60 ～ 80g/L。目前临床上应用最广泛的血清总蛋白测定方法是利用蛋白质中分子中的肽键与双缩脲试剂反应的呈色反应。

在碱性溶液中，双缩脲（$H_2NOC—NH—CONH_2$）能与 Cu^{2+} 作用，形成紫色或紫红色的络合物，这个反应叫做双缩脲反应。

蛋白质分子含有大量彼此相连的肽键（—CO—NH—），同样能在碱性条件下与铜离子发生双缩脲反应生成紫红色的络合物，且在 540nm 波长处的吸光度值与蛋白质（浓度在 10 ～ 120g/L 时）含量有良好的线性关系。通过与同样处理的蛋白标准液比较，经计算可求出血清蛋白质含量。

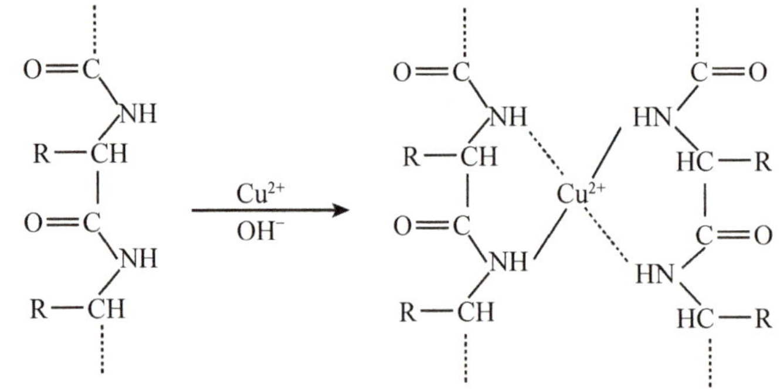

【实验器材】

试管、微量移液器、刻度吸管、洗耳球、分光光度计、恒温水浴锅（37℃）、容量瓶。

【实验试剂】

1. 0.9% 氯化钠溶液　称取 0.9g NaCl 于烧杯中，加入适量新制备的蒸馏水，溶解后用容量瓶定容至 100ml。

2. 6mol/L 氢氧化钠溶液　称取 24g NaOH 于烧杯中，加入适量新制备的蒸馏水，溶解后用容量瓶定容至 100ml。置于聚乙烯瓶内室温保存。

3. 双缩脲试剂　称取 3.0g 硫酸铜（$CuSO_4 \cdot 5H_2O$），溶于 500ml 新制备的蒸馏水或煮沸后刚冷却的去离子水中，加入 9.0g 酒石酸钾钠（$NaKC_4H_4O_6 \cdot 4H_2O$），5.0g 碘化钾，完全溶解后，加入 6mol/L 氢氧化钠溶液 100ml，最后用容量瓶定容至 1000ml。置于聚乙烯瓶内室温保存。

4. 蛋白标准液（70g/L）　可以用商品血清蛋白标准液。冰冻保存，用时取出适量即可。

【实验方法】

1. 取 3 支试管编号后按下表加入试剂（实验表 6-1）。

实验表 6-1　血清总蛋白测定

试剂（ml）	测试管（T）	标准管（S）	空白管（B）
血清	0.1	—	—
蛋白标准液（70g/L）	—	0.1	—
双蒸水	—	—	0.1
氯化钠溶液（0.9%）	0.4	0.4	0.4
双缩脲试剂	5.0	5.0	5.0
结果			

2. 恒温水浴　将以上 3 支试管内试剂充分混匀后，置于 37℃水浴 10 分钟（或 25℃水浴 30 分钟）。

3. 测定吸光值　水浴结束后，在 540nm 波长处进行比色，以空白管调零，测定各管的吸光度值。

4. 计算血清蛋白含量　根据测定的吸光度值，利用下式计算血清总蛋白的含量。

$$\text{血清总蛋白（g/L）} = \frac{\text{测试管吸光度值}}{\text{标准管吸光度值}} \times \text{蛋白标准液的浓度（70g/L）}$$

【注意事项】

1. 血清总蛋白正常值参考范围 60 ～ 80g/L。

2. 由于血清中各种蛋白质分子量不同，所以浓度不适宜用 mol/L 来表示，而用 g/L 表示。

3. 为了避免反应过程中溶液出现浑浊，在实验前应将试管、吸管等玻璃仪器清洗干净。

4. 脂类含量较多的血清，在双缩脲反应中容易出现浑浊，在测试前可用 3ml 乙醚抽提后再进行比色。对于高脂、黄疸和溶血标本需做血清空白对照，以保证结果的准确。

【临床意义】

1. 血清总蛋白降低　营养不良或消耗增加，血清蛋白合成障碍或丢失过多，静脉注射过多低渗溶液或其他各种原因导致血清稀释均可引起血清总蛋白的降低。

2. 血清总蛋白升高　急性失水导致血液浓缩，以及血清蛋白质合成增加是血清总蛋白升高的常见原因。

【思考题】

蛋白质常见呈色反应有哪些？

（杨文君）

自测题（选择题）参考答案

第 1 章

1. E　2. D　3. A　4. D　5. B　6. A　7. D
8. A　9. D　10. E

第 2 章

1. A　2. B　3. C　4. D　5. E　6. C

第 3 章

1. C　2. B　3. C　4. C　5. D　6. B　7. C
8. B　9. A　10. A　11. A　12. B　13. C
14. E　15. D

第 4 章

1. B　2. A　3. B　4. D　5. B

第 5 章

1. D　2. C　3. E　4. E　5. E

第 6 章

1. D　2. A　3. C　4. D　5. A　6. C　7. E
8. C　9. A　10. E　11. D　12. B

第 7 章

1. D　2. B　3. E　4. D　5. E　6. A　7. C
8. B　9. B　10. A　11. D　12. C　13. A
14. B　15. D

第 8 章

1. C　2. D　3. D　4. D　5. D　6. B　7. D
8. C

第 9 章

1. D　2. E　3. B　4. E　5. B　6. C　7. A
8. A　9. D　10. B

第 10 章

1. A　2. D　3. C　4. A　5. A　6. A　7. C
8. B　9. D　10. B　11. D　12. E.　13. B
14. D　15. A

第 11 章

1. C　2. D　3. C　4. A　5. B　6. C

第 12 章

1. C　2. E　3. C　4. A　5. C　6. D　7. B
8. D　9. B　10. A

第 13 章

1. B　2. D　3. E　4. A　5. C　6. A　7. B
8. C　9. D　10. E

第 14 章

1. C　2. A　3. E　4. B　5. D　6. C